ホモ・サピエンスと旧人 3

——ヒトと文化の交替劇

西秋良宏 編

六一書房

はじめに

西秋　良宏

　本書は旧人・新人交替劇のプロセスについて考古学的観点から考察するものです．20 万年以上も前からユーラシア大陸には旧人，すなわちネアンデルタール人やデニソワ人などが広範に展開していました．ところが，アフリカ大陸で進化して，西アジア経由で各地に拡散を開始した新人ホモ・サピエンス，すなわち解剖学的現生人類に 5 万年前以降（あるいはそれより前），急速に取って代わられてしまいます．この間，両集団は接触，交雑（混血）したことがわかっていますが，最終的に生き残ったのは我々，新人ホモ・サピエンスのみです．この経緯を「交替劇」と名付け，その原因を学際的な手法で研究することを目的としたプロジェクトが 2010 年以来，続けられてきました[1]．

　この研究プロジェクトは多くの成果をあげてきましたが，そのうち考古学分野の取り組みの一部を紹介するものとして『ホモ・サピエンスと旧人』という出版シリーズを 2013 年にたちあげました．本書が，その第 3 巻となります．

　三巻とも，それぞれに副題を添えて，中身を明示しています．第 1 巻『旧石器考古学からみた交替劇』(2013)[2] では，旧人・新人が残した旧石器時代石器群の編年を汎ユーラシア的に総覧し，そこから両集団の交替のありさまをどの程度描きうるのかを整理しました．第 2 巻の副題は『考古学からみた学習』(2014)[3] でした．ここで「学習」という言葉が出てきたのは，私たちのプロジェクトが学習をキーワードにして交替劇を説明しようとしているからです．そのロジックは，次のようなものです．旧人にしても新人にしてもその行動は文化に依存していたのであろう，交替劇が起こった原因の少なくとも一部は文化の格差に由来していたと考えられる，文化とは学習によって後天的に形成される行動のことである，ではどんな学習の違いがどんな文化の違いにつながったのか，なぜ，そのような違いが形成されたのか，考古学的に証拠はあるのか……．そんな観点から学習に関わる考古学的論点のサーベイをおこないました．

　どちらの巻でも焦点をあてたのは考古学的証拠です．多くの場合，それは石器にかかわる物的証拠です．しかし，お気づきの通り，私たちが論じたいのはヒトです．石器ではありません．はたして文化の産物である石器が示す特徴は，その製作者であったヒトの生物学的帰属を語っているのでしょうか．第 1 巻のあとがきでもふれたように，石器でヒトが語れないわけがないと私は考えています．問題は，石器でヒトが語れるかではなく，石器でヒトをどのように語るかでしょう．それには石器が語る文化と，その担い手であったヒトとの関係，さらには，それらの変化・交替はどのように相関していたのかについて考察する必要があります．

　そこで，本書では副題を『ヒトと文化の交替劇』とし，ヒトの交替と文化の交替の関係について考古学の観点から整理してみることにしました．そんなに簡単な問いではありません．ヒト集

団が変わらなくても文化が変わる例のあることは，私たち自身の時代にあっても日常茶飯事でしょう．逆に，ヒトが交替したのに文化は継続した事例も過去にあったかも知れません．さまざまな観点からヒトと文化の交替メカニズムについて考察することが必要です．

第Ⅰ部ではヒトが交替したことが状況証拠から強く示唆されている地域，つまり旧人新人交替劇の主たる舞台となったユーラシア大陸西部で，石器群がどのように変わったのか，つまり文化の交替劇を眺めます．第Ⅱ部ではヒトが交替していない，あるいはわずかしか交替していないことがわかっている地域での文化変化を点検します．データの解像度が高い新人遺跡についての論考が中心となっています．そして，第Ⅲ部では，ヒトや文化が交替する，あるいは変化する背景やメカニズムについての論考を集めました．

第2巻と同じく，ここでも平成24年度から26年度にかけて開催された多くのシンポジウム，研究会の成果をとりあげ，関係する論考を選択して編集しました．講演者の多くは『交替劇』プロジェクト考古班の関係者ですが，小林謙一，前田修両氏の寄稿は招待講演によるものです．また，小林豊氏には理論生物学から新鮮なコントリビューションをいただきました．これら三氏には特に記して御礼申し上げます．シンポジウムや研究会の会場での意見交換が各章に反映されています．積極的にコメントをお寄せいただいた多くの参加者の方々にも厚く御礼申し上げる次第です．

1) http://www.koutaigeki.org/
2) 西秋良宏編（2013）ホモ・サピエンスと旧人―旧石器考古学からみた交替劇．六一書房，東京．
3) 西秋良宏編（2014）ホモ・サピエンスと旧人2―考古学からみた学習．六一書房，東京．

目　次

はじめに………………………………………………………………………西秋良宏　i
例言

I　ヒトの交替劇 —考古学的証拠—

ホモ・サピエンスの地理分布拡大に伴う考古文化の出現パターン
　　—北アフリカ・西アジア・ヨーロッパの事例—……………………門脇誠二　3
ヨーロッパにおける旧人・新人の交替劇プロセス………………佐野勝宏・大森貴之　20
南アジア・アラビアの後期旧石器化と新人拡散………………………野口　淳　36
新人拡散期の石器伝統の変化 —ユーラシア東部—……………………長沼正樹　49

II　文化の交替劇 —新人遺跡が語るモデル—

新大陸への新人の拡散 —新人の拡散過程に関する比較考古学的アプローチ—………髙倉　純　65
日本列島旧石器時代の文化進化…………………………………………仲田大人　81
縄紋土器にみる新人の文化進化…………………………………………小林謙一　94
縄文から弥生への文化変化………………………………………………松本直子　110

III　交替劇の背景

複合的狩猟技術の出現 —新人のイノベーション—……………………佐野勝宏　127
新人・旧人の認知能力をさぐる考古学…………………………………松本直子　140
西アジアにおける新石器化をどう捉えるか……………………………前田　修　151
中期旧石器時代から後期旧石器時代への文化の移行パターンを左右する
　　人口学的要因について………………………………………………小林　豊　165

ヒトと文化の交替劇，その多様性 —あとがきにかえて—………………西秋良宏　176

編者略歴，執筆者一覧

例　言

1. 本書は，文部科学省科学研究費補助金・新学術領域研究（平成22―26年度）『ネアンデルタールとサピエンス交替劇の真相：学習能力の進化に基づく実証的研究』（略称：『交替劇』，領域代表者：赤澤威），計画研究A01『考古資料に基づく旧人・新人学習行動の実証的研究』（略称：考古班，研究代表者：西秋良宏）の成果の一部である．
2. 平成24年度から26年度にかけて開催された『交替劇』プロジェクト関連のシンポジウム，研究会における講演録のうち，「ヒトと文化の交替劇」にかかわるもののいくつかを収録したものである．
3. 該当するシンポジウム，研究会名は各章末に記した．
4. 収録にあたっては，講演録に加除筆し編集をおこなった．ほとんど書き下ろしに近い原稿も含まれている．
5. 用語は各著者の用法を尊重したため章ごとに不統一の場合がある．
6. 「ヒトと文化の交替劇，その多様性 ―あとがきにかえて―」は本書にあわせて書き下ろした．

I　ヒトの交替劇

―考古学的証拠―

ホモ・サピエンスの地理分布拡大に伴う考古文化の出現パターン
―北アフリカ・西アジア・ヨーロッパの事例―

門脇　誠二

はじめに

　現存する人類の解剖学的特徴や遺伝子の大部分がユーラシア各地にいた旧人から進化して生じたのではなく，約20万年前にアフリカの旧人の一部から派生した後，約5〜4万年前にユーラシアへ分布拡大したホモ・サピエンス集団に求められる，という人類進化史のシナリオ（Smith and Ahern, 2013）は，先史考古学にも大きな課題を投げかけます．一つ目は，ホモ・サピエンスの地理分布拡大の過程が考古記録にどのように反映されているか，ということです．二つ目は，ホモ・サピエンスの広域分布と旧人の吸収・絶滅が生じた要因について，当時の人類の行動記録やその自然・社会環境から明らかにすることができるか，という問題です．

　どちらの課題においても，ホモ・サピエンスがユーラシアへ拡散したと目される約5〜4万年前の化石人骨やその遺伝子の記録がとても限られており，当時の考古記録の担い手（サピエンスあるいは旧人）が明らかな事例がほとんどないため，考古記録の解釈に論争の余地が生じています．かつては，ヨーロッパの事例に基づいて，「中部旧石器文化＝ネアンデルタール」「オーリナシアンなどの上部旧石器文化＝ホモ・サピエンス」と考えられていました．しかし，西アジアの中部旧石器文化の一部がホモ・サピエンスによって残された事例や，アフリカではホモ・サピエンス内において中期石器時代から後期石器時代へ大きな文化変化があったことが明らかになりますと，人類の生物学的進化が文化変化と対応するという見解，つまり「生物文化パッケージ（Biocultural package）」の概念に対する批判的あるいは慎重な姿勢が考古学者のあいだで共有されてきています（Hovers, 2009）．したがって，ホモ・サピエンスと旧人の進化史がどのように考古記録に反映されているかという問題は化石人骨の増加を待って自ずと明らかにされるべきであり，考古記録だけから無理に推測すべきではない，という批判もあります（Hovers, 2006）．この慎重な立場は維持されるべきと思われますが，約5〜4万年前の化石人骨の発見はきわめて稀ですし，当時の考古記録と人類進化史とのあいだの深い関わりを考慮すると，サピエンスの分布拡大や旧人の吸収・消滅に関する考古学的議論をあえて避けることは，当時の考古記録がもつ人類史上の意義を大きく減ずると思われます．

　このように考古記録の担い手に関する検証は今後も続く大きな課題ですが，今ある僅かな化石人骨の記録に加えて考古記録の内容やその時空コンテクストを総合的にみると，ホモ・サピエンスの地理分布拡大に伴った可能性がある程度認められている考古記録が幾つかあります．そうし

た事例を本文では扱い，上記二つの研究課題について考察します．一つ目の課題に関わる研究として，アフリカでホモ・サピエンスが誕生したと推定される約 20 万年前以降，ユーラシアへ分布拡大し旧人がほぼ吸収・消滅した約 2 万年前までの考古記録をこれまで収集・整理してきました（西秋編，2013）．また，二つ目の問題に対する新たな切り口として，ホモ・サピエンスと旧人のあいだに学習能力の差があり，「その能力差によって生じた文化格差・社会格差が両者の命運を分けたとする作業仮説」が「学習仮説」として掲げられ，2010 年から学際プロジェクトが進められています（赤澤，2010）．このプロジェクトの一環として「学習仮説」を検討する目的の下，約 20～4 万年前のアフリカと西アジアにおける主にホモ・サピエンス（一部はネアンデルタール）の石器・骨器技術や象徴行動の内容や時空変異について記載し，学習行動の解釈を行ってきました（門脇，2011・2012・2013a・2013b・2013c・2014a・2014b・2014c; Kadowaki, 2013・2014）．この成果を援用しながら，本文はホモ・サピエンスが分布拡大したタイミングに焦点を当て，その時の行動記録や自然・社会環境について考察します．

1 ホモ・サピエンスの地理分布拡大に関するこれまでの考古学的解釈

ホモ・サピエンスの地理分布拡大が考古記録にどのように表れるか，という問題に対して，大きく分けると二つの異なる見解があります．一つ目は，サピエンス集団の分布拡大が考古文化の地理分布に反映されるという立場です．次節で考察する例の一つをあげますと，エミランや前期アハマリアンという石器製作伝統がレヴァントで発生し，その後ヨーロッパに伝播したと考える研究者は，この文化伝播がホモ・サピエンス集団の分布拡大を示すと解釈しています（Bar-Yosef and Belfer-Cohen, 2013; Zilhão, 2013）．一方で，ホモ・サピエンスのユーラシア拡散には多様な環境への適応が伴っていたはずであり，世界各地のホモ・サピエンスの文化は多様です．これを考慮すると，拡散元の文化が拡散先に引き継がれているような事例は考古学的に同定しやすいかもしれませんが，ホモ・サピエンスの分布拡大全体の中ではごく限られた例にすぎないかもしれません．私たち人間の行動は自然や社会環境の影響を受けて変化するものであり，それが出アフリカしたホモ・サピエンスにもあてはまるとしたら，多様な環境に適応していったホモ・サピエンスの行動の産物である考古記録の継続性や類似性に拡散の痕跡を期待することがそもそも妥当なのか，という疑問も呈されています（Shea, 2007; Tryon and Faith, 2013）．

同様に，ホモ・サピエンスの分布拡大を促した要因に対しても異なる見解があります．一つ目は環境変化です．例えば，中部旧石器時代にアフリカからレヴァントやアラビア半島へホモ・サピエンスが拡散した可能性が指摘されています（Shea, 2003; Armitage et al., 2011）．その理由として，MIS5 の温暖・湿潤化に伴うアフリカの植物・動物相の西アジア地域への拡大に伴いアフリカ内のホモ・サピエンスの居住域が広がったため，と説明されています（Tchernov, 1998; Armitage et al., 2011）．二つ目は，アフリカやレヴァントのホモ・サピエンスにおいて発達した特有の狩猟技術や生業・社会構造，あるいは認知構造が，ユーラシアの旧人居住域への分布拡大において有利

な条件をもたらした，という見方です（ミズン，1998; Klein, 1999; Mellars, 2006a; Bar-Yosef, 2007; Shea, 2007; Kuhn and Stiner, 2006; Shea and Sick, 2010）．ホモ・サピエンスに特有の学習行動があったのではないか，という上記の「学習仮説」も後者の立場に含められます．

こうした様々な見解が提出されている理由として考えられるのは，ホモ・サピエンスが様々な地域や環境へ分布拡大した時の文化変化や拡散の要因は多様で多面的だったということです．したがって，考古記録の解釈にあたっては，特定の立場に最初から固執するのではなく，様々な可能性を認めながら個別事例に則した解釈を提案する方法をここでは採用します．個別の歴史的説明にとどまらず事例全てを説明するモデル化を図るべきだ，という意見があるかもしれません．しかし，ここで個別事例の変異に注目する理由は，ホモ・サピエンスやネアンデルタールという集団あるいは社会内での同一性を見直す必要があるからです．つまり，これまでは，ホモ・サピエンスやネアンデルタールという集団や社会の単位を想定し，それぞれの概略的特徴を比較する方法がとられていました．しかしながら，それぞれのグループが生息した時間（15〜20万年間）と地理範囲は広大であり，それぞれのグループ内の行動や文化の変異がかなり大きいことが明らかになってきました（これを示す記録は門脇，2014a・2014eを参照）．したがって，広大な地域に長期間生息した両グループの平均的違い（あるいは両極端の比較）ではなく，ホモ・サピエンスが分布域を広げた時（特に旧人の居住域へ分布拡大した時）に，実際にどのような技術や行動を有しており，それがどのような環境で生じていたかを個別に明らかにすることが研究の進展に不可欠と思われます．

2　ホモ・サピエンスの地理分布が拡大したと推定される時期の考古文化

本節では，ホモ・サピエンスの地理分布が拡大したと推定されている二つの時期（MIS5と約5〜4万年前）を対象に，分布拡大に伴ったと推定されている考古文化の出現プロセスについて所見を述べます（図1）．ここで扱われる考古文化の内容（主に石器・骨器技術と象徴行動）や年代に関する詳細は別稿で既に記されていますので（門脇，2011・2013c・2014a; Kadowaki, 2013・2014），ここでは分布拡大と文化変化あるいは環境のあいだの時間的関係と因果関係について焦点を絞り議論します．

MIS5
タブンCとアテリアン（レヴァントと北アフリカ）　この二つの石器製作伝統（lithic industry: 定義は門脇，2011を参照）の存続期間はMIS5と大きく重なります．この時期は北アフリカから西アジア地域において温暖・湿潤な気候が何度か生じたといわれています（Blome et al., 2012）．また，タブンC伝統の石器群を伴うカフゼー洞窟XXV〜XV層から出土した小型哺乳類の骨には，サバンナ環境に生息するアフリカ・アラビア系の種が特徴的に含まれています（Tchernov, 1998: 84-85）．これらの記録に基づき，当時，好適気候条件が主な要因となってホモ・サピエンスを含

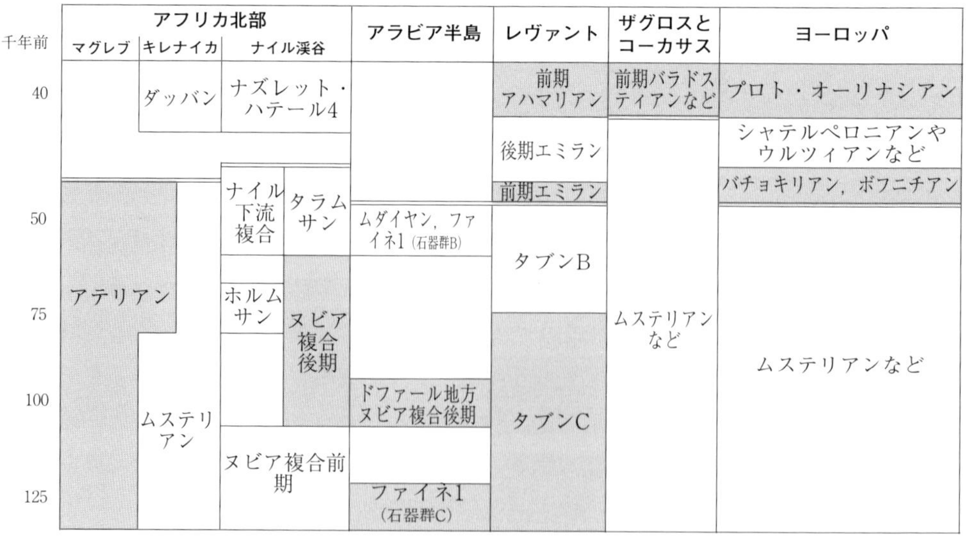

千年前	アフリカ北部			アラビア半島	レヴァント	ザグロスとコーカサス	ヨーロッパ
	マグレブ	キレナイカ	ナイル渓谷				
40		ダッバン	ナズレット・ハテール4		前期アハマリアン	前期バラドスティアンなど	プロト・オーリナシアン
					後期エミラン		シャテルペロニアンやウルツィアンなど
			ナイル下流複合		前期エミラン		バチョキリアン, ボフニチアン
50	アテリアン			ムダイヤン, ファイネ1 (石器群B)	タブンB		
			タラムサン				
75			ホルムサン			ムステリアンなど	ムステリアンなど
			ヌビア複合後期				
100		ムステリアン		ドファール地方ヌビア複合後期	タブンC		
			ヌビア複合前期				
125				ファイネ1 (石器群C)			

図1 本稿が対象とする時空範囲の石器製作伝統の編年表

(ホモ・サピエンスの分布拡大に関連したと推定される石器製作伝統を灰色で示す．表内の二重線は中部旧石器・中石器時代の終末．目安となる年代値のみ示したため，年代値間のスケールは一定でない．)

むアフリカ系動物の北進が生じたと解釈されています．実際，両石器伝統が出土した遺跡の幾つかからは初期ホモ・サピエンスの化石人骨が出土しています．

しかしながら，サピエンスの分布拡大を直接的に反映するような考古文化の分布拡大があったかどうかは不明です．例えば，この時期にレヴァントへ拡散したサピエンスの起源地は北東アフリカ，北アフリカの場合はサハラ以南（特に東アフリカ）からの拡散が想定されるわけですが，それらの起源候補地において，タブンCやアテリアンの石器群は見つかっていません．つまり，これらの石器伝統はレヴァントと北アフリカそれぞれの地域で生じた，というのが現状の妥当な解釈です．

また，両石器製作伝統が生じたタイミングに焦点を当てると，それはMIS5におけるサピエンスの分布拡大と同期するのでしょうか？ まずタブンCですが，この伝統の石器群が出土した遺跡の中で，ハヨニム洞窟E層上部の理化学年代値が最も古く，MIS6期に相当する年代値が多く含まれます（Kadowaki, 2013）．しかも，ハヨニム洞窟E層上部の動物相はカフゼーの場合と異なり旧北区のもので，更新世のより早い段階に特徴的な種が含まれるのが特徴です（Tchernov, 1998）．これらの記録が正しければ，タブンC伝統が発生したタイミングはMIS5期のサピエンス拡散よりも古いことになります．この可能性は様々な問題につながります．例えば，MIS6期のタブンC伝統の担い手は誰なのでしょうか？ もしホモ・サピエンスだとすると，彼らがレヴァントに出現したタイミングはMIS5をさかのぼることになります．あるいは，レヴァント在地の集団が担い手だとすると，MIS5期にアフリカからレヴァントへ拡散したサピエンス集団は，起源地の石器伝統に替えてレヴァント在地の石器伝統を受容したことを意味します．

北アフリカの場合，アテリアン以前の時期にホモ・サピエンスがいた可能性があります．北アフリカのジェベル・イルードで出土した人骨（約16万年前）は，頭蓋形質の比較によると，レヴァントのカフゼー洞窟のホモ・サピエンス（タブンC伝統に伴う）に類似するといわれており（Havarti and Hublin, 2012），歯の成長パターンが現在のホモ・サピエンスに似るという研究もあるからです（Smith et al., 2007）．これらの形質学的同定や約16万年前という年代が正しければ，MIS5やアテリアン以前の時期に北アフリカにはホモ・サピエンスが存在したことになります．彼らが有した石器技術の候補は，イフリ・ナンマル遺跡の文化層序と年代測定の記録によるとムステリアンになります（Richter et al., 2010）．つまり，ムステリアンの石器技術によってMIS6の北アフリカに適応できていたサピエンス集団がいた可能性があります．その後にアテリアンが生じたのですが，そのタイミングの詳細や自然・社会環境に関する記録はまだ希薄です．アテリアンの石器群に伴う最古の年代として，モロッコのイフリ・ナンマル遺跡の下部居住層上半の熱ルミネッセンス年代値が145±9 kaです（Richter et al., 2010）．これを額面通り受け入れると，北アフリカにおいて湿潤な環境が生じたタイミング（約135 ka: Blome et al., 2012）よりも前の時期にアテリアンが発生した可能性があります．だとすると，タブンCの場合と同様に，MIS5以前に発生した在地の石器技術かもしれません．

以上をまとめますと，レヴァントや北アフリカにおいてMIS5におよそ相当する温暖・湿潤期にホモ・サピエンスの遺跡が増加し，それにタブンCやアテリアンの石器伝統が伴う記録は多いのですが，これをさかのぼる時期にホモ・サピエンスが出現していた，あるいはタブンCやアテリアン伝統が発生したことを示す記録があります．

アラビア半島の中部旧石器 上記と同様に，MIS5に相当する温暖・湿潤な環境下において，アラビア半島へもホモ・サピエンスが分布拡大した可能性が最近指摘されています．ただし，化石人骨は発見されておらず考古記録のみからの推論になります．具体的には，アフリカ東部や東北部で発生した石器技術の分布がアラビア半島に拡大したようにみえることが根拠とされています．

例えば，アラブ首長国連邦東部ジェベル・ファヤ地域のファイネ1遺跡から出土した石器群C（約13〜12万年前）には，木葉形の両面加工石器に加えて若干のルヴァロワ製品と石刃が特徴的に含まれており，東アフリカで中期石器時代初頭（約30万年前）から継起した石器技術との類似が指摘されています（Armitage et al., 2011）．この場合，アラビア半島へ分布拡大したと推定されるタイミングは，新たな石器技術の発生ではなくMIS5eの湿潤な気候イベントと対応するため，技術革新よりも気候条件が拡散の主な要因だったと考えられています（Armitage et al., 2011）．

また，オマーン南西部ドファール地域で採集された石器群（約11〜10万年前）には，ヌビア型ルヴァロワ方式の剥片剥離技術が明確に認められますが，この石器伝統（ヌビア複合後期）が主に分布するのは北東〜東アフリカです（Rose et al., 2011）．ナイル渓谷では，その前段階と考えられるヌビア複合前期の石器群が見つかっており，先行するサンゴアンやルペンバンの石器伝統（北東アフリカでは約20〜15万年前）から移行的にヌビア型ルヴァロワ方式の技術が現れたプロセスが

想定できます (Van Peer and Vermeersch, 2007). したがって, ヌビア型ルヴァロワ方式の発生プロセスはアフリカのみでたどることができるのですが, ヌビア複合後期の石器伝統に限ると, その最古の年代はアフリカ (タラムサ1遺跡の第2活動期: Van Peer et al., 2010: 228) とアラビア半島 (ドファール地域) でほぼ同じになります.

アラビア半島への分布拡大を示唆する考古文化の出現パターンは, 先述した北アフリカやレヴァントの場合と異なることが特筆に値します. 後者の場合, 先述したようにサピエンス拡散元の候補地から考古文化が分布拡大した現象はみられず, 拡散先の地域において独自の文化が発達した (タブンCとアテリアン) と考えられます. つまり, 同様な気候条件下で生じたサピエンスの分布拡大にもかかわらず, それに伴う考古文化の出現パターンが北アフリカ・レヴァント地域とアラビア半島のあいだで異なったのはなぜか, という興味深い課題が提起されます. その要因の一つとして, 拡散先の地域において先行して存在した文化や社会の条件が今後明らかにされる必要があります. 例えば, 北アフリカやレヴァントでは, MIS5 に先行する時期にホモ・サピエンスが既にいた, あるいはタブンCやアテリアン伝統を有する集団が既にいたことを示す記録があります (上記参照). もし既にサピエンス集団がいたとすると, 北アフリカやレヴァントへサピエンスが最初に拡散した時期は MIS6 になりますから, その時の気候条件はアラビア半島の場合とは異なったはずです. その一方, アラビア半島では MIS6 に相当する時期の遺跡が見つかっていません. あったとしても局所的な水資源の周辺に限られていたと思われます. この様に, MIS5期のアラビア半島への拡散は, 先住集団や社会からの影響がほとんどなかったのかもしれません.

約5〜4万年前

エミラン, ボフニチアン, バチョキリアン エミランは, レヴァント地方における上部旧石器時代初頭に位置づけられている石器製作伝統で, その特徴はルヴァロワ方式を応用させた剥片剥離技術による縦長ポイントの製作です. この石器技術は, 様々なルヴァロワ方式や石刃・ポイント製作が行われたレヴァントや北東アフリカの中部旧石器文化に大筋の由来をたどることができます. その一方, エミランと類似した石器技術が, ヨーロッパ中部〜南東部における「中部・上部旧石器移行期インダストリー」のボフニチアンやバチョキリアン伝統に認められるのですが, 当地ではこの石器技術の由来を示すような石器群が見つかっていません. そのため, レヴァントで発生したエミランの石器技術がヨーロッパへ伝播した結果, ボフニチアンやバチョキリアンが残されたと解釈されており, およそ同じタイミング (5〜4.5万年前) で生じたはずのホモ・サピエンスの分布拡大がこの文化伝播をもたらした可能性が指摘されています (Škrdra, 2003; Bar-Yosef and Belfer-Cohen, 2013). ただし, これらの石器伝統の担い手を示す人骨資料は限られています. レヴァントのウチュアズリ洞窟とクサール・アキル岩陰ではエミラン石器群に伴って部分的な人骨化石が出土しており, ホモ・サピエンス的な形質が指摘されていますが (Douka et al., 2013; Stringer, 2012), ネアンデルタール的な特徴も排除されていません (Kuhn et al., 2009). したがいまして, これらの考古文化の担い手がホモ・サピエンスだったという仮説は今後の検証が必要です

が，ここではホモ・サピエンスが担い手だったことを前提に議論します．

　まず，エミラン文化とサピエンス拡散の関係について正確に把握するために重要なのは，エミラン文化の多様性を整理することです．エミラン文化に含められる石器群やその層序，そして理化学年代値に基づくと，この文化の多様性の要因の一つは通時変化であり，前半と後半が区別できます（この提案の根拠となる分析は門脇 2014c に基づく別稿で出版予定）．前期エミランの特徴は，両設打面石核からの剥片剥離とエミレー尖頭器の製作で，ボーカー・タクチト遺跡の第2層から出土した石器群が示準となります (Marks, 1983)．後期エミランになると，単設打面石核が卓越しエミレー尖頭器は伴いません．エミレー尖頭器に替わってシャンフランという石器器種が北レヴァント海岸部で現れます．前期と後期のあいだには，遺跡数やその分布にも違いがあります．前期エミランの資料はボーカー・タクチト第2層のほか，レバノン海岸部においてエミレー尖頭器が表面採集された地域に限られますが，後期エミランの遺跡はより数が多く広い地域に分布しています（ボーカー・タクチト第4層のほか，ウチュアズリ洞窟 I-F 層，クサール・アキル岩陰 XXIII-XXI 層，ウンム・エル・トゥレルの II Base と III2A 層，ジェルフ・アジラ洞窟 C 層，トール・サダフ岩陰 A 期）．また，後期エミランの遺跡からは，海産貝ビーズ（ウチュアズリ洞窟とクサール・アキル岩陰）や骨器（ウチュアズリ洞窟）が出土しており，当時の象徴行動や工作活動の多様化を示す証拠として注目を集めています (Kuhn et al., 2009; Stiner et al., 2013)．また，先述した人骨化石の記録も後期エミランの時期になります．

　こうした記録に基づくと，レヴァントでエミラン文化を創出した社会は，後半になって人口が増加しレヴァント内で分布域が拡大したと共に，象徴行動や工作活動の多様化が進んだと解釈されます．しかしながら，エミラン文化がヨーロッパへ分布拡大したタイミングは，後半ではなく前半に限られます．その根拠は石器技術の対比です．ボフニチアン伝統の石器群として詳細に分析されたストランスカ・スカラ遺跡の石器技術がボーカー・タクチト遺跡の石器群と比較された結果，前者に類似する石器群はボーカー・タクチト第2層（つまり前期エミラン）であり，第4層石器群（後期エミラン）はヨーロッパに何の影響も与えずレヴァントのみで発達した技術を示すと結論されました (Škrdra, 2003)．

　この結論によると，ヨーロッパへサピエンスが拡散したかもしれない時のレヴァントの状況として，人口増や分布拡大あるいは象徴行動や工作活動の発達を想定することは難しそうです．したがって，バチョキリアンに伴って発見されている骨器や装身具は（佐野, 2012: 18），レヴァントからの伝播ではなく，バチョキリアンの分布域（南東ヨーロッパ）において導入された文化要素という可能性が指摘できます．このように拡散先のヨーロッパで新たな文化要素が導入された可能性は，ボフニチアン石器群に両面加工の木葉形尖頭器が含まれる事例にも認められます (Tostevin and Škrdra, 2006)．両面加工の木葉形尖頭器は前期エミランに決して含まれませんが，中央ヨーロッパで発生したセレティアン伝統に特徴的なため，この在地の石器技術からボフニチアンが影響を受けたと解釈できます．

　前期エミランが拡散したとすれば，その石器技術の発生とほぼ同時ということになりますので，

拡散の要因として石器が重要な役割を果たしたのでしょうか？　ユーラシアへ広域拡散したホモ・サピエンス集団に特徴的な技術行動の一つとして投擲用刺突具の発達が指摘されていますが (Shea, 2006・2007; Shea and Sick, 2010)，前期エミランに伴うエミレー尖頭器は，その先端部の断面面積によると投擲具とはいえないようです．むしろ，後期エミラン石器群に含まれるルヴァロワ尖頭器やムステリアン尖頭器は中部旧石器時代のものより小型で，民族誌にみられる手持ち用槍先のサイズより小さいため (Shea, 2006)，投擲用だった可能性があります．

以上をまとめますと，エミラン文化を有した集団がヨーロッパへ分布拡大した要因として，レヴァントにおける人口増や分布拡大あるいは革新的な文化要素の発生に帰することは難しいと思われます．そこで気候条件の役割が注目されます．この場合は高緯度への分布拡大ですから，それを促進する気候条件としては温暖化が想定されます．この問題についてはボフニチアンやバチョキリアンの出現とハインリヒ・イベント5とのあいだの時間的関係を明らかにする研究が進められていますので（佐野，2013・2014），その成果が期待されます．

前期アハマリアンとプロト・オーリナシアン　前期アハマリアンは先述したエミランに後続する石器伝統で，レヴァント地方の上部旧石器時代前半に相当します．プロト・オーリナシアンはヨーロッパ南部に分布し，「移行期インダストリー」の中では最も後に出現した石器伝統です（佐野，2013）．両者の一般的な特徴は，小型打面の石刃・細石刃を角錐状石核から剥離する技術と尖頭器（フォン・ティーヴ尖頭器やエル・ワド尖頭器など）の製作ですが，特に類似する共通点として，単設打面石核からの尖頭状細石刃の剥離とそれを素材にした小型尖頭器の製作が注目されます（図2）．この尖頭状細石刃技術は，前期アハマリアンとプロト・オーリナシアンだけでなく，ザグロス地方の上部旧石器文化である前期バラドスティアンや，コーカサス地方の上部旧石器初頭の石器群（オルトヴァレ・クルデ岩陰，ズズアナ洞窟，メズマイスカヤ洞窟など）にも認められます

図2　前期アハマリアン並行の石器—右端が尖頭状細石刃を素材としたエル・ワド尖頭器
（ユーフラテス河中流域のワディ・ハラール 16R 遺跡出土，Nishiaki et al., 2012）

(Bar-Yosef et al., 2006; Golovanova et al., 2006; Adler et al., 2008; Tsanova, 2013). このように地中海北部・東部からザグロス・コーカサス地域にいたる広範囲に分布する尖頭状細石刃技術は，それ以前のサピエンス拡散に伴ったとされる文化の地理範囲を大きく上回ることが特筆に値します（先述したタブン C やエミランなどを参照）．

広大な地理分布を特徴とする尖頭状細石刃の技術は，どのような過程を経て出現したのでしょうか？　研究例の多い前期アハマリアンとプロト・オーリナシアンの出現プロセスについて二つの異なる見解があります．一つ目は，レヴァントからヨーロッパへホモ・サピエンスの拡散に伴って前期アハマリアンが伝播し，プロト・オーリナシアンがヨーロッパで出現した，という解釈です (Mellars, 2006b・2006c; Bar-Yosef, 2007; Zilhão, 2006・2007・2013)．実際，前期アハマリアンの石器群に伴うホモ・サピエンスの人骨がクサール・アキル岩陰 XVII 層から出土しています．また，ルーマニアのワセ洞窟で発見されたホモ・サピエンスの人骨には文化物が伴っていませんが，その年代（C14 較正年代値で約 4 万年前）はプロト・オーリナシアンや前期アハマリアンに相当します (Zilhão, 2006)．先述したエミラン文化を伴うサピエンスのヨーロッパ拡散説を支持する研究者によれば，前期アハマリアンの伝播は後続するサピエンス集団の分布拡大を意味します．こうした複数の拡散イベントを通して，サピエンスがヨーロッパへ段階的に進出したというシナリオが想定されています (Hublin, 2013)．これと異なる二つ目の見解は，前期アハマリアンとプロト・オーリナシアンの発生をほぼ同時とみなす立場です．同時発生ならば，レヴァントとヨーロッパそれぞれの地域で独自に出現した石器技術が偶然似ていたのかというとそうではなく，各地で発生した石器技術が相互の文化伝達を通して次第に同一化した結果だと解釈されています (Le Brun-Ricalens et al., 2009)．この文化出現プロセスがサピエンスの分布拡大のタイミングとどのように関係したのかという点は明確ではありません．サピエンスの分布拡大に伴ってこのプロセスが進行したのかもしれませんし，既にサピエンスが分布拡大した後で進行したのかもしれません．

このような見解の相違が生まれる大きな要因は，前期アハマリアンとプロト・オーリナシアンの時間的関係について合意が得られていないからです．前期アハマリアンをプロト・オーリナシアンの起源とみなす立場によれば，前者が先に出現したはずです．前期アハマリアンの先行性を提案する根拠は研究者によって異なりますが，その年代が古いことを示す放射性炭素年代値がケバラ洞窟 Unit IV-III から報告されています (Bar-Yosef et al., 1996; Rebollo et al., 2011)．この層の前期アハマリアンの出現年代は 46/47,000 cal BP までさかのぼると推定されていますので，プロト・オーリナシアンが出現した約 41,500 cal BP (Banks et al., 2013) よりも数千年ほど古いことになります．しかしながら，ケバラ洞窟の Unit IV-III は下のムステリアン層（Unit V）の浸食後に傾斜しながら堆積したので，下層の（つまり中部旧石器時代の）炭化物が混じっている可能性が指摘されています (Zilhão, 2007・2013)．この問題をふまえ，Douka et al. (2013) はクサール・アキル XX-XVI 層から新たに得た放射性炭素年代値に基づき（約 41,000〜39,000 cal BP），前期アハマリアンとプロト・オーリナシアンはほぼ同時期だったと主張しています．こうした年代値に関わる論争の一方，ケバラ Unit IV-III の石器群はプロト・オーリナシアンと比較される対象として

そもそも適当なのか，という問題もあります．つまり，ケバラ Unit IV-III の石器群は「北方の前期アハマリアン」と呼ばれるグループに属し（Goring-Morris and Davidzon, 2006），プロト・オーリナシアンにより類似する「南方の前期アハマリアン」と技術形態学的に区別されるのです．「南方の前期アハマリアン」に対象を限って放射性炭素年代値を比較すると，プロト・オーリナシアンのレヴァント起源説を年代値データから支持することは難しい状況です（この分析と議論の詳細は門脇，2014d に基づいて出版予定）．

　こうした時間的関係の問題の他，尖頭状細石刃技術の分布域において，それぞれに先行する石器伝統からの変遷プロセスがより明らかにされる必要があります．例えば，レヴァントにおけるエミランから前期アハマリアンへの技術変遷が示す連続性に比べて，南ヨーロッパにおけるシャテルペロニアン（あるいはウルツィアン）からプロト・オーリナシアンへの技術変遷に大きなギャップが認められるとしたら，プロト・オーリナシアンの技術は南ヨーロッパ在地というよりもレヴァントからの影響があったと解釈できるかもしれません．この問題に関して，Le Brun-Ricalens et al. (2009: 22) は，前期アハマリアンとプロト・オーリナシアンの両者とも，それぞれの地域における在地の技術進化によって出現した可能性は否定できず，それに先行する石器伝統（エミランとシャテルペロニアン）との技術的違いが，後続する石器技術（典型的オーリナシアン）との違いに比べて大きいとはいえない，と述べています．実際，前期アハマリアンはエミランに由来してレヴァント在地で発達した石器伝統と解釈する研究者は少なくありません．しかしながら，エミランの石器技術が前期アハマリアンの技術に連続的に変化した過程が石器群の層序として確認できるのはクサール・アキル岩陰 XXV-XVI 層 (Ohnuma, 1988) とウチュアズリ洞窟 I-B 層 (Kuhn et al., 2009) のみで，これらはいずれも「北方の前期アハマリアン」に限られます．今のところ，プロト・オーリナシアンに対比されるべき「南方の前期アハマリアン」がエミランの石器技術から連続的に出現した過程を示す層序は見つかっていません．この所見は，尖頭状細石刃技術がレヴァントで発生した可能性を否定するわけではありませんが，その出現は連続的あるいは漸進的ではなく，ある程度の技術画期があったようです．こうした技術変遷の過程が，レヴァントと南ヨーロッパのあいだでより詳細に比較されることが望まれます．

　一方，ザグロスやコーカサス地方では，尖頭状細石刃技術に先行した石器伝統はムステリアンになります (Tsanova, 2013)．この場合，両者のあいだの技術差は明らかに大きく，ムステリアンの後にエミランやシャテルペロニアンあるいはウルツィアンを通して尖頭状細石刃技術が出現したレヴァントや南ヨーロッパにおける技術変遷よりも急激な変化だったといえるでしょう．特に，尖頭器のサイズ縮小は明確だったはずです．先述した尖頭器のサイズ比較分析よると (Shea, 2006)，ムステリアン尖頭器は手持ち用の槍先の範疇に入るのに対し，尖頭状細石刃は投擲用尖頭器として機能したと考えられますので，狩猟具および狩猟法の大きな変化が示唆されます．この点に基づくと，ザグロスやコーカサス地域における尖頭状細石刃技術は，この技術の由来がある程度認められるレヴァントあるいはヨーロッパから拡散したホモ・サピエンスによって導入されたというシナリオが想定できます．ザグロスとコーカサスの尖頭状細石刃石器群に伴う人骨記

録はほとんどありませんが，この石器技術の内容や出現年代（コーカサスでは遅くとも3.9万年前：Adler et al., 2008; Pinhasi et al., 2011）を考慮すると，プロト・オーリナシアンや前期アハマリアンと同様にサピエンスの所産として問題ありません．また，ザグロス・ムステリアンの担い手がネアンデルタールであることはシャニダール洞窟などの人骨記録によって以前から知られています．また，北コーカサスのメズマイスカヤ洞窟では，中部旧石器時代最上層（第2層）からネアンデルタール人骨（Mez 2）が出土しており，その放射性炭素年代値が42,960-44,600 cal BP（68.2%）と報告されています（Pinhasi et al., 2011）．

このように，尖頭状細石刃技術が広域に出現したプロセスの究明は，出現年代と技術変遷の分析を主な方法として今後も進められていくと思われます．その将来の結果として，先述した異なる立場の中から正解が一つに絞られるとは限りません．例えば，レヴァントから南ヨーロッパにいたる地域では，各地で出現した細石刃技術が社会交流を通して同一化されていった一方，ザグロスやコーカサスではホモ・サピエンスの拡散によって尖頭状細石刃技術がもたらされたというシナリオもあり得ます．つまり，地域によって出現プロセスが異なった可能性があります．

最後に，尖頭状細石刃技術が広域分布した時の気候条件についてですが，プロト・オーリナシアンが生じた時期はハインリヒ・イベント4の直前だったといわれています（Banks et al., 2013）．同じ気候条件が前期アハマリアンにもあてはまるかは不明です．といいますのも，前期アハマリアンの遺跡に対してこれまで報告された放射性炭素年代値は，プロト・オーリナシアンの年代範囲と一部重なりながら，それよりも後の時期（最大で1万年後）まで分布するからです（Kadowaki, 2013）．これを額面通りに受け入れると，ハインリヒ・イベント4以前から以後の様々な気候の下で継続したことになります．レヴァントでは尖頭状細石刃技術が南ヨーロッパよりも長期間継続したのかもしれませんが，それを確証するためには，最近の改善された前処理法を通したAMSによる放射性炭素年代測定が「南方の前期アハマリアン」石器群に対して行われていく必要があります．同様な年代学的研究がザグロスやコーカサスの上部旧石器に対しても蓄積することが望まれます．

まとめ

本稿では，ホモ・サピエンスの起源に関する最近の仮説から生じる先史考古学上の問題（1. ホモ・サピエンスの地理分布拡大の過程が考古記録にどのように反映されているか．2. ホモ・サピエンスの広域分布と旧人の吸収・絶滅が生じた要因を，当時の人類の行動記録やその自然・社会環境から明らかにできるか．）の解決に資するため，ホモ・サピエンスの拡散に伴ったと推定される考古文化の出現プロセスやサピエンス拡散との関係について論じました．そのまとめとして，大きく三つのパターンが区別できます．まず一つ目は，サピエンスの拡散に伴って特定の考古文化や文化要素が分布拡大したパターンです．その例には，アラビア半島の中部旧石器文化や前期エミランの剥片剥離技術が含められます．また，コーカサスとザグロス地方における尖頭状細石刃技術もこのパタ

ーンにあてはまると思われます．二つ目は，サピエンスの拡散先において新たな文化が発生した，あるいは新たな文化要素が導入されたパターンです．この例として，タブンC伝統やアテリアン伝統，バチョキリアン伝統の装身具や骨器，ボフニチアン伝統の両面加工尖頭器について説明しました．そして三つ目のパターンは，サピエンスの拡散元と拡散先が区別される前二者のパターンとは異なり，各地で出現した文化が地域間の相互交流を通して次第に同一化したプロセスです．このプロセスが，レヴァントの前期アハマリアンと南ヨーロッパのプロト・オーリナシアンに当てはまる可能性について説明しました．

ホモ・サピエンスが分布拡大した要因についても事例ごとに考察しました．例えば，MIS5における温暖・湿潤な気候がサピエンスの分布拡大を促した，という見解は広く受け入れられていますが，MIS6の時期に既に北アフリカやレヴァントにホモ・サピエンスがいた可能性がありますので，好適気候以外の条件でも分布拡大した要因の検討が必要です．サピエンスの拡散を示唆するエミランの分布拡大の要因についても議論しましたが，伝播したのが前期エミランだとすると，その要因を技術や行動の革新性あるいは起源地（レヴァント）の人口増加に求めることは困難です．そして，南ヨーロッパから西アジアにいたる尖頭状細石刃技術の広域分布の要因をつきとめるためには，地域ごとに異なったかもしれない出現プロセスをまずは明らかにする必要があります．今のところ，この技術のザグロスとコーカサス地方における出現は，先行するムステリアンと一線を画する投擲用尖頭器の出現を意味したことが注目されます．

紙数の都合上，ホモ・サピエンス拡散の南ルートに関わる考古記録の一部について考察できませんでした．それは，アフリカから南アジアへ分布拡大した可能性が指摘されている幾何学形細石器の出現プロセスですが（Mellars et al., 2013），この内容は門脇（2014a）に既に記されています．

最後に，本稿の研究は冒頭に紹介した「学習仮説」の検討を目的として進められています．つまり，ホモ・サピエンスが分布拡大した時に伴った学習行動を明らかにするために，当時の技術や行動の変化あるいは環境に関する記録を収集・整理してきましたが，その記録がどのような学習行動を示唆するか，という点についても本稿では深く考察することができませんでした．この問題については別稿で新たに論じる予定です．＊

＊ 本稿は，公開シンポジウム『石器文化から探る新人・旧人交替劇の真相』（2014年3月15日，於：名古屋大学野依記念学術交流館）における講演録「新人拡散期の西アジアとアフリカの石器文化」に加筆して作成したものである．

引用文献

赤澤　威（2010）研究の概要．赤澤威編，第1回研究大会 ネアンデルタールとサピエンス交替劇の真相 ─学習能力の進化に基づく実証的研究．文部科学省・科学研究費補助金「新学術領域研究」2010-2014 研究領域名「ネアンデルタールとサピエンス交替劇の真相：学習能力の進化に基づく実証的研究」領域番号1201，東京，p. 1.

門脇誠二（2011）旧石器人の学習と石器製作伝統—レヴァント地方の事例研究に向けて—．西秋良宏編，考古資料に基づく旧人・新人の学習行動の実証的研究1：「交替劇」A01班2010年度研究報告．東京大学総合研究博物館，東京，pp. 41-46.

門脇誠二（2012）アフリカの中期・後期石器時代の編年と初期ホモ・サピエンスの文化変化に関する予備的考察．西秋良宏編，考古資料に基づく旧人・新人の学習行動の実証的研究2：「交替劇」A01班2011年度研究報告．東京大学総合研究博物館，東京，pp. 7-15.

門脇誠二（2013a）アフリカと西アジアの旧石器文化編年からみた現代人的行動の出現パターン．西秋良宏編，ホモ・サピエンスと旧人—旧石器考古学からみた交替劇．六一書房，東京，pp. 21-37.

門脇誠二（2013b）旧石器文化の時空変異から「旧人・新人交替劇」の過程と要因をさぐる：アフリカ，西アジア，ヨーロッパの統合的展望．西秋良宏編，考古資料に基づく旧人・新人の学習行動の実証的研究3：「交替劇」A01班2012年度研究報告，東京大学総合研究博物館，東京，pp. 7-15.

門脇誠二（2013c）旧石器時代（1）（2）．日本西アジア考古学会西アジア考古学講義ノート編集委員会編，西アジア考古学講義ノート，日本西アジア考古学会，東京，pp. 11-18.

門脇誠二（2014a）ホモ・サピエンスの起源とアフリカの石器時代—ムトングウェ遺跡の再評価．名古屋大学博物館，名古屋.

門脇誠二（2014b）ホモ・サピエンス拡散期の東アフリカにおける石器文化．西秋良宏編，考古資料に基づく旧人・新人の学習行動の実証的研究4：「交替劇」A01班2013年度研究報告，東京大学総合研究博物館，東京，pp. 8-19.

門脇誠二（2014c）エミラン文化の再検討：多様性とその「旧人・新人交替劇」への示唆．西秋良宏編，第9回大会 ネアンデルタールとサピエンス交替劇の真相：学習能力の進化に基づく実証的研究，東京大学総合研究博物館，東京，pp. 98-99.

門脇誠二（2014d）新人拡散期の石器伝統の変化：アフリカ，西アジア，ヨーロッパ．西秋良宏編，第9回大会 ネアンデルタールとサピエンス交替劇の真相：学習能力の進化に基づく実証的研究，東京大学総合研究博物館，東京，pp. 30-33.

門脇誠二（2014e）初期ホモ・サピエンスの学習行動—アフリカと西アジアの考古記録に基づく考察．西秋良宏編，ホモ・サピエンスと旧人2—考古学から見た学習，六一書房，東京，pp. 3-18.

ミズン S.（翻訳：松浦俊輔・牧野美佐緒）（1998）心の先史時代．青土社，東京.

西秋良宏編（2013）ホモ・サピエンスと旧人—旧石器考古学からみた交替劇．六一書房，東京.

佐野勝宏（2012）考古学的証拠に見る旧人・新人の創造性．西秋良宏編，考古資料に基づく旧人・新人の学習行動の実証的研究2：「交替劇」A01班2011年度研究報告，東京大学総合研究博物館，東京，pp. 16-24.

佐野勝宏（2013）ヨーロッパにおける旧石器文化編年と旧人・新人交替劇．西秋良宏編，ホモ・サピエンスと旧人—旧石器考古学からみた交替劇，六一書房，東京，pp. 38-56.

佐野勝宏（2014）ネアンデルタール人世界への新人進出—考古文化，年代，気候，植生，生態．西秋良宏編，第9回大会 ネアンデルタールとサピエンス交替劇の真相：学習能力の進化に基づく実証的研究，東京大学総合研究博物館，東京，pp. 18-19.

Adler D., Bar-Yosef O., Belfer-Cohen A., Tushabramishvili N., Boaretto E., Mercier N., Valladas H. and Rink W. (2008) Dating the demise: Neandertal extinction and the establishment of Modern Humans in the southern Caucasus. Journal of Human Evolution, 55: 817-833.

Armitage S.J., Jasim S.A., Marks A.E., Parker A.G., Usik V.I. and Uerpmann H.-P. (2011) The southern route "Out of Africa": evidence for an early expansion of Modern Humans into Arabia. Science, 331: 453-456.

Banks W.E., d'Errico F. and Zilhão J. (2012) Human-climate interaction during the Early Upper Paleolithic: Testing the hypothesis of an adaptive shift between the Proto-Aurignacian and the Early Aurignacian. Journal of Human Evolution, 64: 39-55.

Bar-Yosef O. (2007) The archaeological framework of the Upper Paleolithic Revolution. Diogenes, 54(3): 3-18.

Bar-Yosef O., Arnold M., Mercier N., Belfer-Cohen A., Goldberg P., Housley R., Laville H., Meignen L., Vogel J. C. and Vandermeersch B. (1996) The dating of the Upper Paleolithic layers in Kebara Cave, Mt Carmel. Journal of Archaeological Science, 23: 297-306.

Bar-Yosef O. and Belfer-Cohen A. (2013) Following Pleistocene road signs of human dispersals across Eurasia. Quaternary International, 285: 30-43.

Bar-Yosef O., Belfer-Cohen A. and Adler, D. (2006) The implications of the Middle-Upper Paleolithic chronological boundary in the Caucasus to Eurasian prehistory. Anthropologie, XLIV/1: 49-60.

Blome M.W., Cohen, A.S., Tryon, C.A., Brooks, A.S. and Russell, J. (2012) The environmental context for the origins of Modern Human diversity: a synthesis of regional variability in African climate 150,000-30,000 years ago. Journal of Human Evolution, 62: 563-592.

Douka K., Bergman C.A., Hedges R.E.M., Wesselingh F.P. and Higham T.F.G. (2013) Chronology of Ksar Akil (Lebanon) and implications for the colonization of Europe by anatomically Modern Humans. PLoS ONE, 8(9): e72931. doi: 10.1371/journal.pone.0072931.

Golovanova, L., Cleghorn N., Doronichev V., Hoffecker J., Burr G. and Sulergizkiy L. (2006) The early Upper Paleolithic in the northern Caucasus (new data from Mezmaiskaya Cave, 1997 excavation). Eurasian Prehistory, 4(1/2): 43-78.

Goring-Morris A.N. and Davidzon A. (2006) Straight to the point: Upper Paleolithic Ahmarian lithic technology in the Levant. Anthropologie, XLIV/1: 93-111.

Havarti K. and Hublin J.-J. (2012) Morphological continuity of the face in the late Middle and Late Pleistocene hominins from northwestern Africa: a 3D geometric morphometric analysis. In: Hublin J.-J. and McPherron S.P. (eds.) Modern Origins: A North African Perspective. Springer, New York, pp. 179-188.

Hovers E. (2006) Neandertals and Modern Humans in the Middle Paleolithic of the Levant: What kind of interaction? In: Conard N. (ed.) When Neanderthals and Modern Humans Met. Kerns Verlag, Tübingen, pp. 65-85.

Hovers E. (2009) The Middle-to-Upper Paleolithic transition: what news? In: Camps M. and Chauhan P. (eds.) Sourcebook of Paleolithic Transitions. Springer, New York, pp. 455-462.

Hublin J.-J. (2013) The makers of the early Upper Paleolithic in western Eurasia. In: Smith F. and Ahern J. (eds.) The Origins of Modern Humans: Biology Reconsidered. John Wiley & Sons, Inc., New Jersey, pp. 223-252.

Kadowaki S. (2013) Issues of chronological and geographical distributions of Middle and Upper Palaeolithic cultural variability in the Levant and implications for the learning behavior of Neanderthals and *Homo sapiens*. In: Akazawa T., Nishiaki Y. and Aoki K. (eds.) Dynamics of Learning in Neanderthals and Modern Humans Vol. 1: Cultural Perspectives. Springer, New York, pp. 59-91.

Kadowaki S. (2014) West Asia: Paleolithic. In: Smith C. (ed.) Encyclopedia of Global Archaeology. Springer, New York, pp. 7769-7786.

Klein R. (1999) The Human Career. Chicago University Press, Chicago.

Kuhn S.L. and Stiner M.C. (2006) What's a mother to do?: the division of labor among Neandertals and Modern Humans in Eurasia. Current Anthropology, 47(6): 953-980.

Kuhn S., Stiner M.C., Güleç E., Özer I., Yılmaz H., Baykara I., Ayşen A., Goldberg P., Martinez Molina K., Ünay E. and Suata-Alpaslan F. (2009) The early Upper Paleolithic occupations at Üçağızlı Cave (Hatay, Turkey). Journal of Human Evolution, 56: 87-113.

Le Brun-Ricalens F., Bordes J.-G. and Eizenberg L. (2009) A crossed-glance between southern European and Middle-Near Eastern early Upper Palaeolithic lithic technocomplexes: existing models, new perspectives. In: Camps M. and Szmidt C. (eds.) The Mediterranean from 50000 to 25000 BP: Turning Points and New Directions. Oxbow Books, Oxford, pp. 11-33.

Marks A.E. (ed.) (1983) Prehistory and Paleoenvironments in the Central Negev, Israel, Volume III: The Avdat/Aqev Area, Part 3. Southern Methodist University, Dallas.

Mellars P. (2006a) Going east: new genetic and archaeological perspectives on the Modern Human colonization of Eurasia. Science, 313: 796-800.

Mellars P. (2006b) Archeology and the dispersal of Modern Humans in Europe: deconstructing the "Aurignacian". Evolutionary Anthropology, 15: 167-182.

Mellars P. (2006c) A new radiocarbon revolution and the dispersal of Modern Humans in Eurasia. Nature, 439: 931-935.

Mellars P., Gori K.C., Carr M., Soares P.A. and Richards M.B. (2013) Genetic and archaeological perspectives on the initial Modern Human colonization of southern Asia. Proceedings of the National Academy of Sciences of the United States of America, 110(26): 10699-10704.

Nishiaki Y., Kadowaki S., Kume S. and Kume S. (2009) Archaeological survey around Tell Ghanem Al-'Ali. Al-Rāfidān, 30: 145-153, 160-163.

Nishiaki Y., Kadowaki S. and Shimogama K (2012) Archaeological survey around Tell Gahnem Al-'Ali (V). Al-Rafidan, 33: 1-6.

Ohnuma K. (1988) Ksar 'Akil, Lebanon: A Technological Study of the Earlier Upper Palaeolithic Levels of Ksar 'Akil, Vol. III. Levels XXV-XIV. BAR International Series 426, Oxford.

Pinhasi R., Higham T., Golovanova L. and Doronichev V. (2011) Revised age of late Neanderthal occupation and the end of the Middle Paleolithic in the northern Caucasus. Proceedings of the National Academy of Sciences of the United States of America, 108(21): 8611-8616.

Rebollo N.R., Weiner S., Brock F., Meignen L., Goldberg P., Belfer-Cohen A., Bar-Yosef O. and Boaretto E. (2011) New radiocarbon dating of the transition from the Middle to the Upper Paleolithic in Kebara Cave, Israel. Journal of Archaeologial Science, 38: 2424-2433.

Richter D., Moser J., Nami M., Eiwanger J. and Mikdad A. (2010) New chronometric data from Ifri n'Ammar (Morocco) and the chronostratigraphy of the Middle Palaeolithic in the Western Maghreb. Journal of

Human Evolution, 59: 672-679.

Rose J.I., Usik V.I., Marks A.E., Hilbert Y.H., Galletti C.S., Parton A., Geiling J.M., Černý V., Morley M.W. and Roberts R.G. (2011) The Nubian complex of Dhofar, Oman: an African Middle Stone Age industry in Southern Arabia. PLoS ONE, 6(11): e28239. doi:10.1371/journal.pone.0028239.

Shea J. (2003) The Middle Paleolithic of the east Mediterranean Levant. Journal of World Prehistory, 17(4): 313-394.

Shea J. (2006) The origins of lithic projectile point technology: evidence from Africa, the Levant, and Europe. Journal of Archaeological Science, 33: 823-846.

Shea J. (2007) Behavioral differences between Middle and Upper Paleolithic Homo sapiens in the East Mediterranean Levant: the roles of intraspecific competition and dispersal from Africa. Journal of Anthropological Research, 63(4): 449-488.

Shea J. and Sick M. (2010) Complex projectile technology and Homo sapiens dispersal into westrn Eurasia. PaleoAnthropology, 2010: 100-122.

Škrdra P. (2003) Comparison of Boker Tachtit and Stránská skála MP/UP transitional industries. Journal of The Israel Prehistoric Society, 33: 37-73.

Smith F. and Ahern J. (2013) The Origins of Modern Humans: Biology Reconsidered. John Wiley & Sons, Inc, New Jersey.

Smith T.M., Tafforeau P., Reid D.J., Grün R., Eggins S., Boutakiout M. and Hublin J.-J. (2007) Earliest evidence of Modern Human life history in North African early Homo sapiens. Proceedings of the National Academy of Sciences of the United States of America, 104(15): 6128-6133.

Stiner M., Kuhn S. and Güleç E. (2013) Early Upper Paleolithic shell beads at Üçağızlı Cave I (Turkey): technology and the socioeconomic context of ornament life-histories. Journal of Human Evolution, 64: 380-398.

Stringer C. (2012) Lone Survivors: How We Came to Be the Only Humans on Earth. Times Books, New York.

Tchernov E. (1998) The faunal sequence of the southwest Asia Middle Paleolithic in relation to hominid dispersal events. In: Akazawa T., Aoki K. and Bar-Yosef O. (eds.) Neanderthals and Modern Humans in Western Asia. Plenum Press, New York, pp. 77-94.

Tostevin G. and Škrdra P. (2006) New excavations at Bohunice and the question of the uniqueness of the type-site for the Bohunician industrial type. Anthropologie, XLIV/1: 31-48.

Tsanova T. (2013) The beginning of the Upper Paleolithic in the Iranian Zagros. A taphonomic approach and techno-economic comparison of Early Baradostian assemblages from Warwasi and Yafteh (Iran). Journal of Human Evolution, 65: 39-64.

Tryon C.A. and Faith J.T. (2013) Variability in the Middle Stone Age of Eastern Africa. Current Anthropology, 54 (Supplement, 8): S234-S254.

Van Peer P. and Vermeersch P.M. (2007) The place of Northeast Africa in the early history of Modern Humans: new data and implications on the Middle Stone Age. In: Mellars P., Boyle K., Bar-Yosef O. and Stringer C. (eds.) Rethinking the Human Revolution. McDonald Institute for Archaeological Research, Cambridge, pp. 187-198.

Van Peer P., Vermeersch P.M. and Paulissen E. (2010) Chert Quarrying, Lithic Technology and a Modern Human Burial at the Palaeolithic Site of Taramsa 1, Upper Egypt. Leuven University Press, Leuven.

Zilhão J. (2006) Neandertals and Moderns mixed, and it matters. Evolutionary Anthropology, 15: 183-195.

Zilhão J. (2007) The emergence of ornaments and art: an archaeological perspective on the origins of "behavioral modernity". Journal of Archaeological Research, 15: 1-54.

Zilhão J. (2013) Neandertal-modern human contact in western Eurasia: issues of dating, taxonomy, and cultural associations. In: Akazawa T., Nishiaki Y. and Aoki K. (eds.) Dynamics of Learning in Neanderthals and Modern Humans Vol. 1: Cultural Perspectives. Springer, New York, pp. 21-57.

ヨーロッパにおける旧人・新人の交替劇プロセス

佐野勝宏・大森貴之

はじめに

　それでは，ヨーロッパにおける旧人・新人の交替劇プロセスについて話します．図1は，この交替劇プロジェクトが始まった頃に触れたもので，「ステージ3プロジェクトの到達点」を表しています．ステージ3プロジェクトは，ご存じの方が多いと思いますが，10年以上前に，酸素同位体ステージ3，まさに交替劇が起きた頃の考古学的データを集成して，交替劇の謎に迫ろうとしたプロジェクトでした（van Andel and Davies, 2003）．

　見てもらってお分かりのとおり，このヒストグラムは1000年単位での年代値データ数を表していますが，ムステリアン，シャテルペロニアン，オーリナシアン，グラヴェッティアンという，交替劇に関わる考古文化の増減が示されています．そして，この図では4.4〜2.7万年前という非常に長い時間幅で交替劇が進行したことになっています．ムステリアンは，2.7万年前まで継続することになっていますが，イベリア半島以外でムステリアンがここまで残ると考えている考古学者は現在おりません．これは，問題のある炭素14年代値も利用してしまっていることに起因します．したがいまして，集成したデータをそのまま使うことはできないわけで，年代値を精査する必要があるということを，交替劇プロジェクトが開始された頃に申し上げました．

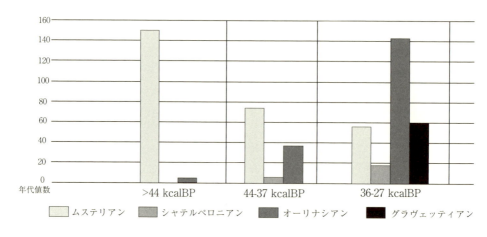

図1　ステージ3プロジェクトで集成されたムステリアン，シャテルペロニアン，オーリナシアン，グラヴェッティアン遺跡の年代値の増減（van Andel et al., 2003 を基に作成）

そして，このプロジェクトを進めていく中で，実際に交替劇が起こった重要な年代幅は，おそらく約5～3.8万年前であろうことが分かってきました．しかも，交替劇で重要になってくる考古文化は，ムステリアン，シャテルペロニアン，オーリナシアンだけではなくて，様々ないわゆる移行期文化の出現年代です．今回，この移行期文化とプロト・オーリナシアンの出現年代を再検討しました．

これらに加えて，交替劇のプロセスを考える上で極めて重要なのが，ムステリアン遺跡の減少プロセスと消滅年代，すなわちネアンデルタールの絶滅プロセスです．最近，オックスフォードのグループが，限界濾過法 (Bronk Ramsey et al., 2004) や ABOx-SC 法 (Bird et al., 1999) といった骨や炭化物の新しい前処理技術を用いた年代測定を進めていき，汚染を除去したより信頼性の高い年代値をベイズ推定に基づいて統計的に解析することで，移行期文化の高精度編年の構築に成功しています (Higham et al., 2009・2010; Douka et al., 2014)．しかしながら，シャテルペロニアンやウルッツィアン，そしてプロト・オーリナシアンの年代精査はかなり進んでいるのですが，ムステリアンに関してはまだヨーロッパの研究者も手をつけていません (ただし，2014年8月にハイアム等のグループが，ムステリアンの年代精査結果に基づいたネアンデルタールの絶滅年代をネイチャーに発表 (Higham et al., 2014))．この膨大なデータを精査し，さらに較正年代にして，信頼できる年代値を出すという作業を，今回このシンポジウムで我々は行いました．

1 ネアンデルタール遺跡の減少とホモ・サピエンスの入植

今日は，その成果を踏まえて考古文化の変遷についてまとめたいと思います．最初に，ホモ・サピエンスがヨーロッパに入ってくる直前の5.1～4.8万年前の遺跡分布を見てみます (図2)．この段階は，MIS4が終わった後の暖かい時期で，ネアンデルタールによって残されたムステリアンの遺跡がまだ比較的多くあります．ホモ・サピエンスの遺跡はまだありません．分布を示すドットに遺跡名が付いているのは，ネアンデルタールの化石が出土している遺跡です．まだ，多くのネアンデルタール化石も出ていることが分かります．

この温暖期の次，約4.7～4.4万年前になると，いよいよホモ・サピエンスがヨーロッパに進出してきます (図3)．この約4.7～4.4万年前の間に，ムステリアンの遺跡数が減少し始めます．その主たる原因は，おそらく約4.8万年前のハインリッヒ・イベント5 (HE5) の寒冷化と乾燥化 (Goñi and Harrison, 2010) です．この気候・環境変動イベントよって，おそらくムステリアンの遺跡は次第に減少していったと考えられます．

HE5の寒冷化の後の約4.7万年前は，グリーンランド亜間氷期12の急激な温暖化が起こります (Svensson et al., 2008)．そして，今回の年代測定の精査の結果，最初のホモ・サピエンス集団は，この急激な温暖化のタイミングでバルカン半島から中央ヨーロッパに入植して来た可能性があることがわかってきました (図3)．最初にヨーロッパに拡散してきたホモ・サピエンス集団は，バチョキリアン・ボフニチアンと呼ばれる考古文化を残した集団で，ルヴァロワ方式による石刃

22   I　ヒトの交替劇 —考古学的証拠—

図2　ヨーロッパにおける5.1〜4.8万年前の遺跡分布
遺跡名付きは，ネアンデルタールの化石が出土している．

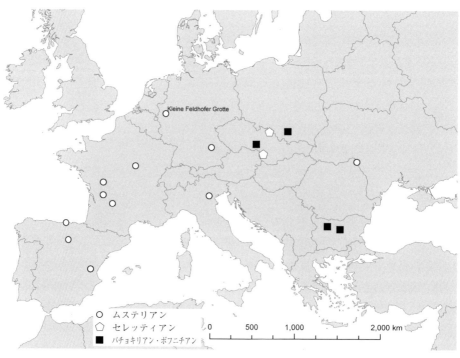

図3　ヨーロッパにおける4.7〜4.4万年前・前半期の遺跡分布
遺跡名付きは，ネアンデルタールの化石が出土している．

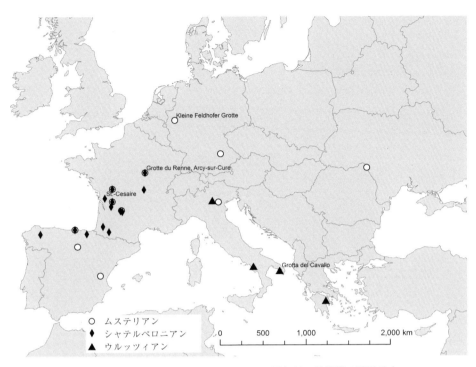

図4 ヨーロッパにおける4.7〜4.4万年前・後半期の遺跡分布
Kleine Feldhofer Grotte, Grotte du Renne, St-Cesaire では，ネアンデルタールの化石が出土している．Grotta del Cavallo では，ホモ・サピエンスの化石が出土している．

や小さめのルヴァロワ尖頭器を特徴とする石器を製作しています．前段階の同じ地域に分布したネアンデルタール文化であるカイルメッサー・グループとの技術的断絶，対向剥離による三角形状の稜形成によってルヴァロワ尖頭器を製作するレヴァントのエミラン文化との共通性から，バチョキリアン・ボフニチアン集団はレヴァントのホモ・サピエンス集団が拡散してきて残された文化と考えられます（Bar-Yosef and Svoboda, 2003; Skrdla, 2003; Teyssandier, 2006; 佐野, 2013a・2013b参照）．

同じ頃，セレッティアンという移行期文化もありますが（図3），これはカイルメッサーから発展したものと考えられます．セレッティアンは，両面調整の尖頭器を特徴としますが，ボフニチアンの一部の遺跡にも，同じような両面調整の尖頭器が出土します．このことは，当時中央ヨーロッパでホモ・サピエンスがネアンデルタールと出会い，文化融合をした結果とも考えられています（Bar-Yosef and Svoboda, 2003）．

そして，約4.5万年前に，ウルッツィアンと呼ばれる移行期文化がイタリア半島に現れます（図4）．今回のウルッツィアンの年代解析では，ウルッツィアン文化全体でのスタート年代としてはおよそ4.4万年前の確率が高いという結果となりましたが，カヴァロ洞窟だけで見ると始まりが約4.5万年前となり，その年代が出た更に下の層にもウルッツィアンの文化層があることを考慮すると，ウルッツィアン集団は4.5万年前を少し遡る時期にヨーロッパに来たことが予想さ

れます（Douka et al., 2014）．カヴァロ洞窟のウルッツィアンの文化層からは，ホモ・サピエンスの臼歯が出土しているので，ウルッツィアンはホモ・サピエンスが残した文化と考えられようになっています（Benazzi et al., 2011）．私は，2013年にカヴァロ洞窟から出土している石器を見させてもらったのですが，三日月形尖頭器の中には，細石器と呼べるほどに小さいものが多く，特に上層の三日月形尖頭器は小石刃を素材としています（佐野，本書参照）．したがいまして，個人的にはウルッツィアンは新人文化と考えています．そして，ほぼ同時かその少し後，シャテルペロニアンがフランコ・カンタブリア地方に現れます．ウルッツィアンやシャテルペロニアンの人骨の共伴問題に関しては，後ほど触れたいと思います．この段階で重要なことは，信頼できる年代値を持ったムステリアンの遺跡がかなり減少していて，もはやわずかにしか存在しないということです．そしてもう1点は，約4.3万年前以降にプロト・オーリナシアンが急速にその分布域を拡大していくことです．

　プロト・オーリナシアンは，およそ4.3万年前に出現し，その後急速に遺跡数を増やし，地中海沿岸を中心とした地域に分布域を広げていきます（図5）．新人文化であるプロト・オーリナシアンでは，背付き小石刃（backed bladelet）の製作が開始されます．この背付き小石刃には狩猟時についたと考えられる衝撃剥離が認められているので，狩猟具として使われていたことがわかります（佐野，本書参照）．骨角製の尖頭器の側縁か木の槍の側縁に埋め込んで使われたと考えられ，狩猟具における革新がこの時期に起こっています．

　一方，この時期になると，信頼できる年代値を持ったムステリアンの遺跡はほとんどなくなります．そして，プロト・オーリナシアンが分布する頃には，北にはイェジマノヴィチアン（Lincombian-Ranisian-Jerzmanowician: LRJ）が分布しています．イェジマノヴィチアンがホモ・サピエンスによって残されたのかネアンデルタールによって残されたのか，その担い手に関しては評価が定まっていません．ホモ・サピエンスがヨーロッパに拡散した時に，北へ追いやられたネアンデルタールが残した考古文化であるという解釈もありますが（Zilhão, 2011），今回終末期ムステリアンの年代値を精査した結果と，イェジマノヴィチアンが出現する前段階に，既にネアンデルタールの遺跡はほとんどないことがわかりました．すなわち，北に追いやられるべきネアンデルタールが既にほとんどいない段階で，プロト・オーリナシアンはヨーロッパに入ってくるのです．そうすると，ネアンデルタールが北に追いやられたという仮説は成り立ちにくくなります．

　地中海沿岸に広く分布したプロト・オーリナシアンは，3.9万年前前後に起きたHE4の頃に見られなくなり，代わりに前期オーリナシアンが出現します（図6）．プロト・オーリナシアンは，$^{40}Ar/^{39}Ar$年代測定で39,230±45BPに噴火したとされるカンパニアン・イグニンブライトの下層から出土していますので（Giaccio et al., 2006），今回出たプロト・オーリナシアンの終末年代とも矛盾しません．そして，約4万年前までに，ムステリアンの遺跡は無くなり，ネアンデルタールによって残されたと考えられる遺跡が消滅します．一方，プロト・オーリナシアンに替わって現れた前期オーリナシアンは，遺跡数を急激に増やします．前期オーリナシアンが主体を占める約4〜3.7万年前の頃，ヨーロッパではルーマニアのペシュテラ・ク・オアセ遺跡

ヨーロッパにおける旧人・新人の交替劇プロセス　25

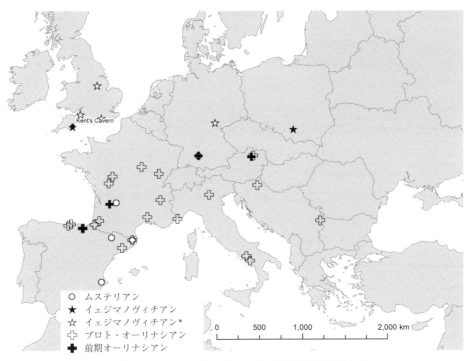

図5　ヨーロッパにおける 4.3〜4 万年前の遺跡分布
Kent's Cavern では，ホモ・サピエンスの化石が出土している．イェジマノヴィチアン*は，年代精査の結果，年代値の信頼性が不十分となったが，当該文化の遺跡分布を表すために加えた．

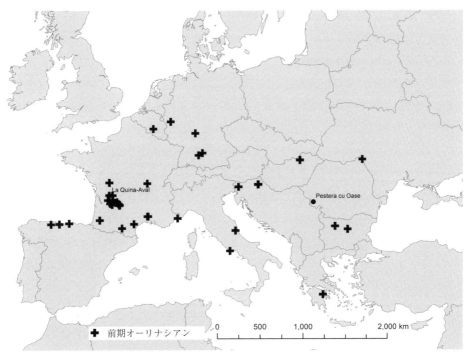

図6　ヨーロッパにおける 4〜3.7 万年前の遺跡分布
遺跡名付きは，ホモ・サピエンス化石が出土している．

(Trinkaus et al., 2003) やフランスのラ・キナ＝アヴァール遺跡 3 層（Verna et al., 2012）でホモ・サピエンスの人骨が出土しています．つまり，遅くともおよそ 4 万年前までにはネアンデルタールは絶滅し，この段階でヨーロッパにおけるネアンデルタールとホモ・サピエンスの交替劇が完了したと言えることがわかりました．

2　HE5 と HE4 の寒冷・乾燥化のインパクト

　このように，今回の年代精査で，およそ 4 万年前までにはネアンデルタールが絶滅した可能性が高いことがわかってきたわけですが，それではイベリア半島にネアンデルタールが遅くまで生き残ったというこれまでの説はどうなるのでしょうか．前期オーリナシアンの分布を見ますと，ピレネー山脈周辺以南のイベリア半島には遺跡の分布がありません（図 6）．今までは，その空白域に終末期ムステリアンが分布し，ネアンデルタールが遅くまで生き残ったと考えられてきました（Finlayson et al., 2006）．

　しかし，2013 年にウッド等のグループは，これまで終末期ムステリアンとして遅くまで残るネアンデルタール遺跡として扱われてきたハマラヤとツァファラヤから出土した骨を，限外濾過法による前処理技術を用いて年代測定をおこないました（Wood et al., 2013）．その結果，ハマラヤとツァファラヤの年代は，いずれも非較正年代で 4.5 万年前を遡る年代となりました．また，彼らは中期から後期旧石器時代初頭にあたるイベリア半島南部の遺跡の年代の検討もおこなっています．そこでは，年代サンプルの状態，前処理方法，人骨や考古文化との共伴関係が議論されました．検討の結果，上記の条件を満たし，較正年代で 4 万年前を遡る遺跡はなくなりました．したがって，これまでイベリア半島においてネアンデルタールが遅くまで残存するという仮説は，再検討する必要が生じたわけです．

　今回の我々の解析もほぼ同じ結果となり，おおよそ 4 万年前までにはイベリア半島からも信頼できるムステリアンの遺跡は姿を消します．では，ネアンデルタールは既にいなくなっているにもかかわらず，なぜ前期オーリナシアンのホモ・サピエンス集団はイベリア半島南部まで拡散しなかったのでしょう．その答えの一つは，おそらく HE4 の寒冷化と乾燥化です．HE4 の寒冷化は地球規模で確認されています（Svensson et al., 2008）．そして，アルボラ海の海底コアの花粉分析結果でも，HE4 の時に非常に寒冷・乾燥化が進み，イベリア半島が半砂漠化したことがわかっています（Fletcher and Sánchez Goñi, 2008）．海水面温度の高解像度大気循環モデルを用いた数値実験でも，HE4 の時のピレネー山脈沿いや北西海岸以外のイベリア半島は，極めて乾燥が進んだことがわかっています（Sepulchre et al., 2007）．このように，HE4 の寒冷化と乾燥化によって，イベリア半島はホモ・サピエンスにとっても生息に不向きな環境となり，この過酷な環境が彼らの侵入を阻んだものと考えられます．

　HE5 に関しても，HE4 と同等の厳しい寒冷・乾燥化が報告されており，最終氷期の最寒冷期（LGM）と同等かそれ以上の厳しい環境となったと指摘されています（Fletcher and Sánchez Goñi,

2008; Müller et al., 2011). このような環境は，HE5の頃のネアンデルタールにも従来の生存戦略の変更を余儀なくされる重大な影響を与えたと思われ，イベリア半島やヨーロッパ北部に生息していたネアンデルタールは，地域的な絶滅を招いたかもしれません（Hublin and Roebroeks, 2009）．いずれにせよ，おそらくHE5が契機となってネアンデルタールは人口を減らし，気候が回復した4.7万年前以降にはヨーロッパに初めてホモ・サピエンスが入植してきました．ネアンデルタールは，その後も人口回復ができなかったようで，人口を減らし続けていきます．そして，約4万年前までに，ネアンデルタールは遂に絶滅に追い込まれたと考えられます．

3 移行期文化の担い手

今回の年代値解析により，ムステリアンの遺跡が約4.8万年前以降徐々に減少を始め，4万年前までに消滅することがわかりました（図7）．4.8万年をピークに，それ以前の年代値を持つ遺跡が少ないのは，炭素14年代測定の限界域に近づくため，信頼性を保証できる年代値が少なくなってしまうためです．実際には同等かそれ以上の遺跡があることが予想されますが，年代測定の方法論上の問題があるため正確にはわかりません．重要な点は，4.8万年前のHE5の時期以降，ムステリアンの遺跡数が減少傾向にあるということです．

さらにここで，移行期文化とプロト・オーリナシアンの年代値の確率密度を見てみます（図8）．最初のホモ・サピエンス集団の拡散を示すバチョキリアン・ボフニチアンの段階ではまだ密度は高くなく，初期のホモ・サピエンス入植は大規模集団ではなかったことが予想されます．ウルッツィアンの確率密度もそれ程高くないため，やはり小規模集団の入植だったと思います．一方，プロト・オーリナシアンの遺跡数は急激に増加しており，年代値の確率密度が高くなっています．したがって，プロト・オーリナシアン以降，ヨーロッパにおけるホモ・サピエンスの人口が増えていったものと考えられます．逆に，プロト・オーリナシアンが出現する4.3万年前以降，ムステリアンの遺跡数は急激に減少しており，この段階から4万年前の間のどこかでネアンデルタールは絶滅したものと考えられます．

ここで，シャテルペロニアン遺跡の時空間分布に注目してみます．シャテルペロニアンは，4.4万年前頃から遺跡数が増え始め，フランコ・カンタブリア地方の限られた地理的

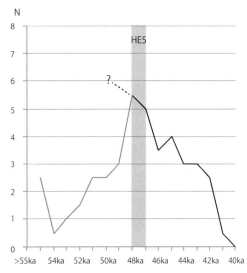

図7 ムステリアン遺跡の年代別遺跡数
4.8万年前以前の年代値が少ないのは，炭素14年代値の限界に近いことによる信頼性問題で，多くの年代値が条件を満たさなかったため．4.8万年前頃のHE以後，ムステリアン遺跡の減少が認められる．

28　Ⅰ　ヒトの交替劇 —考古学的証拠—

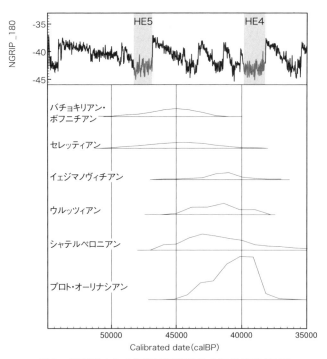

図8　移行期文化の年代解析結果後の年代値確率密度

空間内で密集した分布を見せます．トナカイ洞窟とサン＝セゼール岩陰でのネアンデルタールとシャテルペロニアン文化の共伴関係を証拠 (Leveque and Vandermeersch, 1980; Hublin et al., 1996) にシャテルペロニアンの担い手をネアンデルタールと仮定すると，この段階で一度ネンデルタール人口がフランコ・カンタブリア地方でのみ持ち直すことになります．分布図を見ると，シャテルペロニアンが出現する前段の4.7万年前以降は，ムステリアンの遺跡数は既に減少し始めており，シャテルペロニアンが出現するフランコ・カンタブリア地方でも遺跡はまばらです．したがいまして，遺跡の時空間分布の傾向から判断し，シャテルペロニアンが全てネアンデルタールによって残されたと仮定した場合，ネアンデルタールの人口がフランコ・カンタブリア地方で突然増加したこととなり，違和感を感じます．

　トナカイ洞窟とサン＝セゼール岩陰におけるシャテルペロニアンとネアンデルタール化石の共伴は，両遺跡ともその是非を巡って盛んに議論されています．ここで，現状での理解を整理しておきたいと思います．サン＝セゼール岩陰は，EJOP下層とEJOP上層がシャテルペロニアン層とされてきました．しかし，最近では，EJOP下層はムステリアン，EJOP上層はムステリアンとシャテルペロニアンの混合層である可能性が指摘されています（Bordes and Teyssandieri 2011; Morin, 2012, 58）．したがいまして，EJOP上層で確認されたネアンデルタールの化石に関しても，ムステリアン期に残された可能性が否定できなくなりましたので，サン＝セゼール岩陰におけるシャテルペロニアンとネアンデルタール人骨の共伴は保留扱いすべきだと思います．

　トナカイ洞窟の埋没後の攪乱に関する議論はこれまでも紹介したことがありますが（佐野, 2013a・2013b），新たに得られた知見もありますので，ここでもう一度現状を確認しておきます．トナカイ洞窟から出土した骨器や歯を再度年代測定したハイアム等は，最新の前処理技術を導入したにもかかわらず，得られた年代値のばらつきが大きいことから，測定されたサンプルが上層や下層から混入している可能性を指摘しました（Higham et al., 2010）．また，バル・ヨゼフやジャン＝ギジョーム・ボルドは，シャテルペロニアンの滞在期間中に作られた炉や柱穴によって下層

のムステリアン層がかき乱されたり，スロープ上の場所ではムステリアン層中の堆積物が露出して撹乱を受けたりしたことにより，ムステリアン層中のネアンデルタールの歯が上層に混入した可能性を指摘しています (Bar-Yosef and Bordes, 2010). ただし，こういった指摘を否定する意見も出ています．例えば，ユブラン等は，トナカイ洞窟のシャテルペロニアン層から出土した保存状態の良い骨の年代測定をしましたが，その結果31点のサンプルの中で下層のムステリアンや上層のプロト・オーリナシアンの年代幅に入り込む年代値は皆無でした．そのため，ハイアム等の結果は混入が理由ではなく，保存状態の悪いサンプル選択した結果であろうと指摘しています．また，キャロンら (Caron et al., 2011) は，装飾品，顔料，骨器，シャテルペロニアン尖頭器，ネアンデルタールの歯の平面垂直分布と各層ごとの出土点数を精査して，いずれもシャテルペロニアンのX層から最も多く出土していることを確認しました．したがって，上層のプロト・オーリナシアンや下層のムステリアンからの混入の可能性は低いと述べています．

このように，トナカイ洞窟に関しては，依然として撹乱説と共伴説に分かれています．バル・ヨゼフやボルドが言うように，シャテルペロニアンのX層滞在中に下層のムステリアンXI層中の堆積物の多くがX層中にかき上げられてしまった場合，もともとはXI層にあったネアンデルタールの歯の大部分がX層に混入してしまう可能性は十分にあると思います．しかし，キャロンらの分析では，XI層以下で認められるルヴァロワ剥片が，X層では認められていません．そうすると，ネアンデルタールの歯だけ上層にかき上げられて，ルヴァロワ剥片だけはXI層中に残ったこととなり，バル・ヨゼフやボルドの解釈だけでは説明が成り立たなくなります．総合すると，多数あるシャテルペロニアン遺跡の内，現状でネアンデルタール化石との共伴を指摘することができる遺跡は，トナカイ洞窟のみとなります．また，他のシャテルペロニアンの開地遺跡は，洞窟遺跡で見られるようなムステリアン的なスクレイパー類の混入も見られず，むしろプロト・オーリナシアンとの共通性が指摘されています (Bordes and Teyssandier, 2011). したがいまして，シャテルペロニアンとネアンデルタール化石の共伴問題は，今後さらなる証拠を持って保証される必要があり，それまでは保留扱いとすべきだというのが個人的な考えです．

次に，考古文化の特徴から，シャテルペロニアンの担い手について更に考えてみたいと思います．既に何度か触れたことがありますが，シャテルペロニアン尖頭器は，MTAタイプB (アシューリアン伝統のムステリアン・タイプB) の背付きナイフの発展形態という説があります (佐野, 2013a・2013b). それは，形態的相似性と，石刃の製作方法がルヴァロワ方式でありながら小口面から石刃を剥がす技術的共通性から指摘されています．しかし，シャテルペロニアン尖頭器は，衝撃剥離があることから狩猟具として使われていることが分かりますが (Pelegrin and Soressi, 2007), MTAの背付きナイフは衝撃剥離が認められている例はないので，狩猟具としての機能はなさそうです．一方，ウルッツィアンの三日月形尖頭器は使用痕分析の事例が少ないですが，少なくとも幾つかの三日月形尖頭器は衝撃剥離があり (Klempererová, 2012), シャテルペロニアン尖頭器との機能形態学的共通性が指摘できます．

石刃の剥離方法に関しても，先ほど言った小口面から石刃を剥離するタイプだけではなくて，

\[ラ・キナ\]		\[サン＝セゼール岩陰\]	
層	石器群	層	石器群
1	前期オーリナシアン	EJF	前期オーリナシアン
B	シャテルペロニアン	EJO上層	プロト・オーリナシアン
2	デンティキュレイトM.*	EJOP上層	シャテルペロニアン／ムステリアン
3	デンティキュレイトM.*		
4	デンティキュレイトM.*	EJOP下層	デンティキュレイトM.*
5	デンティキュレイトM.*	EGPF	
6a	デンティキュレイトM.*	EGP	デンティキュレイトM.*
6b	デンティキュレイトM.*	EGF	デンティキュレイトM.*
6c	デンティキュレイトM.*	EGC	MTA**
6d	MTA**	EGB上層	MTA**
7	デンティキュレイトM.*		
8	デンティキュレイトM.*		

\[ロック・ドゥ・コンブ\]		\[ル・ムスティエ\]	
層	石器群	層	石器群
		-	シャテルペロニアン
7	前期オーリナシアン	J	ルヴァロワM.***
8	シャテルペロニアン	I	デンティキュレイトM.*
B1	デンティキュレイトM.*	H	MTA type B**
		G	MTA type A**

* デンティキュレイトM.*：ディスコイド・デンティキュレイト・ムステリアン
** MTA：アシューリアン伝統のムステリアン
*** ルヴァロワM.：大型削器をともなうルヴァロワ・ムステリアン

図9 多層位遺跡における MTA，ディスコイド・デンティキュレイト・ムステリアン，大型削器をともなうルヴァロワ・ムステリアン，シャテルペロニアンの層序関係

プロト・オーリナシアンと同じように稜柱形の石核からシャテルペロニアン尖頭器の素材となる石刃を剥離する事例があることが接合分析の結果わかってきています（Aubry et al., 2012）.

そして層序関係を厳密に見ていきますと，MTAのすぐ上にシャテルペロニアンは来ません（図9）．MTAのすぐ上層に来る文化は，円盤状石核から素材剥片を用意するディスコイド・デンティキュレイト・ムステリアンです．そして，その上にシャテルペロニアンが来ます．遺跡によっては，ディスコイド・デンティキュレイト・ムステリアンの上に大型削器を組成するルヴァロワ・ムステリアンが更に上層に来る場合もあります（Jaubert et al., 2011）．いずれにしても，MTAのすぐ上にシャテルペロニアンが来ることはないのです．そして，シャテルペロニアンのすぐ下層にあることの多いディスコイド・デンティキュレイト・ムステリアンとシャテルペロニアンの石器製作的な共通性はありません．したがって，層序としては連続するものの，石器製作技術的には大きな断絶があります．

以上を考慮すると，形態的，技術的，機能的，層序的に，MTAとシャテルペロニアンには断絶があることがわかり，MTAタイプBからの発展形態とする説を受け入れることはできません．むしろ，機能・形態的に共通点のあるウルツィアンとは，石器だけではなく，骨器文化も非常によく似ています（d'Errico et al., 2012）．どちらの文化でも，オーカーが多く出土しています．そして，両文化の継続年代もほぼ同じで，ウルツィアンが若干先行して出現します．これらのこ

とを総合すると，シャテルペロニアンの形成には，MTA タイプ B よりも，ウルッツィアンの担い手の寄与の方が大きいと考えた方が妥当性が高いように思います．

先述の通り，カヴァロ洞窟のウルッツィアン層からホモ・サピエンスの臼歯が出土していますので，ウルッツィアンの出現はホモ・サピエンス集団の拡散と考えられます．カヴァロ洞窟でのウルッツィアンとホモ・サピエンス化石の共伴には上層からの攪乱の可能性や同定の問題が指摘されていますが (Banks et al., 2013; Zilhão, 2013)，妥当性の低い根拠に基づいた批判であることが既にわかっています (Ronchitelli et al., 2014)．したがいまして，ウルッツィアンは，ホモ・サピエンス集団が拡散して残した考古文化であり，シャテルペロニアンはそのウルッツィアンのホモ・サピエンス集団の影響を大きく受けて出現した考古文化と考えられます．そして，先述の通り，シャテルペロニアンは先行する MTA タイプ B やディスコイド・デンティキュレイト・ムステリアン等の終末期ムステリアンからの発展形態とは考えがたいことがわかりました．このことは，今回明らかとなったネアンデルタール遺跡の時空間分布の傾向とも一致しており，シャテルペロニアンの全てがネアンデルタールによって残されたと仮定すると，その時期だけネアンデルタールの人口がフランコ・カンタブリア地方でのみ増加し，そしてまた急に絶滅したことになってしまいます．したがって，これまで述べてきたことを総合しますと，少なくともシャテルペロニアンの全てがネアンデルタールによって残されたと考えるのは矛盾点が多く，むしろホモ・サピエンスが当文化の形成に大きく関わったと考えた方が妥当だと考えられます．

4 交替劇プロセス

まとめますと，HE5 以降，ネアンデルタールの人口減少が始まります．そして，そのタイミングでホモ・サピエンスがヨーロッパに進出します．HE5 の後，ダンスガード・オシュガーサイクルの影響で，気候の寒暖が非常に短いスパンで繰り返されます．この急激な気候変動の中，各地でネアンデルタールの人口が減っていたことは，イタリア半島のウルッツィアンの下層が，多くの遺跡で無遺物層であることからもわかります (Moroni et al., 2013)．一方，ホモ・サピエンスも，最初のヨーロッパ入植集団は人口規模が小さかったと思われますが，革新的な考古文化を生み出しています．先述の通り，ウルッツィアンの三日月形尖頭器は非常に小型化しており，投槍器あるいは弓で投射しないと狩猟具先端部として機能しそうにありません．シャテルペロニアンの尖頭器も同様で，シェイもシャテルペロニアン尖頭器が投槍器で投射された可能性が高いことを指摘しています（佐野，本書参照）．つまり，ホモ・サピエンスはこの段階で革新的な狩猟方法を開発していたと考えられます．更に，プロト・オーリナシアンでは，先述の通り側縁に複数の石器を埋め込む新しい着柄方法を開発しており，メインテナンスや石材効率の面で大きく改善が図られています．そして，プロト・オーリナシアン出現以降，ホモ・サピエンスは激しい気候変動にもかかわらず，遺跡数を増加させていきます．

MIS4 の寒冷期にも，ネアンデルタールは遺跡数を減少させています (van Andel et al., 2003;

Hublin and Roebroeks, 2009）．しかし，その後の温暖化で遺跡数を増やしていることが，今回の年代解析でわかりました．MIS4 の後は人口回復することができたのに，HE5 以後は何故人口を回復させることができなかったのでしょう．この原因は，大きく三つあると考えています．

一つは，HE5 の後は，ダンスガード・オシュガーサイクルのために気候変動が激しかったこと．二つ目は，およそ 5 万年前以降，ヨーロッパのネンデルタールは遺伝的に単系統になっていたため（Fabre et al., 2009; Dalén et al., 2012），人口増加が難しくなっていたこと．そして，三つ目は，ホモ・サピエンスという競合種が存在したことです．

それぞれの要素がどの程度ネアンデルタールの絶滅に寄与したかはわかりませんが，複合作用で絶滅へと向かわせたと考えておくのが妥当だと思います．HE5 の寒冷・乾燥化で人口減少と地域的絶滅を招いたネアンデルタールは（Hublin and Roebroeks, 2009），遺伝的多様性が低くなっているため，人口維持が困難な状況が各地で起きます（Lalueza-Fox et al., 2011; Prüfer et al., 2014）．そして，それは HE5 と HE4 の間の，ダンスガード・オシュガーサイクルによる気候変動の激しい時期と重なります．そういった最中に，ホモ・サピエンス集団がヨーロッパに入植してきて，やがてネアンデルタールが好んで生息していた地中海沿岸地域を占拠してしまいます．イベリア半島や北ヨーロッパは，ネンデルタールにとって生息に不向きな土地で，行き場を失ったネアンデルタールは孤立して人口減少を招き，やがて絶滅してしまったと考えられます．

一方，ホモ・サピエンスは HE4 の激しい寒冷・乾燥化を乗り越え，人口を更に増加させていきます．その過程で，洗練された磨製骨角器，装飾品，動産芸術といった創造性の高さをうかがわせる考古遺物を多数残していきます（佐野，2012）．こうした革新的な狩猟具や創造性の高さがうかがわれる考古遺物を生み出す認知能力を，ネアンデルタールが生得的に持っていたかどうかは，この交替劇プロジェクトにとって重要な問題です．以前お話ししました通り，ネアンデルタールも後期ムステリアンの頃には，地域的多様性や，磨製骨器の製作，計画的な狩猟等の「現代人的な行動」の一部を取り始めます（佐野，2013b）．ちょうどそのような行動をネアンデルタールが取り始めた折に，HE5 が起こり，ホモ・サピエンスがヨーロッパに入植してきます．ホモ・サピエンスが革新的な狩猟具を開発している頃，ネアンデルタールは既に人口が相当に減少しており，そういった革新的道具を開発する体力も伝えるネットワークも存在していなかったと考えられます．そして，ホモ・サピエンスが創造性の高さをうかがわせる装飾品や動産芸術を大量に作り始める頃には，ネアンデルタールは既に絶滅してしまっています．つまり，仮にネアンデルタールがホモ・サピエンスとほぼ違わないほどの認知能力を生得的に所有していたとしても，彼らはその能力を発揮する機会がないまま絶滅してしまった可能性があるわけです．＊

＊　本稿は，交替劇第 9 回研究大会シンポジウム 2『ネアンデルタール人世界への新人進出―考古文化，年代，気候，植生，生態』（2014 年 5 月 10-11 日，於：東京大学理学系研究科小柴ホール）における講演録「ヨーロッパにおける交替劇プロセス」に加筆して作成したものである．

引用文献

佐野勝宏（2012）考古学的証拠に見る旧人・新人の創造性．西秋良宏編，考古資料に基づく旧人・新人の学習行動の実証的研究—「交替劇」A01 班 2011 年度研究報告—No. 2, pp. 16-24.

佐野勝宏（2013a）ヨーロッパにおける旧石器文化編年と旧人・新人交替劇．西秋良宏編，ホモ・サピエンスと旧人—旧石器考古学からみた交替劇，六一書房，東京，pp. 38-56.

佐野勝宏（2013b）ヨーロッパにおける中期旧石器時代から後期旧石器時代への移行プロセス．西秋良宏編，考古資料に基づく旧人・新人の学習行動の実証的研究—「交替劇」A01 班 2012 年度研究報告—No. 3, pp. 27-37.

Aubry T., Dimuccio L.A., Almeida M. et al.（2012）Stratigraphic and technological evidence from the middle Palaeolithic-Châtelperronian-Aurignacian record at the Bordes-Fitte rockshelter（Roches d'Abilly site, Central France）. Journal of Human Evolution, 62: 116-137.

Banks W.E., d'Errico F. and Zilhão J.（2013）Human-climate interaction during the Early Upper Paleolithic: testing the hypothesis of an adaptive shift between the Proto-Aurignacian and the Early Aurignacian. Journal of Human Evolution, 64: 39-55.

Bar-Yosef O. and Bordes J.-G.（2010）Who were the makers of the Châtelperronian culture? Journal of Human Evolution, 59: 586-593.

Bar-Yosef O. and Svoboda J.（2003）Discussion. In: Svoboda J.A. and Bar-Yosef O.（eds.）Stránská Skála: Origins of the Upper Paleolithic in the Brno Basin. American School of Prehistoric Research Bulletin. Peabody Museum of Archaeology and Ethnology Harvard University, Cambridge and Massachusetts, pp. 173-179.

Benazzi S., Douka K., Fornai C. et al.（2011）Early dispersal of Modern Humans in Europe and implications for Neanderthal behaviour. Nature, 479: 525-528.

Bird M.I., Ayliffe L.K., Fifield L.K. et al.（1999）Radiocarbon dating of "old" charcoal using a wet oxidation, stepped-combustion procedure. Radiocarbon, 41: 127-140.

Bordes J.-G. and Teyssandier N.（2011）The Upper Paleolithic nature of the Châtelperronian in Southwestern France: archeostratigraphic and lithic evidence. Quaternary International, 246: 382-388.

Bronk Ramsey C., Higham T., Bowles A. and Hedges R.（2004）Improvements to the pretreatment of bone at Oxford. Radiocarbon, 46: 155-163.

Caron F., d'Errico F., Del Moral P. et al.（2011）The reality of Neandertal symbolic behavior at the Grotte du Renne, Arcy-sur-Cure, France. PLoS ONE, 6: e21545. doi: 10.1371/journal.pone.0021545.s007

Dalén L., Orlando L., Shapiro B. et al.（2012）Partial genetic turnover in Neandertals: continuity in the East and population replacement in the West. Molecular Biology and Evolution, 29: 1893-1897.

Douka K., Higham T.F.G., Wood R. et al.（2014）On the chronology of the Uluzzian. Journal of Human Evolution, 68: 1-13.

d'Errico F., Borgia V. and Ronchitelli A.（2012）Uluzzian bone technology and its implications for the origin of behavioural modernity. Quaternary International, 259: 59-71.

Fabre V., Condemi S. and Degioanni A.（2009）Genetic evidence of geographical groups among Neanderthals. PLoS ONE, 4: e5151. doi: 10.1371/journal.pone.0005151

Finlayson C., Giles Pacheco F., Rodríguez Vidal J. et al.（2006）Late survival of Neanderthals at the southernmost extreme of Europe. Nature, 443: 850-853.

Fletcher W.J. and Sánchez Goñi M.F. (2008) Orbital- and sub-orbital-scale climate impacts on vegetation of the western Mediterranean basin over the last 48,000 yr. Quaternary Research, 70: 451-464.

Giaccio B., Hajdas I., Peresani M. et al. (2006) The Campanian Ignimbrite tephra and its relevance for the timing of the Middle to Upper Palaeolithic shift. In: Conard N.J. (ed.) When Neanderthals and Modern Humans Met. Kerns Verlag, Tübingen, pp. 343-375.

Goñi M.F.S. and Harrison S.P. (2010) Millennial-scale climate variability and vegetation changes during the Last Glacial: concepts and terminology. Quaternary Science Reviews, 29: 2823-2827.

Higham T., Brock F., Peresani M. et al. (2009) Problems with radiocarbon dating the Middle to Upper Palaeolithic transition in Italy. Quaternary Science Reviews, 28: 1257-1267.

Higham T., Douka K., Wood R. et al. (2014) The timing and spatiotemporal patterning of Neanderthal disappearance. Nature, 512: 306-309.

Higham T., Jacobi R., Julien M. et al. (2010) Chronology of the Grotte du Renne (France) and implications for the context of ornaments and human remains within the Châtelperronian. Proceedings of the National Academy of Sciences, 107: 20234-20239.

Hublin J.-J. and Roebroeks W. (2009) Ebb and flow or regional extinctions? On the character of Neandertal occupation of northern environments. Comptes Rendus Palevol, 8: 503-509.

Hublin J.-J., Spoor F., Braun M. et al. (1996) A late Neanderthal associated with Upper Palaeolithic artefacts. Nature, 381: 224-226.

Jaubert J., Bordes J.-G., Discamps E. and Gravina B. (2011) A new look at the end of the Middle Palaeolithic sequence in Southwestern France. In: Derevianko A.P. and Shunkov M.V. (eds.) Characteristic Features of the Middle to Upper Paleolithic transition in Eurasia. Russian Academy of Sciences, Novosibirsk, pp. 102-115.

Klempererová H. (2012) Functional Analysis Applied to the Lithic assemblage of the Final Middle Palaeolithic and Beginning of the Upper Palaeolithic with the Aim to Reconstruct Behavior of Ancient Human Groups. Masaryk University, Ph.D. Thesis.

Lalueza-Fox C., Rosas A., Estalrrich A. et al. (2011) Genetic evidence for patrilocal mating behavior among Neandertal groups. Proceedings of the National Academy of Sciences, 108: 250-253.

Leveque F. and Vandermeersch B. (1980) Découvertes de restes humains dans un neveau castelperronien à Saint-Césaire (Charente-Maritime). C R Acad Sci Paris, série II: 187-189.

Morin E. (2012) Reassessing Paleolithic Subsistence. The Neandertal and Modern Human Foragers of Saint-Césaire. Cambridge University Press, New York.

Moroni A., Boscato P. and Ronchitelli A. (2013) What roots for the Uluzzian? Modern behaviour in Central-Southern Italy and hypotheses on AMH dispersal routes. Quaternary International, 316: 27-44.

Müller U.C., Pross J., Tzedakis P.C. et al. (2011) The role of climate in the spread of Modern Humans into Europe. Quaternary Science Reviews, 30: 273-279.

Pelegrin J. and Soressi M. (2007) Le châtelperronien et ses rapports avec le moustérien. In: Vandermeersch B. and Maureille B. (eds.) Les Néandertaliens: biologie et cultures. Comité des Travaux Historiques et Scientifiques, Paris, pp. 283-296.

Prüfer K., Racimo F., Patterson N. et al. (2014) The complete genome sequence of a Neanderthal from the Altai Mountains. Nature, 505:43–49.

Ronchitelli A., Benazzi S., Boscato P. et al. (2014) Comments on "Human-climate interaction during the Early Upper Paleolithic: testing the hypothesis of an adaptive shift between the Proto-Aurignacian and the Early Aurignacian" by William E. Banks, Francesco d'Errico, João Zilhão. Journal of Human Evolution, 73: 107–111.

Sepulchre P., Ramstein G., Kageyama M. et al. (2007) H4 abrupt event and late Neanderthal presence in Iberia. Earth and Planetary Science Letters, 258:283–292.

Skrdla P. (2003) Bohunician technology: a refitting approach. In: Svoboda J.A. and Bar-Yosef O. (eds.) Stránská Skála: Origins of the Upper Paleolithic in the Brno Basin. American School of Prehistoric Research Bulletin. Peabody Museum of Archaeology and Ethnology Harvard University, Cambridge and Massachusetts, pp. 119–151.

Svensson A., Andersen K.K., Bigler M. et al. (2008) A 60 000 year Greenland stratigraphic ice core chronology. Climate of the Past, 4: 47–57.

Teyssandier N. (2006) Questioning the first Aurignacian: mono or multi cultural phenomenon during the formation of the Upper Paleolithic in Central Europe and the Balkans. Anthropologie, 44: 9–29.

Trinkaus E., Moldovan O., Milota Ş. et al. (2003) An early Modern Human from the Peştera cu Oase, Romania. Proceedings of the National Academy of Sciences, 100: 11231–11236.

van Andel T. and Davies W. (2003) Neanderthals and Modern Humans in the European Landscape During the Last Glaciation: Archaeological Results of the Stage 3 Project. McDonald Institute for Archeological Research, Cambridge.

van Andel T., Davies W. and Weninger B. (2003) The human presence in Europe during the Last Glacial Period I: human migrations and the changing climate. In: van Andel T. and Davies W. (eds.) Neanderthals and Modern Humans in the European Landscape during the Last Glaciation: Archaeological Results of the Stage 3 Project. McDonald Institute for Archeological Research, Cambridge, pp. 31–56.

Verna C., Dujardin V. and Trinkaus E. (2012) The Early Aurignacian human remains from La Quina-Aval (France). Journal of Human Evolution, 62: 605–617.

Wood R.E., Barroso-Ruíz C., Caparrós M. et al. (2013) Radiocarbon dating casts doubt on the late chronology of the Middle to Upper Palaeolithic transition in southern Iberia. Proceedings of the National Academy of Sciences, 110: 2781–2786.

Zilhão J. (2011) Aliens from outer time? Why the "human revolution" is wrong, and where do we go from here? In: Condemi S. and Weniger G.C. (eds.) Continuity and Discontinuity in the Peopling of Europe: One Hundred Fifty Years of Neanderthal Study. Proceedings of the international congress to commemorate "150 years of Neanderthal disoveries, 1856–2006," organized by Silvana Condemi, Wighart von Koenigswald, Thomas Litt and Friedemann Schrenk, held at Bonn, 2006, Vol. I. Springer, Dordrecht, Heidelberg, London and New York, pp. 331–377.

Zilhão J. (2013) Neandertal-Modern Human contact in Western Eurasia: issues of dating, taxonomy, and cultural associations. In: Akazawa T., Nishiaki Y. and Aoki K. (eds.) Dynamics of Learning in Neanderthals and Modern Humans, Vol. 1: Cultural Perspectives. Springer, New York, pp. 21–57.

南アジア・アラビアの後期旧石器化と新人拡散

野口 淳

1 現代人の出アフリカ，南回りルート説とは何か？

　現代人の出アフリカ，アジア・オセアニアへの進出・拡散における「南回りルート」とは何か．この用語・概念を耳にする機会が増えているのではないでしょうか．

　南回りルート説とはつまり，これまで注目されてきた西アジア・地中海沿岸地域を経由するルート（北回り）ではなく，アフリカ東部，現在のエチオピア，ソマリア付近から，紅海を渡ってアラビア半島南部へ，そこから南アジアへと至るルートが，現代人のアジア・オセアニアへの進出にあたって重要であったとする仮説です（野口，2013a・2013b）（図1）．

　たとえばBBCが2009年に放映したドキュメンタリー "Incredible Human Journey" では，「出アフリカ（Out of Africa）」と「オーストラリア（Australia）」という二つのエピソードで，南回り

図1　現代人の出アフリカ，北回り・南回りルート

ルートが採り上げられています（ロバーツ，2013）．日本語版が，2013 年に NHK『地球ドラマチック』の中で「人類　遥かなる旅路」として放映されましたので，視聴された方も多いのではないでしょうか．

　この仮説のバックボーンは，現代人の出アフリカの年代・系統・回数についての遺伝人類学的データです．出アフリカの年代については諸説ありますが，有力視される 6～5 万年前には，北回りルートの経路にあたる西アジア・地中海沿岸地域はネアンデルタール人の分布域にあたっていたので，競合する現代人が移住・通過することが難しかったのではないか，その結果，南回りルートが選択されたのだろうというのが，この仮説の出発点の一つとなっています[1]．また，アフリカの外に分布するすべての現代人集団の祖先は，ミトコンドリア DNA の系統解析によると東アフリカに求められるのですが，一方で，出アフリカ後の遺伝的分化の中心は南アジアだったとされています．この二つの地域を最短の経路で結ぶのは，すなわち南回りルートということになります．さらに，遺伝人類学は，現代人の出アフリカは単系統による 1 回限りのイベントであったことを支持します．すなわち，南回りルートこそが現代人のアジア・オセアニアへの進出・拡散の道だと言うのです（オッペンハイマー，2007）．

2　南回りルートに関する二つの仮説
　―「沿岸特急」モデルと「早期進出」モデル―

　それでは，南回りルートの直接的な証拠にはどのようなものがあるのでしょうか．一つは，東南アジア，中国南部，オーストラリアなどで発見されている，4 万年前を遡るとされる現代人化石です．それらはネアンデルタール人の領域であった西アジアを迂回して，南回りルートで東へ向かった現代人の足跡を示すものだとされています．さらにインドの後期旧石器時代に認められる細石器，ビーズ，象徴的遺物の組み合わせは，東・南アフリカの初期現代人の考古学資料と類似し，二つの地域間の関係を示しているとされています．南回りでの出アフリカののち，アラビア～南アジア～東南アジアの海岸沿いに急速な移住・拡散が起こったとする「沿岸特急（coastal express）」モデルは，南回りルート仮説の中でも早くに提唱されたものです（Mellars, 2006）．

　一方，沿岸特急モデルとは別に，より早い段階における出アフリカと南アジアへの進出を主張する「早期進出（early arrival）」モデルもあります．これは，南インド・ジュワラプーラム（Jwalapuram）遺跡群で，7.4 万年前のトバ火山（現インドネシア・スマトラ島北西部に所在）の巨大噴火による火山灰層の上下から，中期旧石器時代石器群が連続的に出土したことを端緒とします（Petraglia et al., 2007）．沿岸特急モデルでは，トバ火山の巨大噴火（Younger Toba Tuff: YTT）によって東南アジア～南アジア一帯の生態系に深刻なダメージがあり，そこに生じた空白域に現代人が進出してきたとする予測が含まれます．しかしジュワラプーラムにおける成果は，その予測を覆すというのです．その後，南回りルートの経路上にあたるアラビア半島南東部で，10 万年前ころまで遡る，東・北アフリカの初期現代人の石器群と類似・共通する石器群が発見されたこと，

遺伝人類学から出アフリカの推定年代を引き上げる見解が提示されたことを受けて，現代人は8〜7万年前を遡る早い段階で出アフリカを果たしたとする見解が，少なからぬ研究者たちにより主張されるようになっています（Petraglia et al., 2010 など）．

3 南回りルート説はどのように検証されるのか？

このように，現在，現代人の出アフリカ，南回りルートをめぐって，二つの異なる仮説が提示されています（図2）．二説が並立しているというのは，つまりどちらにも決定的な証拠がないということです．

たとえば二つの仮説は，現代人の出アフリカの年代について，人類集団の遺伝的分化速度の見積もりの違いに起因する異なる数値を採用します．現在，後期旧石器時代以降の人骨化石から抽出された遺伝子の解析結果を組み込んで遺伝的分化の時期を絞り込む研究が進んでいるので，年代のズレは収斂していくのかもしれません（Fu et al., 2013 など）．その一方で，出アフリカが複数回であった可能性も示唆されており（Fu et al., 2014），遺伝人類学における出アフリカのモデルが大きく変更される余地も残されているようです．したがって，過去における同時代資料を扱う，化石人類学，考古学のフィールドで，確実な年代層序に位置づけられる証拠を追求することが重要となります．

しかしながら，化石人骨に関しては，まったく発見されていない空白域がアラビア半島から南アジア主要部まで広がっています（図3）．上述の通り，東南アジアやオーストラリアでは4万年を遡るとされる現代人化石が発見されていますが，肝心の南アジアでは3万年前以降のものしか発見されていません．アラビア半島に至っては，旧石器時代人骨がまったく見つかっていないのです．このため，最古の現代人がいつ出現したのか，その年代が不明だけでなく，現代人の進出以前にどのような人類集団がいたのかもよく分かっていないのが現状なのです．

つまり南回りルート説について，現時点で検討可能な過去の同時代資料は，基本的に考古学資料に限られ，しかもほとんどの場合は石器だけです．しかし，ここにも問題があります．アラビア半島における旧石器時代の調査研究は21世紀に入りようやく緒についたところですが，徐々にアフリカとの関連が解明されつつあります．一方，南アジアでは，数十万年前以降の石器群は地域的な特徴を示していて，アフリカやアラビア半島，あるいは西アジアとの関係を積極的に捉えられる資料が乏しいのです．ともすれば，限られた考古学資料を繋ぎ合わせて，遺伝人類学が示す仮説に合わせようとする傾向もあります．しかも現状では，相反する二つのモデルが提示されているのです．

南アジア・アラビアの後期旧石器化と新人拡散　39

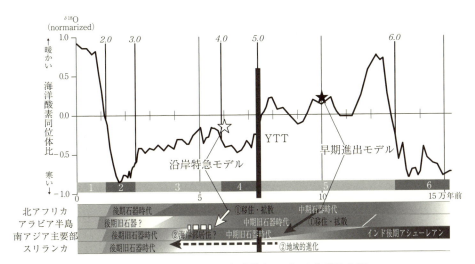

図2　早期進出モデルと沿岸特急モデルの年代的位置

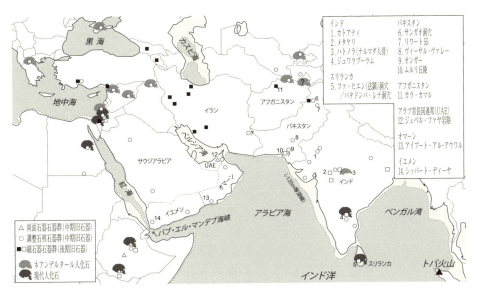

図3　主要遺跡分布図

4 沿岸特急モデルと考古学資料

上述の通り，インド後期旧石器時代の細石器は東・南アフリカのものとよく似ています．沿岸特急モデルは，この類似性・共通性に焦点を当てます（図4）．

これまで，南アジア（インド，スリランカ）における細石器の初源年代は3.8～3万年前（AMS 較正年代）でした（Clarkson et al., 2009; Perera et al., 2011）．このため，遺伝人類学が提示する出アフリカ年代とのずれ（もっとも少なくても1～2万年）が問題とされ，これに対して沿岸特急モデルの提唱者であるメラーズは，かつての海岸部の遺跡が完新世の海進により海面下に沈んでしまったため発見されないのだと反論しました．

最近，インド中西部メタケリ（Mehtakheri）遺跡で，下層の細石器石器群の年代が5.5万年前であると報告されました（Mishra et al., 2013）．当然，メラーズら沿岸特急モデル論者は積極的に評価しています（Mellars et al., 2013）．しかしこの年代を採用するには問題があります．まず，インドでは中期旧石器時代の調整石核石器群がおよそ4万年前まで存続したとされますので（Petraglia et al., 2012b），5.5万年前に到来した細石器石器群は，1万年以上の期間，先行した石器群（とその担い手）と併存していたということになります．しかもメタケリ遺跡は沿岸部ではなく内陸の立地です．

また，その解釈以前に，報告されている年代値を検証する必要があります．下層（Unit 2）の光ルミネッセンス年代は5.5～4.2万年前で開きがある上に，5.5万年前の年代が得られたセクション2では，Unit 2 の層厚は約30 cm，出土した細石刃（Microblade）はわずかです．一方，より多くの細石刃が出土したセクション1では，層厚約1.1 mの中で，最上位（18層）と最下位（25層）で4.4万年前，中間で4.2万年前（21層），4.7万年前（23層）の年代が報告されています．22層の放射性炭素年代は4.6万年以前（AMS法・較正年代）です．各層の含砂率や土壌に含有される放射性元素(U, Th, K)の変異幅も大きく，堆積環境についての詳細な検討が望まれます．

このような条件の中でもっとも古い数値だけを採用することには問題がありますので，とりあえず現時点では，4.7～4.2万年前まで遡る可能性を考慮しておくにとどめておくべきでしょう．この場合，中期旧石器時代の調整石核石器群と一部併存していたかどうかは，誤算範囲に含まれるので判断ができません．しかし遺伝人類学による出アフリカ年代のうち，より新しい数値とのずれがほとんどなくなる，とは言えるかもしれません．

しかしながら，東アフリカから南アジアへ至る経路上，アラビア半島南東部やイラン南東沿岸部，そして現在のパキスタンおよびインド北西部などでは，後期旧石器時代の細石器そのものがまだ見つかっていません．さらにメタケリ遺跡の年代に対応する時期には，アラブ首長国連邦のジェベル・ファヤ（Jebel Faya）岩陰A石器群（Armitage et al., 2011），イエメンのシッバト・ディーヤ（Shib'bat Dhiya）遺跡（Delegenes et al., 2012）など，アラビア半島東～南部には調整石核（ルヴァロア系）石器群が分布しています．

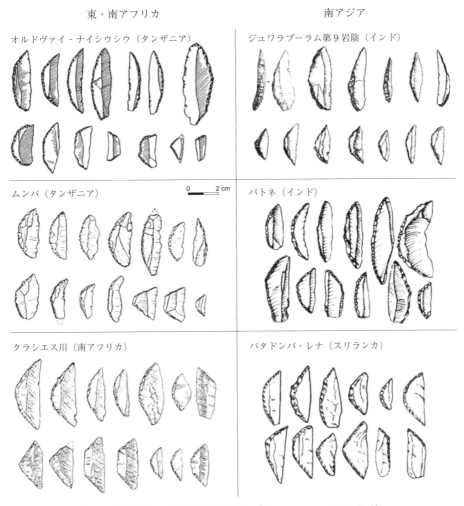

図4 アフリカと南アジアの細石器（Mellars et al., 2013: fig.3）

　沿岸特急モデルの支持者は，細石器石器群の担い手はこれら調整石核石器群の担い手を避けて海岸沿いを移動し，それらは現在すべて海中に没してしまったと言います．しかし，現在の海岸線を境にきれいに分布が途切れるものなのでしょうか．もっとも，これらの地域では体系的な調査自体がまだ少ないので，今後，あらたな遺跡が発見される可能性はゼロではないとも言えるのですが．

5　早期進出モデルと考古学資料

　早期進出モデルは，北・東アフリカの中期旧石器時代（中期石器時代）石器群であり，現代人化石と共伴するヌビアン（Nubian）石器群に注目します（図5）．アラビア半島では，およそ10万年前まで遡るヌビアン石器群がオマーンで報告されています（Rose et al., 2011）．最近のサウジア

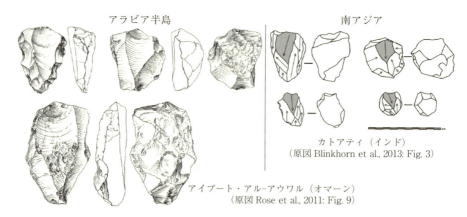

図5　アラビア半島と南アジアのヌビアン石器群

ラビアでの調査でも，ヌビアン石器群が発見されつつあります（Petraglia et al., 2011・2012）．中期旧石器時代のアラビア半島中部〜南東部の考古学的様相は，北・東アフリカとほぼ同じだったと言えるでしょう．

しかしアラビア半島より東の様相はいまだ詳らかではありません．最近，インド北西部，タール砂漠のカトアティ（Katati）遺跡の中期旧石器時代石器群をヌビアンとする論文が提出されました．最下層の年代はおよそ9.5万年前です（Blinkhorn et al., 2013）．同論文では，カトアティ遺跡，さらにジュワラプーラム遺跡群の資料の中に，同じく北アフリカの中期旧石器時代のアテリアン（Aterian）石器群の特徴である有柄石器が認められるとも主張されています．ヌビアンおよびアテリアン石器群は，アフリカでは現代人化石と共伴しますので，これらインドの石器群も現代人の所産であったはず，すなわち早期進出モデルが成立する，という論法です．12.5〜8万年前は気候も温暖湿潤で，アラビア半島南部〜南アジア西部沿岸部には回廊状に半砂漠または「サヘル」的な気候植生帯が広がっていたため現代人の移住も容易だったとも指摘しています（Boivin et al. 2013）（図6）．

しかしアラビア半島で確認されているヌビアン石器群と比較したとき，果たしてカトアティ遺跡の石器群はヌビアンと言えるのかどうか，現状で得られている資料だけでは判断は難しいところです．

もう一つの問題は，南アジアにおける中期旧石器時代の中で，現代人の進出を示す画期が認められるかという点です．インドにおけるアシューレアン系石器群は，12.5万年前かそれ以降まで続いたことが分かっており（Haslam et al., 2012），その年代だけでなく，調整石核石器群と共伴することからも，中期旧石器時代に位置づけられます．このアシューレアン系石器群は，およそ23.6万年前またはそれ以前の古代型ホモとされるナルマダ人が担い手であったとされます．このため中期旧石器時代後半のアシューレアン系石器群，および共伴する調整石核石器群もまた，現代人ではなく旧来の人類が担い手であったと考えられます．

早期進出モデルに従うならば，こうしたアシューレアン系石器群と共伴する調整石核石器群は

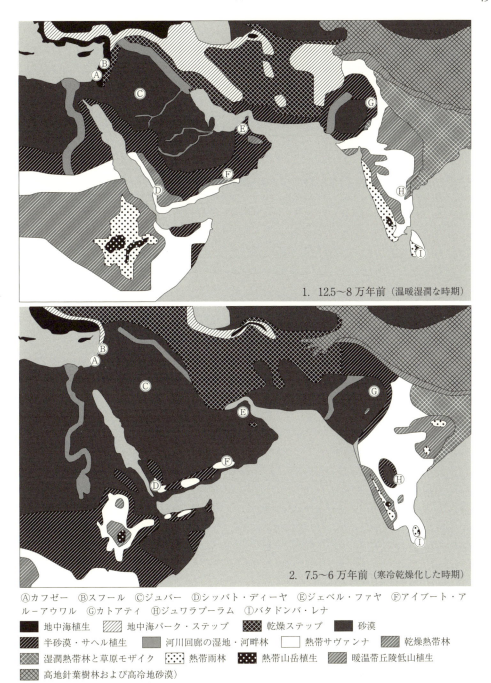

Ⓐカフゼー　Ⓑスフール　Ⓒジュバー　Ⓓシッバト・ディーヤ　Ⓔジェベル・ファヤ　Ⓕアイブート・アルーアウワル　Ⓖカトアティ　Ⓗジュワラブーラム　Ⓘパタドンバ・レナ

■地中海植生　▨地中海パーク・ステップ　▩乾燥ステップ　■砂漠　▨半砂漠・サヘル植生　▩河川回廊の湿地・河畔林　□熱帯サヴァンナ　▨乾燥熱帯林　▨湿潤熱帯林と草原モザイク　⁛熱帯雨林　●熱帯山岳植生　▨暖温帯丘陵低山植生　▨高地針葉樹林および高冷地砂漠

図6　中期旧石器時代後半期相当の気候植生帯（原図 Boivin et al., 2013: Figs. 2, 3）

ヌビアン石器群とは区別され，およそ10万年前以降に画期があったということになります．しかしながら，南アジアの旧石器研究に関わる研究者間で，そのような認識が共有されているとは言い難いのが現状です（野口，2013b: 註41参照）．

さらに早期進出モデルでは，中期旧石器時代（調整石核石器）から後期旧石器時代（細石器）への変化は，内在的な進化であったと説明されます．これは遺伝人類学が提示する「出アフリカ単系統1回説」に整合させるためです．しかし調整石核石器群と細石器石器群の技術基盤は大きく異なります．この点をどのように説明するかも，早期進出モデルの抱える問題です．年代や様相が明らかになった細石器石器群だけでなく，中期旧石器時代の遺跡・石器群の調査研究の進展が望まれます．

6 南アジアの後期旧石器化 ―環境適応への視点―

以上，考古学資料に関する現状の知見をまとめると，南アジアにおける画期は，やはり細石器の出現です．その年代は最大で4.7万年前くらいまで遡るかもしれませんが，複数の地域・遺跡で確認できるのは4万年前以降です．中期旧石器時代の調整石核石器群と一時的に併存していたのか，交替があったのか確実なところはまだ明らかではありませんが，現時点では，細石器の出現をもって「南アジアの後期旧石器化」と捉えることができるでしょう．これら南アジアの細石器石器群が東・南アフリカのものと類似していることはメラーズらの指摘の通りで，西アジア地中海沿岸～イラン西部の後期旧石器時代の細石器石器群とは別系統と理解して良いでしょう．

ところで，4万年前以降の後期旧石器時代の細石器石器群は，南アジア全域で確認されているわけではありません．今のところ，年代値が報告されている遺跡は，上述のインド南部，スリランカから，インド中西部～中北部の範囲で確認されています（図3）．一方で，今日のインド北西部～パキスタンにかけての地域では，後期旧石器時代まで遡る細石器石器群の存在は明らかではありません．完新世以降に細石器石器群が盛行することとは対照的です．

後期旧石器時代の細石器石器群が分布する範囲では，現在の気候植生区分ではおおむね熱帯雨林～サヴァンナ帯に属し，後期旧石器時代にも森林ないし疎林環境にあったと考えられます（Boivin et al., 2013）．一方，インド北西部～パキスタンは高温乾燥地帯に属し，後期旧石器時代にはタール砂漠が現在よりも拡大していました（図6）．

中・低緯度地帯の砂漠への人類適応は，北アフリカ，アラビアでは中期旧石器時代段階まで遡ることが明らかにされています（Groucutt and Blinkhorn, 2013）．タール砂漠でも，前述の通りカトアティ遺跡などで中期旧石器時代の石器群が確認されているため，砂漠環境であっても無人の地であったというわけではありません．タール砂漠地域における後期旧石器時代の様相はまだ明らかではありませんが，筆者らが調査を進めているパキスタン，ヴィーサル・ヴァレー（Veesar Valley）遺跡群（野口ほか，2014）や，オンガー（Ongar）遺跡（Biagi, 2008）などで確認されている石刃状剥片に両面石器が伴う石器群が該当する可能性があります．

そのような中で注目されるのが，パキスタン南部，カラチ近郊のムルリ丘陵（Mulri Hills）遺跡群です．いくつかの地点で中石器時代のものとは異なる形態の背付石器が採集されているので，後期旧石器時代に位置づけられる可能性があります（Biagi, 2008）．旧汀線に近い古砂丘に立地す

る遺跡群ですから，もし後期旧石器時代まで遡るのであれば，砂漠地帯の縁辺にあたる海岸線に細石器石器群が分布していたことを示すことになるでしょう．

このほかにパキスタン北部では，サンガオ洞窟（Sanghao Cave）で1.8〜1.6万年前（AMS法・未較正放射性炭素年代）の細石器石器群が報告されています．ここは内陸アジアに通じる気候植生帯に属し，石器群の特徴からも，アフガニスタンのカラ・カマル（Kara Kamar）遺跡（Davis, 1978）と同系統の「北回り」の細石器石器群と理解できます．

また北西部の砂漠地帯とは逆に，現在のインド北東部諸州でも後期旧石器時代の細石器石器群は確認されていません．確実な年代は明らかではありませんが，この地域では東南アジアと共通する礫石器群が盛行していた可能性が高いようです．気候植生帯区分から見ても，この地域は東南アジアと連続します．

7 細石器石器群の到来と展開，その背景

このように南アジアにおける細石器石器群の展開は，生態環境のコンテクストと強く結びついているように見受けられます．これは，後期旧石器時代にとどまらず，それ以降にも継続的に認められる特徴です．インド主要部から南部，スリランカにかけての地域は，完新世に入っても技術基盤に変化の見られない細石器石器群が継続します．次の変化・画期は農耕および金属器技術の受容段階で，早くに農耕ないし牧畜を受容した北西部との間で，数千年におよぶヒアタスが認められるのです．

また，南アジア後期旧石器時代の細石器石器群とアフリカとの類似性を考える時には，両地域間で気候植生や動物相など生態環境が類似していることが重要な要素となります．北アフリカからアラビア半島にかけて広がる広大な砂漠地帯を乗り越えた人類集団は，北回りルートでは北方的要素（地中海性気候〜内陸性気候）への新たな適応に直面することになります．ところが南回りルートで南アジアに到達した集団にとっては，あらたな適応を必要としない故地と類似した生態環境を見出すことになります．これが，南アジアとアフリカの細石器石器群の類似性と完新世以降の継続性の背景として理解できるでしょう．

それでは，この細石器石器群の担い手であった現代人集団と，北・東アフリカやアラビア半島にヌビアン石器群を残した現代人集団との関係はどのようなものであったのでしょうか．現時点で得られている証拠からは，二つの可能性を指摘することができます．

特定の石器群と人類集団が一対一の対応関係にあるとする理解に立てば，ヌビアン集団と細石器集団は別のグループということになります．年代的には，先にヌビアン集団がアフリカを出て，アラビア半島まで到達します．およそ10万年前のことです．早期進出モデルでは，さらに南アジアまで到来したと考えますが，現時点での証拠にもとづく限りは疑問です．そしてその後，細石器集団があらたにアフリカを出て，南アジアまで至ります．この間の経路上に遺跡が見つからないのは，海水準変動だけでなく環境適応の観点からも説明できるでしょう．つまりアラビア半

島から南アジア北西部までの砂漠地帯については，文字通り「沿岸特急」として途中下車することなく一気に移動したと考えるのです．その分布・拡散が生態環境に大きく規定されていたと考えるならば，北および東における分布の限界も説明可能です．ただしこの説明では，出アフリカは少なくとも2回，2系統（またはそれ以上）起こったということになります．

一方，ある人類集団がいくつかの技術を知識や技能として保持し，異なる環境下で必要に応じて発現させることができたとする理解に立つと，別の説明も可能です．アフリカに出現した現代人は，出アフリカを果たすまでの間に，細石器，骨角器製作，ビーズなど装身具の製作など，さまざまな技術を身につけていました．また北アフリカの砂漠地帯では，ヌビアン，アテリアンといったあらたな石器技術を身につけています．こうした技術，それに関連する知識の全体が身体外適応として集団に共有され，世代を越えて保持されたとします．出アフリカを果たした集団は，まずアラビア半島で，北アフリカから連続する砂漠環境に適応するために，ヌビアンの技術を発現し石器群を残しました．そして東へ進出，南アジアへ至ると，再び細石器の技術を発現したと考えるのです．したがって，タール砂漠まではヌビアン石器群が分布している可能性はあり得るでしょう．

同様の考え方として，環境ごとの技術の発現ではなく，集団規模が小さくなることによるボトルネック効果を重視する説明もあります（Clarkson, 2014）．ただし，アラビア半島におけるヌビアン石器群の出現から南アジアへの細石器の到来までは5万年以上の時間幅があります．それほどの長期間に渡って，特定の技術や知識が継承されるのかという疑問が当然生じます．また，タール砂漠より東の，南アジア主要部の中期旧石器時代石器群がヌビアン石器群と区別されるということも前提になります．この場合，南アジア主要部では4万年前ころまでは現代人以外の集団がいた，ということにもなります．この点を解明するには，南アジアの中期旧石器時代石器群の詳細，さらに人類化石の探究が必須です．

筆者としては，現時点の証拠にもとづく限りでは，前者の可能性，すなわち複数回・複数系統の出アフリカがあったとする説明が妥当であると考えています．さらに北回りルートでは，ここで検討した南回りルートとはまた別の系統の出アフリカがあったのでしょう．ナイル川下流域から西アジア地中海沿岸で異なる適応を遂げた集団が，南回りルートとは異なる技術・石器群を携えて，ヨーロッパや内陸アジアへと広がっていったと考えるのです．

一方，故郷であるアフリカとよく似た環境を見出した南アジアに到達した集団は，あらたな適応，発展を遂げることなく，また，ヒマラヤ山脈，チベット高原という天然の障壁に遮られて北方へ展開する機会もありませんでした．そして，さらに東，熱帯多雨林地帯へと進出する段階で，北回りルートとはまた異なる環境適応に直面することになったのでしょう．

南回りルートにおける現代人の出アフリカ，移住・拡散の追求は，人類進化とその多様性を理解するうえで貴重な知見をもたらすものです．今後も引き続き，調査研究動向に注目していく必要があるでしょう．*

* 本稿は，公開シンポジウム『石器文化から探る新人・旧人交替劇の真相』（2014年3月15日，於：名古屋大学野依記念学術交流館）における講演録「南アジア・アラビアの上部旧石器化と新人拡散」に加筆して作成したものである．

註
1) 2015年1月に，イスラエル北部から5.5万年前の現代人頭骨化石が報告され，ネアンデルタール人と共存していた可能性が指摘された（Hershkovitz et al., 2015）．

引用参考文献

オッペンハイマー S.（翻訳：仲村明子）（2007）人類の足跡10万年全史．草思社，東京．

野口　淳（2013a）南アジアの中期／後期旧石器時代―「南回りルート」と地理的多様性―．西秋良宏編，ホモ・サピエンスと旧人―旧石器考古学からみた交替劇，六一書房，東京，pp. 95-113.

野口　淳（2013b）現代人は，いつ，どのようにして世界へ広がっていったのか―出アフリカ・南回りルートの探究―．古代文化，65(3): 117-129.

野口　淳（2014）インダス川中・下流域〜タール砂漠西部における先史時代石器群の様相：3D計測にもとづくコア・リダクションの検討．日本西アジア考古学会第19回大会要旨集，pp. 3-6.

ロバーツ A.（翻訳: 野中香方子）（2013）人類20万年　遥かなる旅路．文藝春秋，東京．

Biagi P. (2008) The Palaolithic settlement of Sindh (Pakistan): A review. Archäologische Mitteilungen aus Iran und Turan, 40: 1-26.

Blinkhorn J., Achyuthan H., Petraglia M. and Ditchfield P. (2013) Middle Palaeolithic occupation in the Thar Desert during the Upper Pleistocene: the signature of a Modern Human exit out of Africa? Quaternary Science Reviews, 77: 233-238.

Boivin, N., Fuller D.Q., Dennell R., Allaby R. and Petraglia M.D. (2013) Human dispersal across diverse environments of Asia during the Upper Pleistocene. Quaternary International, 300: 32-47.

Clarkson C. (2014) East of Eden: Founder effects and the archaeological signature of Modern Human dispersal. In: Porr M. and Dennell R. (eds.) Southern Asia, Australia, and the Search for Human Origins. Cambridge University Press, Cambridge, pp. 76-89.

Davis R.S. (1978) The Palaeolithic. In: Allchin F. R. and Hammond N. (eds.) The Archaeology of Afghanistan: From Earliest Times to the Timurid Period. Academic Press, London, pp. 33-70.

Fu Q., Mittnik A., Johnson P.L.F., Bos K., Lari M., Bollongino R., Sun C., Giemsch L., Shmitz R., Burger J., Ronchitelli A.M., Martini F., Cremonesi R.G., Svoboda J., Bauer P., Caramelli D., Castellano S., Reich D., Pääbo S. and Krause J. (2013) A revised timescale for human evolution based on ancient mitochondrial genomes. Current Biology, 23: 1-7.

Fu Q., Li H., Moorjani P., Jay F., Slepchenko S.M., Bondarev A.A., Johnson P.L.F., Aximu-Petri A., Prüfer K., de Filippo C., Meyer M., Zwyns N., Salazar-García D.C., Kuzmin Y.V., Keates S.G., Kosintsev P.A., Razhev D.I., Richards M.P., Peristov N.V., Lachmann M., Douka K., Higham T.F.G., Slatkin M., Hublin J.-J., Reich D., Kelso J., Viola T.B. and Pääbo S. (2014) Genome sequence of a 45,000-year-old Modern Human from western Siberia. Nature, 514: 445-450.

Groucutt H.S. and Blinkhorn J. (2013) The Middle Palaeolithic in the desert and its implications for understanding hominin adaptation and dispersal. Quaternary International, 300: 1-17.

Haslam M., Roberts R.G., Shipton C., Pal J.N., Fenwick J.L., Ditchfield P., Boivin N., Dubey A.K., Gupta M.C. and Petraglia M. (2011) Late Acheulean hominins at the Marine Isotope Stage 6/5e transition in north-central India. Quaternary Research, 75: 670-682.

Hershkovitz I., Marder O., Ayalon A., Bar-Matthews M., Yasur G., Boaretto E., Caracuta V., Alex A., Frumkin A., Goder-Goldberger M., Gunz P., Holloway R.L., Latimer B., Lavi R., Matthews A., Salon V., Bar-Yosef Mayer D., Berna F., Bar-Oz G., Yeshurun R., Mat H., Hans M.G. Weber G.W. and Barzilai O. (2015) Levantine cranium from Manot Cave (Israel) foreshadows the first European Modern Humans. Nature (2015) doi:10.1038/nature14134.

Mellars P. 2006 Going east: New genetic and archaeological perspectives on the Modern Human colonization of Eurasia. Science, 313: 796-800.

Mellars P., Gori K.C., Carr M., Soares P.A. and Richards M.B. (2013) Genetic and archaeological perspectives on the initial Modern Human colonization of southern Asia. Proceedings of the National Academy of Sciences of the United States, 110: 10699-10704.

Mishra S., Chauhan N. and Singhvi A. K. (2013) Continuity of microblade technology in the Indian subcontinent since 45ka: implications for the dispersal of Modern Humans. PLoS One, 8: e69280.

Perera N., Kourampas N., Simpson I.A., Deraniyagala S.U., Bulbeck D., Kamminga J., Perera J., Fuller D.Q., Szabó K. and Oliveira N.V. (2011) People of the ancient rainforest: Late Pleistocene foragers at the Batadomba-lena rockshelter, Sri Lanka. Journal of Human Evolution, 61: 254-269.

Petraglia M., Korisettar R., Boivin N., Clarkson C., Ditchfield P., Jones S., Koshy J., Lahr M.M., Oppenheimer C., Pyle D., Roberts R., Schwenninger J.-L., Arnold L. and White K. (2007) Middle Paleolithic assemblages from the Indian Subcontinent before and after the Toba super-eruption. Science, 317: 114-116.

Petraglia M.D., Haslam M., Fuller D.Q., Boivin N. and Clarkson C. (2010) Out of Africa: new hypotheses and evidence for the dispersal of Homo sapiens along the Indian Ocean rim. Annals of Human Biology, 37: 288-311.

Petraglia M.D., Alsharekh A., Breeze P., Clarkson C., Crassard R., Drake N.A., Groucutt H., Parker A.G. and Roberts R.G. (2011) Middle Paleolithic occupation on a Marine Isotope Stage 5 lakeshore in the Nefud Desert, Saudi Arabia. Quaternary Science Reviews, 30: 1555-1559.

Petraglia M.D., Alsharekh A.M., Crassard R., Drake N.A., Groucutt H., Jennings R., Parker A.G., Parton A., Roberts R.G., Shipton C., Matheson C., al-Omari A. and Veall M.A. (2012a) Homin dispersal into the Nefud Desert and Middle Palaeolithic settlement along the Jubbah Palaeolake, northern Arabia. PLoS One, 7: e49840.

Petraglia M.D., Ditchfield P., Jones S., Korisettar R. and Pal J.N. (2012b) The Toba volcanic super-eruption, environmental change, and hominin occupation history in India over the last 140,000 years. Quarternary International, 258: 119-134.

Rose J.I., Usik V.I., Marks A.E., Hilbert Y.H., Galletti C.S., Parton A., Geiling J.M., Černý V., Morley M.W. and Roberts R.G. (2011) The Nubian Complex of Dhofar, Oman: an African Middle Stone Age Industry in Southern Arabia. PLoS One, 6: e28239.

新人拡散期の石器伝統の変化

―ユーラシア東部―

長沼　正樹

はじめに

　ユーラシア東部の遺跡情報を，ユーラシア西部と同列に比較することは困難です．その原因は，旧石器時代研究の背景や研究史，そして現状が大きく異なっているからです．この制約の下で，ごく大まかな話に終始することを最初に申し上げたいと思います．ここでは新人拡散期を約5～4万年前の時間幅として仮定します．この年代がユーラシア東部でも妥当なのかどうか，それさえもまだはっきりしないのですが，ヨーロッパに新人が拡散した頃と同じ年代の考古資料を，ユーラシア東部で確認することで，他の報告者の方々と話をかみ合わせたいと考えて，このように仮定してみました．

　私の報告は次の4項目です．まず「ユーラシア東部への新人拡散ルート―エミランに類似するルヴァロワ石刃石器群―」では，西アジアで新人拡散を指標するとも言われる石器伝統のエミランに類似する石器群が，ユーラシアの東部にも分布している事例を紹介します．次に「中央アジアとシベリア―石器伝統の変化が連続的な地域―」では，新人拡散期と仮定した年代の期間に，先行する中部旧石器の石器伝統から連続した変化が認められる地域について，「中国―石器伝統があまり変化しない地域―」では変化がめだたない地域について触れます．「現代人的行動の出現と石器伝統」では，現代人的行動の指標と考えられる磨製骨角器，装飾品，顔料などの要素と，石器伝統との関係を整理します．

1　ユーラシア東部への新人拡散ルート
　　―エミランに類似するルヴァロワ石刃石器群―

　アフリカからの新人拡散ルートは，北方ルートと南方ルートの二通りが想定されてきました (Lahr and Foley, 1994; Goebel, 2007 など)．北方ルートはレヴァントから北上してコーカサス山脈やアナトリア高原をへて西はヨーロッパ，東へはザグロス山地から中央アジアや南シベリアを経て中国北部に至ります．南方ルートはアラビア半島からインド洋の北岸をへて東南アジア，オセアニア（スンダランド，サフル大陸）に至ります．エミランに類似する石器群は，このうちの北方ルートに関係しています．

　この石器群の特徴はルヴァロワ生産物（石核，剥片，石刃，ポイント）と，ルヴァロワ以外の石

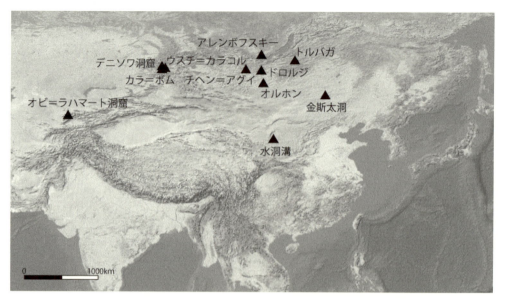

図1　ユーラシア東部におけるエミランに類似するルヴァロワ石刃石器群の分布
（NeanderDB 2.0 の Web GIS Map インターネット遺跡地図から長沼作成）

核リダクションからも生産される収斂ポイントや石刃を含むことです．西の拡散先である東ヨーロッパではボフニチアンとして知られ，先行する在地のカイルメッサー・グループやミコッキアンなどの両面調整加工を特徴とする，ネアンデルタールが残した中部旧石器の石器伝統とは似ていない，連続しないことから，新人の侵入を示すと考えられています（Tostevin, 2007 など）．図1に示したようにユーラシアの東部にも，中央アジアからアルタイ山地やバイカル湖周辺，モンゴル高原，中国北部まで点々と分布しています．確実な年代情報がない遺跡も含まれますが，暦年較正しておよそ5～3万年前の年代幅があります（Svoboda, 2004; Rybin, 2005; Bar-Yosef and Belfer-Cohen, 2013 など）．これよりも狭い範囲への限定や編年的な細分は，広い空間範囲で比較する場合には難しいと私は思っていますので，当面は約5～3万年前の間を「幅広い同時」，つまりこの時間幅の中で実際には変化が生じていたとしても把握できない，その程度にゆるく捉えておきたいと考えます．なお南方ルートについて今回は対象外としますが，東南アジアで人工遺物資料が増えてくれば，インドや中国南部とあわせて検討するといろいろと分かってくるでしょう．

　拡散の起点と考えられる西アジアに近い方から主な遺跡を見ますと，まず重層遺跡で年代測定も実施されているウズベキスタンのオビ＝ラハマート洞窟があります（Suleimanov, 1972; Derevianko ed., 2004）．洞窟の基底から上層まで石器群が途切れずに出土し，下層部分の年代は約9～5万年前と想定されていますが，この年代は交替劇を考える上では，残念ながら幅広すぎるようです．一方で上層の EUP（Early Upper Paleolithic）文化層は約5～3万年前と評価されています．次に南シベリアのアルタイ山地に所在するカラ＝ボム遺跡は，エミレー・ポイントに類似する石器を含んでいます（Derevianko et al., 1998）．生活面5と6は深さが40～50 cm ほど違いまし

て，下位の生活面6は炉跡の炭化物を分析試料とした放射性炭素年代が約4.7～4.5万年前です．その上にある生活面5では年代測定は行われていませんが，石に穴をあけたペンダントや顔料などの現代人的行動を示す人工遺物が出土しています（Derevianko and Rybin, 2005）．バイカル湖南岸のドロルジ1遺跡では，この石器群にダチョウの卵殻製のビーズが伴います．年代は3.5～3.3万年前です（Jaubert et al., 2004）．ザバイカルのトルバガ遺跡では簡素な骨器（打製）が伴い，年代は3.9～3万年前です（Vasiliev and Rybin, 2009）．中国北部には寧夏回族自治区の水洞溝第1地点下文化層があります．この遺跡は中国で初めて発掘された旧石器遺跡で，フランス人による最初の調査の時からヨーロッパのムステリアンやオーリナシアンとの類似性が論じられ，ダチョウの卵殻製ビーズが伴う可能性も後になって指摘されています．近年の年代測定と地学的観察では約4～3万年前と評価されています（Decheng et al., 2009 など）．この石器群の東限は内蒙古自治区の金斯太洞の中文化層です．年代はやや若く2.8万年前です（王暁琨等，2010）．すべての遺跡ではありませんが，動物の歯や石に穴を開けたペンダント，骨やダチョウの殻に穴を開けて作ったビーズなどの装飾品，骨を素材とした簡素な道具，顔料といったユーラシア西部の新人と同じような人工遺物を伴う場合があることは，この石器群の担い手が新人であった可能性を示しています．

　しかしこの石器群には，まだ新人の人骨を確実に伴う例がありません．また各遺跡は空間的に遠く離れていますので，すべての遺跡を一つの石器伝統として考えてよいのかどうか検討の余地はあります．こうしたことから，この石器群の担い手をアフリカから拡散した新人と断定するには早いかもしれません．研究史的に石器伝統（エンティティー）が設定されない地域があることや，複数ある年代測定値の幅が広く，どれを信用してよいのか分からない遺跡があることも，ユーラシア西部との比較を大いに妨げています．いずれも短時間で，あるいは一人の研究者が頭の中で考えただけで解決できる課題ではありませんので，長い時間をかけて多くの研究者が発掘調査と報告を積み上げてゆく中で，少しずつ検証されていくと思います．

2　中央アジアとシベリア ―石器伝統の変化が連続的な地域―

　中央アジアと南シベリアで発掘調査を長年にわたって組織してきたA.P.デレビャンコは，これらの地域では，もともと分布していた在地の中部旧石器の石器伝統を土台として，そこから連続的に，他所からの影響を受けずに上部旧石器の石器伝統が自生したと考えています（Derevianko, 2010a・2010b）．この見解によりますと約5～4万年前のルヴァロワ石刃石器群は，アフリカからユーラシア東部への新人拡散の証拠になりません．またそもそも，アフリカに由来する新人が中央アジアと南シベリアへ侵入し，先住民と交替してこれらの地に上部旧石器の石器伝統を残したとも考えません．

　先にも触れたウズベキスタンのオビ＝ラハマート洞窟は，1960年代から断続的に調査が行われた結果，厚さ約10 m，約9万年間にわたる堆積物から3万点以上の石器が出土しています．

これだけの堆積の厚さや年代の幅があるにしては，上層と下層の間で石器群に大きな違いがないことが指摘され，全ての層の石器群を単一のオビ＝ラハマート文化という石器伝統として把握する説や（Suleimanov, 1972），下層から上層まで全部を中部旧石器と考える説が提示されてきました（Abramova, 1984; Vishnyatsky, 1999）．2010年のデレビャンコの文献では，自然層21～15が約9～5万年前で中部旧石器および中部-上部旧石器の移行期，自然層14～7が約5～3万年前でEUP，そして自然層6～2がLUPという認識が提示されています（Derevianko, 2010b）．全ての層を通じて石刃素材の削器，収斂ポイント，収斂石刃が多く，小口面から小石刃を取る石核も含みます．最下層からも上部旧石器的な小石刃を素材とした石器が出土しているし，逆に上層からもルヴァロワ生産物や，ルヴァロワ・ポイントに類似した収斂石刃が出土していますが，上層ほどエンド・スクレイパーや小口面から小石刃を取る石核，石刃素材の石器など，上部旧石器的な石器が，少しずつ増えていくという認識です（Derevianko, 2010b）．この遺跡の堆積物全体がきわめて短い時間で形成されたのでなければ，約9～3万年前まで，石器群の変化はかなり連続的だったのでしょう．中部旧石器から上部旧石器への連続的な石器群の変遷は，オビ＝ラハマート遺跡だけでなく，モンゴルのオルホン遺跡群でも層位的に把握したといいます（Derevianko et al., 2010）．

　デレビャンコによりますと，南シベリア・アルタイ山地に，約8万年前に「カラコル」というトレンドと，「カラ＝ボム」というトレンドの，二つの石器伝統が出現します．ともに中部旧石器ですが，両者の違いは，カラコル・トレンドはルヴァロワと両面石器の製作が主体，一方のカラ＝ボム・トレンドは石刃生産が主体といいます（Derevianko, 2010a, 以下同様）．これらの石器伝統はともに約5～4.5万年前に「移行期」に変化し，次いで4～3万年前に「EUP」に変化します．石器以外では，約5～4.5万年前に骨角器と装身具が出現します（デニソワ洞穴11層）．この層ではデニソワ人の骨も出土していますが，人骨は非常に小さい破片なので，別の遺跡で類例が増えないことには，人工遺物との共伴関係は判断が難しいと思います．やがて4～3万年前のEUPにペンダントや顔料が伴うようになるそうです．こうして8～3万年前までの石器伝統の変化は連続していて，途中で明らかな断絶や交替は認められないことが強調されます．さらにこれらのカラ＝ボム伝統やカラコル伝統とは別に，年代的に一部並行する形で，ネアンデルタールが残した石器伝統としてシビリャチーハ・インダストリーが設定されています（Derevianko et al., 2013）．南シベリアのアルタイ山地には，ネアンデルタールではない人類が残した中部旧石器から移行期を経てEUPに連続する流れがまずあって，それとは別に，ネアンデルタールが残した中部旧石器の石器伝統も併存していたという把握です．

　図2では，上段にデレビャンコのいう石器伝統（トレンド）のイメージを表現してみました．これと比較するため下段にヨーロッパや西アジアの石器伝統のイメージを示しました．ヨーロッパ的な旧石器研究では，ミコッキアンやムステリアンが中部旧石器＝荷担者はネアンデルタール，一方でオーリナシアンやグラヴェティアン，エミランなどが上部旧石器で新人による，そして両者の時間的な間に相当する石器伝統を移行期として，時期区分と石器伝統とが整理されています．

新人拡散期の石器伝統の変化　53

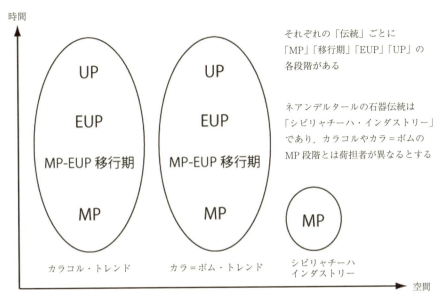

アルタイ山地の石器伝統（トレンド）のイメージ

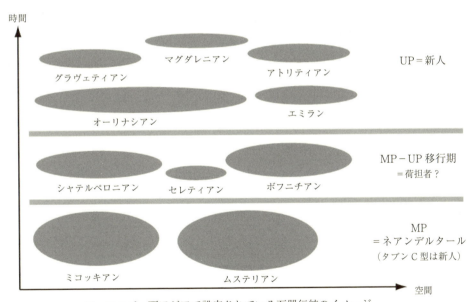

ヨーロッパ・西アジアで設定されている石器伝統のイメージ

図2　石器伝統を設定するイメージの比較

ところが，デレビャンコが設定したアルタイ山地の石器伝統はそうではなく，まずカラコル・トレンドなどの石器伝統があって，その中に中部旧石器やEUP，上部旧石器といった時期がある．この伝統そのものは旧石器時代の異なる時期をつらぬいて長く続いたという形になっています．なおデレビャンコの論文の中では「石器伝統」にあたる文脈で，傾向 trend，文化 culture，インダストリー industry，相 facies と異なる単語が次々と置き換えて使用されるので，これらが全て同じ意味なのか，意図があって使い分けているのか分かりにくいです．ユーラシア西部で設定されている「石器伝統」と違っているとしたら，地域的な石器群の実態を反映した結果で違いが生じたのか，それとも研究上の概念が違っているだけなのかもよくわかりません．

中部旧石器と上部旧石器の間に文化的な断絶はなく，あくまでも連続的・自律的に石器群が変化した，という見解を仮に認めますと，これをどのように説明できるでしょうか．デレビャンコは，文化（石器）が連続しているのであれば担った人類も連続していたと考えます．そして考古資料（人工遺物）の連続性を主な根拠として，アフリカ，ヨーロッパ，北アジア，東アジアの4地域でそれぞれ別々に新人化が進んだという多地域進化説を展開します（Derevianko, 2011）．デニソワ洞穴で，現代人的行動を示す骨器やペンダント，円筒ビーズなどの装飾品が，デニソワ人の人骨と同じ層（11層）から出土したことも，アフリカからの新人拡散とは別に北アジアでもローカルな新人化が進んでいた可能性を支持すると見なします．

こうしたデレビャンコの説とは別に，遺伝子研究を踏まえた通説どおり，新人のアフリカ単一起源説に立つならば，文化の連続性をどのように説明できるでしょうか．アフリカから来た新人はかなり古い年代から中央アジアや南シベリアに進出していて，各地に「中部旧石器」の石器群を残した，つまり中部旧石器も上部旧石器もどちらも新人の文化であった，と考えてみることができます．しかし現時点では，これを支持する古い年代や地層から確実な新人の人骨が出土した例はないので，思考実験にとどまります．さらに文化を担った人類は連続していない，つまりアフリカから拡散した新人と先住民のアルカイックな人類が実際には交替していたけれども，文化的な（石器群の）変化は，何らかの理由で連続して見えているのかもしれません．石器伝統の変化は人類の交替と対応しない場合もあり得る，という考えです．もちろん，こちらも将来の人骨との共伴事例の蓄積をまって検証する必要はありますが，次にみる中国の状況を考える上で示唆的です．

3　中国 —石器伝統があまり変化しない地域—

中国では新人に先行する先住民として，ネアンデルタールではない人類が確認されてきました．表1は中国の主な早期智人（古代型サピエンス）の年代（Xinzhi, 2004など）をまとめたもので，約20〜5万年前，ユーラシア西部にネアンデルタールが生息していた年代に対応する先住の人類です．ここに示した以外にもさまざまな年代値を提示する研究が多くありますが，それらの網羅と妥当性の吟味は私の能力を越えますので，参考程度にとどめたいと思います．こうした先住民の

表1 中国の主な早期智人と年代 (Xinzhi, 2004などから作成)

遺跡名（所在地）		通称	年代（ka BP）（測定法）	伴う石器群
丁村（山西省）	Dingcun (Shanxi)	丁村人	210-160（U）	?
金牛山（遼寧省）	Jinniushan (Liaoning)	金牛山人	280（U）	石核-剥片石器群
霊井（河南省）	Lingjing (Henan)	許昌人	100-80（OSL）	石核-剥片石器群
獅子山（広東省）	Shizishan (Guangdong)	馬壩人	135-129（U）	?
甜水溝（陝西省）	Tianshuigou (Shaanxi)	大荔人	209（U）	?
仙人洞（雲南省）	Xianrendong (Yunnan)	西疇人	100-60（U）	?
許家窰（山西省）	Xujiayao (Shanxi)	許家窰人	125-104（U）	中国の中部旧石器？
岩灰洞（貴州省）	Yanhuidong (Guizhou)	桐梓人	181-113（U）	?

　一部に，エレクトスが新しい年代まで生き残っていた例や，デニソワ人も含まれているのではないかとの考えもあるようです（Stringer, 2012）．また中国南部では，約10～6万年前という古い年代の新人や（Wu et al., 2010），逆に完新世に近い新しい年代の旧人（Curnoe, 2012）など，興味深い事例が報告されています．これらは人工遺物を伴わないので，今後の年代や形態分類の精確化に加えて，人工遺物との関係についても将来の調査を待ちたいところです．

　黄河流域とその以北である中国北部では，モード1の石核-剥片石器群が，長い期間にわたって続きます．いわば石器伝統があまり変化しない地域です．アフリカなどではモード1の石器群は前期旧石器のオルドヴァンと呼ばれますが，中国北部では石器の材料として石英が好まれ，両極打撃（砸击法）を盛んに用いるので，生じる剥片類が原石を粉々に砕いたようになることが特徴です．年代の古い遺跡は前期更新世に遡る例もあります．こうした石核-剥片石器群が，100万年前よりも古い年代から，ヨーロッパやシベリアなどユーラシアの他の地域で上部旧石器が全面的に展開している約3～2万年前や，それよりも新しい年代まで延々と続きます．上部旧石器に相当する年代測定のある石核-剥片石器群の例として，小南海（加藤, 2006; Chun et al., 2010），王府井東方広場（冯兴无等, 2007），後述する周口店山頂洞などがあります．この長い連続性は，新人の形成について，中国の内部で旧人（早期智人）から進化したとする多地域進化説や，アフリカからの新人拡散を認めるけれども中国在来の旧人が混血・吸収したという「混血を伴う連続仮説」（Xinzhi, 2004; Xing et al., 2010など）を補強しています．また中国に中部旧石器があったのか，すなわち中部旧石器を中国の資料に設定することが妥当かどうかをめぐる論争は決着していません（高星, 1999; Norton et al., 2009; Yamei et al., 2013など）．設定に否定的な立場は，前期更新世から後期更新世にいたる石器群の全体として分かちがたい連続性を重視する一方で，賛同する立場は周口店第15地点，丁村，板井子，許家窰，薩拉烏蘇などの出土資料の一部に，鋸歯状縁のスクレイパーやポイントといった特徴的な剥片石器が認められることを重視しているようです（加藤, 2000: 143-157・2013・2014など）．

　エミランに類似するということでユーラシア西部からの関連を追える，水洞溝と金斯太洞の石器群は，中国北部に他には類例がないので広く普及したとは言えません．ただしこの石器群が現

れた約4万年前頃から，石刃や新しい石材の利用など，在地の石器群の中でそれまで顕著ではなかった要素が少しずつ増え始めるという指摘があります（加藤，2013）．ゆっくりとした変化ではありながら，外部からの影響も皆無ではなかったということでしょうか．峙峪（贾兰坡等，1972）とその関連遺跡は，先行する在地の剥片-石核石器群から少しずつ石刃が出現する過程を示すとも指摘されています（加藤，2000: 177-181）．やがて2.5万年前には龍王辿を代表とする細石刃石器群が出現します（Jiafu et al., 2011）．この細石刃石器群は，酸素同位体ステージ2の寒冷化を受けるように分布が南下した後に，完新世初頭に向かう温暖期にかけて広域に拡散します（Betinger et al., 2007）．この過程で，それまで中国北部でははっきりしなかった地域的な類型，つまりユーラシア西部でいうような「石器伝統」が各地に分立します（李炎賢，1993; 曲彤丽，2012; Tongli et al., 2013）．この細石刃石器群の出現と拡散が，中国北部の旧石器時代に生じたいわば初めての明確な石器伝統の変化みたいですが，それは新人の到着が想定される年代よりも，しばらく後の出来事です．

長江流域およびそれ以南の中国南部では，やはりモード1のチョッパーや，一部ではハンドアックスもありますが，中期更新世から完新世まで大きな塊の石器を使う礫器石器群が，やはり長く続きます．中国北部で4万年前頃に見られた石刃化・新石材の利用などのわずかな変化や，その後の細石刃石器群の出現などの目立つ変化がないまま，2万年前頃に土器が発明されます．更新世には石器技術が発達も変化もしなかった理由として，竹を主な道具の材料として利用していた可能性が，簡素な石器だけで竹を加工する実験結果を合わせて主張されています（Bar-Yosef et al., 2012）．

4 現代人的行動の出現と石器伝統

約5～4万年前にシベリアとその近接地域では，エミランに類似するルヴァロワ石刃石器群を含めて，各地のEUPやIUPとも呼ばれる石器群の中に，ペンダントやビーズ，鹿角製品，簡素な骨器，顔料など現代人的行動を示唆する人工遺物が，複数の遺跡で認められるようになります．ところでこの年代にほぼ重なる約4万年前のオクラドニコフ洞窟では，ネアンデルタールの化石が出土しています．石器伝統は先ほど申し上げたシビリャチーハ・インダストリーです．このネアンデルタールが残した遺跡と同じ年代に，別の遺跡には動物の犬歯や石に穴を開けたペンダントや骨器があり，ザバイカルのホトイク遺跡には笛と解釈される人工遺物もあります（Lvova, 2010）．先にも述べたようにデニソワ洞窟の11層で装飾品と骨器が出ています．この層は5万年前から3，4万年前の間のどこかというぐらいの幅でしか年代を把握できませんが，もしもデニソワ人が製作したのであれば，アフリカからきたサピエンスでない人類も，装飾品などを製作したことになります．

図3は現代人的行動に関連する，約5～3万年前の主な遺跡を示しました．これ以外にもより新しい年代の遺跡がありますが，省略しています．装飾品や磨製骨器，顔料が出土した遺跡は，

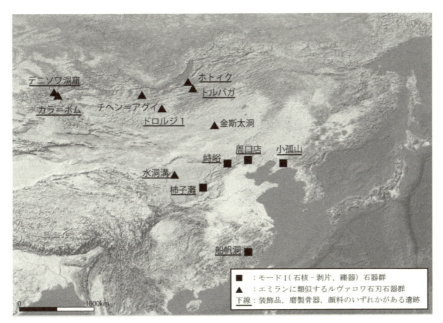

図3　現代人的行動に関連する約5〜3万年前の遺跡
（NeanderDB 2.0 の Web GIS Map インターネット遺跡地図から長沼作成）

遺跡名に下線をつけました．中国に多いのは四角で示したモード1の伝統的な石核-剥片石器群や礫器石器群で，それらに現代人的行動が伴います．三角はエミランに類似するルヴァロワ石刃石器群の遺跡です．これらは水洞構と金斯太洞が客体的に入ってくるだけです．北京の周口店山頂洞は骨を磨いて作った針や，動物の牙や貝に穴を開けたペンダント，赤色顔料が，埋葬された新人の化石と一緒に出土した事例です．ところがこれに伴う可能性のある石器群は，石刃やルヴァロワではなく，伝統的なモード1の石核-剥片石器群です（斉陶，2009）．複数の年代測定結果がありますが，ここでは約3万年前を妥当とする評価（Tongli et al., 2013）で見ておきます．また遼寧省の小孤山でも磨製の骨針，銛，骨製の円盤に刻み目がある象徴的行動を示す人工遺物（黄慰文等，1986）に，石核-剥片石器群が伴っています．この石器群は石刃を含むとの指摘もあります（加藤，2013）．提案されている年代はやや幅広く6〜2万年前です（Jiafu et al., 2010）．

表2は Tongli et al. (2013) から中国で出土した骨角器類の事例を整理しました．骨を道具の材料とする例は，中国では古い年代から打製骨器がありますので（安家瑗，2001），現代人的行動としては磨製の骨器に限定されています．ほとんどが4万年前より新しい年代です．表の上段に配置した古い年代の遺跡は，遼寧省や北京市などの中国北部に多く，広西チワン族自治区や貴州などの中国南部では2万年前以降の，新しい年代が多いことがわかります．ただしこの表で小孤山は4万年前後の値（放射性炭素年代）が採用されていて，また中国南部にも3万年前が一例あります（船帆洞）．表3も同じく Tongli et al. (2013) による，年代測定のある中国の顔料と装飾品です．3万年前よりも古い年代の装飾品と顔料は，ほとんど中国北部に限られていることがわかります．

表2 中国出土の骨角器類 (Tongli et al., 2013 を改変)

遺跡名（所在地）		年代 (cal. ka BP)	骨角器などの種類	人骨
小孤山（遼寧省）	Xiaogushan (Liaoning)	40-35	尖頭器，錐，銛先	H. Sapiens?
船帆洞（福建省）	Chuanfandong (Fujian)	35	鹿角製の鋤	
水洞溝 第1地点（寧夏回族自治区）	Shuidonggou Loc. 1 (Ningxia)	35-30	骨製の錐	
山頂洞（北京市 周口店）	Upper cave (Beijing, Zhoukoudian)	33-28	研磨された鹿角，骨針	H. Sapiens
王府井東方広場（北京市）	Wangfujing (Beijin)	29-27	骨製の鋤 (spade)	
鯉魚嘴（広西チワン族自治区）	Liyuzui (Guangxi)	27-12	骨針	
白蓮洞（広西チワン族自治区）	Bailiandong (Guanxi)	26-13	錐，針	H. Sapiens?
仙人洞（江西省）	Xianrendong (Jiangxi)	22-12	骨製品，鹿角製品，貝製品（銛先など）	
穿洞（貴州省）	Chuandong (Guizhou)	18-10	骨製の錐，鋤，針，銛，鋤，鹿角製の鋤	
玉蟾岩（湖南省）	Yuchangyan (Hunan)	18-13	鋤，鑿 (chisel)，貝器	
柿子灘（山西省）	Shizitan (Shansi)	17-11	貝製品	
馬鞍山（河北省）	Ma'anshan (Hebei)	16-15	骨製の錐	
猫猫洞（貴州省）	Maomaodong (Guizhou)	14-10	骨製の錐，ナイフ，鋤 骨製の錐，鋤，銛先	
甑皮岩（広西チワン族自治区）	Zengpiyan (Guangxi)	12-10	針，鹿角製の錐，貝製ナイフ	

表3 中国出土の装飾品と顔料 (Tongli et al., 2013 を改変)

遺跡名（所在地）		年代 (cal. ka BP)	装飾品等の種類	人骨
小孤山（遼寧省）	Xiaogushan (Liaoning)	40-35	ペンダント（貝，歯），線刻のある骨製円盤，顔料	H. Sapiens?
水洞溝（寧夏回族自治区）	Shuidonggou (Ningxia)	34-28	ダチョウ卵殻製ビーズ，顔料	
峙峪（山西省）	Shiyu (Shanxi)	33-31	穿孔された石	
山頂洞（北京市 周口店）	Upper cave (Beijing Zhoukoudian)	33-28	ビーズ（石製），ペンダント（歯，貝殻，石製），顔料	
王府井東方広場（北京市）	Wangfujing (Beijin)	29-27	顔料	
柿子灘（山西省）	Shizitan (Shanxi)	29-14	穿孔された貝殻，ダチョウ卵殻	
小南海（河南省） 白蓮洞（広西チワン族自治区）	Xiaonanhai (Henan) Bailiandong (Guanxi)	28-27 18-17	穿孔された石 顔料	
柿子灘 上層（山西省）	Shizitan upper layer (Shanxi)	17-11	顔料	
馬鞍山（河北省 泥河湾）	Ma'anshan (Hebei Nihewan)	16-15	穿孔された骨	
虎頭梁（河北省 泥河湾）	Hutouliang (Hebei Nihewan)	13-12	ペンダント（貝，歯，ダチョウ卵殻），顔料 穿孔された貝殻，歯	
干家溝（河北省 泥河湾）	Yujiagou (hebei)	12-11	ダチョウ卵殻，鳥の骨，石，顔料	

以上を整理しますと，骨角器や装飾品，顔料が南シベリアとモンゴルで約5〜4万年前，中国北部でも約6〜2万年前に出現します．ただしこれらは，南シベリアやモンゴルではエミランに類似するルヴァロワ石刃石器群に伴う一方で，中国では在地的な石核=剥片石器群や礫器石器群に伴います．6〜2万年前というのではさすがに年代幅が広すぎるので，仮に中国北部に新人が到達した年代を，4.2〜3.9万年前の田園洞（Hong et al. 2007）の新人化石（人工遺物を伴わない）とするならば，その頃から装飾品や磨製骨器を使用しはじめた新人が，伝統的な石核=剥片石器群を使い続けていたことになります．また中国南部では装飾品や顔料の出現が北部よりも遅くなるなど，状況が違っていた可能性があります．

おわりに

中央アジアから南シベリア，モンゴルを経て中国北部に分布する，エミランに類似するルヴァロワ石刃石器群は，一部の遺跡では現代人的行動を伴います．しかしこの同じ石器群について，新人拡散とは無関係で，在地の中部旧石器から連続的に上部旧石器が成立したと考える主張もあって，現時点ではどちらが正しいか決定できません．さらに中国では，新人の出現と石器伝統の変化が対応しない可能性がありました．新人は中国に到達しても先住民と同じような石器を使い続けていた期間があったようです．多地域進化説や「混血を伴う連続仮説」も根強く残ります．いずれにしても新人が中国北部で本格的に石器伝統を変化させるのは，しばらく後の最終氷期極相期に前後する細石刃石器群であり，それまでは中国北部の新人は，さほど新しい技術を石器については発現させなかったようです．中国南部では礫器石器群の連続性がさらに顕著です．

石器伝統の変化と人類の交替が必ずしも対応しないという話を突き詰めますと，この石器伝統だから新人だろうとか，旧人だろうと見当をつけることは，人骨を伴う例がない限り妥当性がないということになります．この点はヨーロッパの移行期に複数の石器伝統が並立していて，どれが新人でどれがネアンデルタールなのか分からないという事情とも，ある意味で通じると思います．ヨーロッパでは，ウルッツィアンやボフニチアンに想定される新人の最初の侵入よりも，年代的にはしばらく後のプロト・オーリナシアンの頃に，ようやくわかりやすい同質的な石器群が広がることが指摘されましたが，同じように中国でも，新人の侵入が想定される年代からかなり後に，細石刃石器群の時期になってようやく，わかりやすい石器伝統の大変化が生じます．ヨーロッパのプロト・オーリナシアンや中国の細石刃石器群が「わかりやすく広がった」理由は，おそらく交替はすでに終了した後の，新人集団の中での何らかの社会的・生態的事情であって，これらの事象が交替の結果としての担い手の生物種や，その席巻を単純に示しているわけではないのでしょう．

その一方で骨角器や装飾品，顔料といった人工遺物は，ユーラシアの西部や南シベリアとほぼ時を同じくして，中国北部にも認めることができます．石器伝統の変化が，現代人的行動を示す人工遺物の出現と一致しない地域では，石器伝統とは別に新人の出現を把握・理解する必要があ

るようです．今回は交替劇プロジェクトという枠組みですので，なるべくユーラシア西部と同じ現代人的行動を示す人工遺物を検討するようにしました．しかし，何が現代人的行動だったのかは地域によって異なっていたことは大いにあり得ます．すでに東アジアで重要な旧石器時代の現代人的行動として，島嶼への移住，標高の高い地帯への適応（Norton and Jin, 2009），炉跡として遺跡に残る形での火の利用，土器の発明（曲彤丽, 2012）が指摘されています．今回はこうした点に触れることはできませんでしたが，重要な視点だと思います．*

* 本稿は，交替劇第 9 回研究大会シンポジウム 3『「交替劇」問題を解く鍵—新人拡散，社会・文化変化，多様性』（2014 年 5 月 10-11 日，於：東京大学理学系研究科小柴ホール）における講演録「新人拡散期の石器伝統の変化：ユーラシア東部」に加筆して作成したものである．

引用文献

加藤真二（2000）中国北部の旧石器文化．同成社，東京．

加藤真二（2006）中国河南省安陽小南海遺跡の石器群．奈良文化財研究所紀要，2006: 14-15.

加藤真二（2013）考古学からみた中国における旧人・新人交替劇．西秋良宏編，ホモ・サピエンスと旧人—旧石器考古学からみた交替劇．六一書房，東京，pp. 129-142.

加藤真二（2014）中国大陸の旧石器時代．李刊考古学，126: 37-40.

安家瑗（2001）华北地区旧石器时代的骨角器．人类学学报，20(4): 319-330.

冯兴无・李超荣・郁金城（2006）王府井东方广场遗址石制品研究．人类学学报，25(4): 285-298.

高星（1999）关于"中国旧石器时代中期"的探讨．人类学学报，18(1): 1-15.

黄慰文・张镇洪・傅仁义・陈宝峰・刘景玉・祝明也・吴洪宽（1986）海城小孤山的骨制品和装饰品．人类学学报，5(3): 259-266.

贾兰坡・盖培・尤玉桂（1972）山西峙峪旧石器时代遗址发掘报告．考古学报，1: 39-58.

李炎贤（1993）中国旧石器时代晚期文化的划分．人类学学报，12(3): 214-223.

曲彤丽（2012）世界不同地区现代人及现代行为的出现与区域特征．人类学学报，31(3): 269-278.

王晓琨・魏坚・陈全家・汤卓炜・王春雪（2010）内蒙古金斯太洞穴遗址发掘简报．人类学学报，29(1): 15-32.

齐陶（2009）周口店遗址通览．房山文化学・文物研究，同心出版社，北京．

Abramova Z.A. (1984) Ranniy paleolit Aziatskoi chasti SSSR. In: Boriskovskiy (ed.) Paleolit SSSR. Nauka Press, Moscow, pp. 135-160. (in Russian)

Bar-Yosef O. and Belfer-Cohen A. (2013) Following Pleistocene road sings of human dispersals across Eurasia. Quaternary International, 285: 30-43.

Bar-Yosef O., Eren M.I., Jiarong Y., Cohen D.J. and Yiyuan L. (2012) Were bamboo tools made in prehistoric Southeast Asia? An experimental view from south China. Quaternary International, 269: 9-21.

Bettinger R.L., Barton L., Richerson P.J., Boyd R., Hui W. and Choi W. (2007) The transition to agriculture in northwestern China. In: Madsen D.B., Chen F.H. and Xing G. (eds.) Late Quaternary Climate Change and Human Adaptation in Arid China. Developments in Quaternary Sciences 9, Elsevier, Amsterdam, pp. 83-101.

Chun C., Jiayuan A. and Hong C. (2010) Analysis of the Xiaonanhai lithic assemblage excavated in 1978. Quaternary International, 211: 75-85.

Curnoe D., Xueping J., Herries A. I. R., Kanning B., Taçon P. S. C., Zhende B., Fink D., Yunsheng Z., Hellstrom J., Yun L., Cassis G., Bing S., Wroe S., Shi H., Parr W.C. H., Shengmin H. and Rogers N. (2012) Human remains from the Pleistocene-Holocene transition of southwest China suggest a complex evolutionary history for East Asians. PLoS ONE, 7(3): e31918. doi:10.1371/journal.pone.0031918.

Decheng L., Xulong W., Xing G., Zhengkai X., Shuwen P., Fuyou C. and Huiming W. (2009) Progress in the stratigraphy and geochronology of the Shuidonggou site, Ningxia, north China. Chinese Science Bulletin, 54(21): 3880-3886.

Derevianko A.P. (2010a) Three scenarios of the Middle to Upper Paleolithic transition scenario 1: the Middle to Upper Paleolithic transition in northern Asia. Archaeology, Ethnology and Anthropology of Eurasia, 38(3): 2-32.

Derevianko A.P. (2010b) Three scenarios of the Middle to Upper Paleolithic transition scenario 1: the Middle to Upper Paleolithic transition in central Asia and near East. Archaeology Ethnology and Anthropology of Eurasia, 38(4): 2-38.

Derevianko A.P. (2011) The origin of anatomically modern humans and their behavior in Africa and Eurasia. Archaeology Ethnology and Anthropology of Eurasia, 39(3): 2-31.

Derevianko A.P. (ed.) (2004) Grot Obi-Rakhmat. Izd. IAE SO RAN, Novosibirsk. (in Russian)

Derevianko A.P., Kandyba A.V. and Petrin V.T. (2010) Paleolit Orkhona. Izd. IAE SO RAN, Novosibirsk. (in Russian)

Derevianko A.P., Markin S.V. and Shunkov M.V. (2013) The Sibiryachikha faceis of the Middle Pleolithic of the Altai. Archaeology, Ethnology and Anthropology of Eurasia, 41(1): 89-103.

Derevianko A.P., Petrin V.T., Rybin E.P. and Chevalkov L.M. (1998) Paleoliticheskie Kompleksy Stratifitsirovannoi Chasti Stoyanki Kara-Bom. Izd. IAE SO RAN, Novosibirsk. (in Russian)

Derevianko A.P. and Rybin E.P. (2005) The earliest representations of symbolic behavior by Paleolithic humans in the Altai mountains. In: Derevianko A.P. (ed.) Discussion: The Middle to Upper Paleolithic Transition in Eurasia -Hypothesis and Facts. Izd. IAE SO RAN, Novosibirsk, pp. 446-467.

Goebel T. (2007) The missing years for Modern Human. Science, 315: 194-196.

Hong S., Haowen T., Shuangquan Z., Fuyou C. and Trinkaus E. (2007) An early Modern Human from Tianyuan cave, Zhoukoudian, China. Proceedings of the National Academy of Science, 104: 6573-6578.

Jaubert J., Bertran P., Fontugne M., Jarry M., Lacombe S., Leroyer C., Marmet E., Taborin Y. and Tsogtbaatar B. (2004) The early Upper Paleolithic of Mongolia, Dorolj-1 (Egiin Gol): analogies with the same period of the Altai, Siberia. In: General Sessions and Posters, Records of the 14th Congress UISPP, Section 6, the Upper Paleolithic. BAR International Series 1240, Oxford, pp. 225-241. (in French)

Jiafu Z., Weiwen H., Baoyin Y., Renyi F. and Liping Z. (2010) Optically stimulated luminescence dating of cave deposits at the Xiaogushan prehistoric site, northeastern China. Journal of Human Evolution, 59: 514-524.

Jiafu Z., Xiaoqing W., Weili Q., Gideon S., Gang H., Xiao F., Maoguo Z. and Liping Z. (2011) The Paleolithic site of Longwangchan in the middle Yellow River, China: chronology, paleoenvironment and implications.

Journal of Archaeological Science, 38: 1537-1550.

Lahr M.M. and Foley R. (1994) Multiple dispersals and Modern Human origins. Evolutionary Anthropology, 3(2): 48-60.

Lbova L. (2010) Evidence of Modern Human behavior in the Baikal zone during the early Upper Paleolithic period. Bulletin of Indo-Pacific Prehistory Association, 30: 9-13.

Norton C.J. and Jin J.H. (2009) The evolution of Modern Human behavior in East Asia: current perspectives. Evolutionary Anthropology, 18: 247-260.

Norton C.J., Xing G. and Xingwu F. (2009) The east Asian Middle Paleolithic reexamined. In: Camps M. and Chauhan P. (eds.) Sourcebook of Paleolithic Transitions. Springer, New York, pp. 245-254.

Rybin E.P. (2005) Land use and settlement patterns in the mountain belt of south Siberia: mobility strategies and the emergence of 'cultural geography' during the Middle-to-Upper Palaeolithic transition. Bulletin of Indo-Pacific Prehistory Association, 25: 79-87.

Stringer C. (2012) The status of Homo heidelbergensis (Schoetensack 1908). Evolutionary Anthropology, 21: 101-107.

Suleimanov R.K. (1972) Statisticheskoe Izuchenie Kulitury Grota Obi-Rakhmat. Izd. «Fan» Uzbekskoi SSR, Tashkent. (in Russian)

Svoboda J.A. (2004) Continuities, discontinuities, and interactions in Early Upper Paleolithic technologies —a view from the Middle Danube—. In: Brantingham P.J., Kuhn S.L. and Kerry K.W. (eds.) The Early Upper Paleolithic Beyond Western Europe. University of California Press, California, pp. 30-49.

Tongli Q., Bar-Yosef O., Youping W. and Xiaohong W. (2013) The Chinese Upper Paleolithic: geography, chronology, and techno-typology. Journal of Archaeological Research, 21: 1-73.

Tostevin G.B. (2007) Social intimacy, artefact visibility and acculturation models of Neanderthal-Modern Human interaction. In: Mellars P., Boyle K., Bar-Yosef O. and Stringer C. (eds.) Rethinking the Human Revolution. MacDonald Institute for Archaeological Research Monographs. Cambridge University Press, Cambridge, pp. 341-357.

Vasiliev S.G. and Rybin E.P. (2009) Tolbaga: Upper Paleolithic settlement patterns in the Trans-Baikal region. Archaeology, Ethnology and Anthropology of Eurasia, 37(4): 13-34.

Vishnyatsky L.B. (1999) The Paleolithic of Central Asia. Journal of World Prehistory, 13(1): 69-122.

Wu L., Changzhu J., Yingqi Z., Yanjun C., Song X., Xiujie W., Hai C. Edwards R.L., Wenshi P., Dagong Q., Zhisheng A., Trinkaus E. and Xinzhi W. (2010) Human remains from Zhirendong, south China, and Modern Human emergence in East Asia. Proceedings of the National Academy of Science, 107: 19201-19206.

Xing G., Xiaoling Z., Dongya Y., Chen S. and Xinzhi W. (2010) Revisiting the origin of Modern Humans in China and its implications for global human evolution. Science in China: Earth Science, 53(12): 1927-1940.

Xinzhi W. (2004) On the origin of Modern Humans in China. Quaternary International, 117: 131-140.

Yamei H., Shixia Y., Wei D., Jiafu Z. and Yang L. (2013) Late Pleistocene representative sites in north China and their indication of evolutionary human behavior. Quaternary International, 295: 183-190.

II 文化の交替劇

―新人遺跡が語るモデル―

新大陸への新人の拡散

―新人の拡散過程に関する比較考古学的アプローチ―

髙倉 純

はじめに

　ここでは，新大陸への新人による最初の拡散に関して，これまでどのような研究の成果が得られてきたのかを概観し，それが旧大陸における新人の拡散や新人・旧人交替劇の研究にどのような示唆を与えるのかを考えていこうと思います．考古学の研究では，同じ資料に依拠していながら，集団の移住の有無をめぐって異なる見解が示されることは数多くあるのですが，新大陸への新人による最初の拡散（その生物種にとって未踏の地に居住域をひろげていく移住現象を，とりあえず「拡散」と区別して呼んでおきます）の場合，当然ながらそこでは集団の移住が生じていたことが議論の所与の前提となります．どのような年代の資料にそれが反映されているのかが問題となるわけです．

　言うまでもなく，人類の拡散や移住によってもたらされるその形質や遺伝の時空間配置の変化は，形質人類学や古DNA分析を含めた集団遺伝学からの解明に負う必要があります．考古学的には，そこから得られる拡散や移住モデルと行動の形跡である物質資料の変化との間の対応関係を探ることを通して，拡散や移住に伴う文化的適応，自然環境との間の相互関係などを議論することが，その重要な役割であると考えられます．

1　議論の背景

　最初に，新大陸各地への新人の拡散には，旧大陸でのそれには無い，どのような特徴があるのかを整理しておきましょう．

　第一に，新大陸への新人の拡散過程に関する集団遺伝学や形質人類学の証拠にもとづく限り，新大陸に拡散したのはあくまでも新人であり，旧人が新大陸に渡ったことを支持する証拠は現在のところ確認されていない，という点があげられます（Kitchen et al., 2008; Meltzer, 2009; Pitbalbo, 2011など）．つまり，新大陸への新人の拡散を研究する際には，新人と先住する旧人らとの間での接触・融合・交替を想定する必要はない，ということです．旧大陸各地への新人の拡散過程に関する近年の研究では，まさにこのことが重大な問題となっていますが（西秋，2014），新大陸ではより単純な状況下で新人の拡散過程と時空間に応じた物質文化の変化との関係を考察していくことができる，といえましょう．こうした状況は，オセアニアへの新人の拡散でも同様に認めら

れることです.

　第二に, 新大陸への新人の拡散ルートに関しては, デニス・スタンフォードらによって, 南西ヨーロッパの後期旧石器時代ソリュートレ文化と北米のクローヴィス文化 (もしくは先クローヴィス) の間の共通性をもとに, ヨーロッパから北大西洋を経た拡散ルートも主張されていますが (Stanford and Bradley, 2012), 集団遺伝学や考古学の多くのデータからは支持が困難であるとされており (Meltzer, 2009; Mulligan and Kitchen, 2013; O'Brien et al., 2014; Raff and Bolnick, 2014 など), そのため多くの研究者は, 北東アジアの亜北極地帯からアラスカを経由する拡散ルートを前提として議論をおこなっています. 旧大陸での場合, 集団遺伝学, 形質人類学, 考古学の証拠から, 新人の拡散ルートに関してしばしば複数の説が並立して議論され, いずれかの蓋然性を決することが容易ではない場合が多くみられるのとは対照的です.

　後述するように, さまざまな課題があるにせよ, 拡散ルートが限定されているために, 新大陸への拡散問題を研究する考古学者は, 拡散によってもたらされた物質資料の特定とその時空間配置を, より容易に推定していくことができます. また, 新大陸へ最初に人類が渡ってきた際にどのような自然環境を通過してきたのかを, ある程度議論の前提において物質文化の問題を検討していくこともできます.

　第三は, 新大陸への最初の人類の拡散は, 拡散ルートの古地理学的な状況に大きく左右され, いつでも可能ではなかったことです. つまり, 新大陸への拡散ルートの途上にあったベーリング陸橋やローレンタイド氷床・コルディエラ氷床の状況次第では, その先への拡散が不可能な時期もあったことになります. そのために, アラスカへ, さらにアラスカ以南への拡散が起こった年代を議論するときには, 古地理学的な研究の成果から, それが起こりえた年代の範囲をある程度絞り込んでいくことができます.

　第四は, 北米のアラスカから南下を始めて, 南米のパタゴニアあたりまでの広大な地理的範囲への拡散に要した時間の問題です. これをどの程度見積もるのかは, 後述する「クローヴィス・ファーストモデル」と「先クローヴィス」(なお, この「先クローヴィス」という用語は, あくまでも年代的にクローヴィス文化に先行するという意味でのみ使用します) を認めるモデルとの間で見解に相違があります (Waters and Stafford, 2013). しかし, この二つの異なる見解のどちらに依拠するにしても, 旧大陸各地に新人が拡散していった際に要した時間幅と比較すると, 相対的には短期間のうちに, きわめて多様な自然環境を示す新大陸各地への拡散が達成されたとみていることになるでしょう. 新大陸各地で最古と位置づけられている考古資料は, 急速な拡散をおこなった人類集団が, それぞれの地域でどのような文化的適応をはたしていったのかを示す証拠となるわけです.

　以上の四点から, 新大陸への新人の最初の拡散過程に関する考古学的な研究の成果は, 未踏の地に急速に拡散していった人類集団が, その拡散過程でどのような環境に直面しながら, 独自にいかなる文化的適応をはたしていったのかを, 旧大陸における先史時代の多くの拡散や移住現象と比較すると, より単純な条件下で考察していくことができることになります. 拡散や移住現象に関する比較考古学的な議論において, 興味深いケースといえることは間違いないでしょう.

2 新大陸への新人の拡散モデル

　新大陸への新人の拡散過程については，かつては形質人類学や歴史言語学からのアプローチもさかんに議論されてきましたが（Turner, 1985; Greenberg et al., 1986），そこでの議論にはさまざまな批判がよせられています（Yesner et al., 2004; Meltzer, 2009 など）．近年では集団遺伝学からのアプローチとして，新大陸先住民のミトコンドリア DNA や Y 染色体 DNA，核 DNA に関する分析成果が急速に蓄積しています（篠田，2013）．そして，その成果と，考古学や古環境学の分野で得られている証拠との整合性の検証を進めようとする議論も提示されつつあります．学際的に議論されているそうした新大陸への新人の拡散モデルについて，次にみていきましょう．

　なお，これから「ベーリンジア」という用語を使っていきますが，この用語は歴史的・生態的背景をふまえ，ベーリング海峡周辺のみを指すのではなく，西はロシアのレナ川流域から，東はカナダのノースウェスト・テリトリーのマッケンジー川流域までを含めるものとします（Hopkins et al., 1981; West, 1981）．

　近年の DNA 分析の成果からは，新大陸先住民は，北東アジアの集団がもつ系統の一部を引き継いでいることが明確となっています．またそれだけでなく，遺伝的多様性や分岐年代の評価をもとに，拡散の年代や拡散時の人口規模といった，拡散過程にかかわる問題についても新たな知見がもたらされつつあります．なかでも注目されるのは，新大陸への人類の拡散にかかわる 3 段階拡散モデルを提唱しているアンドリュー・キッチンやコニー・ムリガンらの研究成果です（Kitchen et al., 2008; Mulligan and Kitchen, 2013）．

　彼らによれば，約 4〜3 万年前頃までに，北アジアあるいは中央アジアの人類集団から，新大陸への拡散をおこなうことになる祖先集団の形成が始まったと考えられています．これが段階 1 に当たります．段階 2 は，年代的には約 3〜1.6 万年前までで，ベーリンジアに拡散してきたのがこの段階とされています．ベーリンジアに進出した人類は，最終氷期最寒冷期（LGM）になると，東のアラスカの南側は厚い氷河によって，西のシベリア側はツンドラ地帯によって周囲から隔離され，遺伝的な分岐がさらに進行したと考えられています．これが「ベーリンジア隔離仮説」です（Tamm et al., 2007; 篠田，2013）．段階 3 は，約 1.6〜1.2 万年前までの間で，ベーリンジアからそれ以南の新大陸各地への急速な拡散が起こったのがこの時期とされています．この南下を始めた際の集団の人口規模は 1,000 人以下という推定もなされています．

　このモデルを考古資料と突き合わせてみると，段階 1 は，考古学的には北アジアにおける後期旧石器時代初頭の文化における地域的多様性の形成の問題と関係することになりますが，関連する資料の不足から，指摘されているような変化が明瞭な傾向として把握されるにはいたっていません．段階 2 で想定されているベーリンジアへの進出に関連しては，MIS3 の相対的にやや温暖であった約 3 万年前に北緯 70 度付近の亜極北地帯にまで人類が進出していることが，ベーリンジア西部のロシア，ヤナ RHS 遺跡の調査によって明らかにされています（Pitul'ko et al., 2004）．

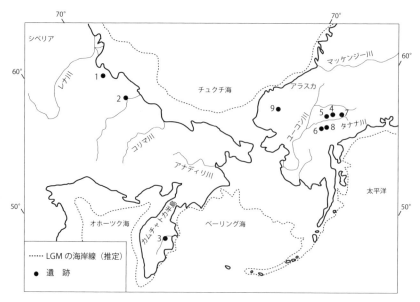

図1 ベーリンジアと関連遺跡の位置
1：ヤナRHS，2：ベレリョフ，3：ウシュキ，4：スワン・ポイント，5：ブロークン・マンモス，6：ドライ・クリーク，7：ヒーリー・レイク，8：フィリップス，9：メサ

しかし，西ベーリンジアでの居住が，その後，安定的に継続できていたことを示す証拠は見つかっていません．当該地域にはベレリョフという遺跡があり，年代的位置づけについてこれまで議論がありましたが，現在は年代的にはLGM以降の遺跡であるとみなされています（Pitul'ko, 2010）．

しかし，LGMの段階でもベーリンジアは古環境学の分野からは動植物にとってのレフュージアになっていたとの考えが根強くあり（Brubaker et al., 2005など），それはDNA分析による「ベーリンジア隔離仮説」とも整合します．考古学からの検証のためには，LGMの段階の人間活動の痕跡をベーリンジアで確認していくことがまずは求められている，といえましょう．後述する「先クローヴィス」の可能性を示す資料がアラスカ以南で確認されはじめている現況もふまえれば，LGMの段階のベーリンジアでの人類活動の証拠の確認は，新大陸への人類の拡散過程を解明するうえできわめて重要な意味をもつことになります．

次に，東ベーリンジアとなるアラスカへの人類の拡散をみていきましょう．

3 アラスカへの拡散

旧大陸と新大陸との間に現在は約85kmのベーリング海峡がありますが，後期更新世の寒冷期には海水準の低下により，浅い大陸棚が発達している海峡一帯は古地理学的にはひろく陸地となっており，ベーリング陸橋が成立していたと考えられています（Brigham-Grette et al., 2004）．大きな山河もなかったベーリング陸橋には，氷河もひろがっていなかったとみられ，人類の拡散ルー

トとなることを妨げるものではなかったと推定されます．この陸橋は，放射性炭素年代測定値を較正した年代でいうと（以下の本論の年代値は，とくに断らない限り較正年代を示します），約3〜1.3万年前頃まで存在していたとみられています．先の3段階拡散モデルのうち段階2と段階3のほとんどの期間，この陸橋は存在していたことになります．

　アラスカを中心とする東ベーリンジアでの更新世人類遺跡の研究は，長きにわたり堆積状況の不安定さと僅かな年代測定値により，編年体系の確立をみるにいたっていませんでした（Hamilton and Goebel, 1999）．いつの段階にこの地に人類が拡散してきたのかについては，帰属年代や人工遺物であるのか否かが不確かな資料をもとに，さまざまな議論がなされてきました（Guthrie, 1984）．しかし，1990年代初頭前後から状況は変化し，コンポーネントが層位的に区分できる多層遺跡での調査が進み，また年代測定値の蓄積もみるようになっています．

　アラスカで現状のところ最も古い年代を示す確実な考古資料は，チャールズ・ホルムスらによって調査されているタナナ渓谷のスワン・ポイント遺跡cz4の出土資料と考えられています．放射性炭素年代測定値（較正値）の中央値の平均は，およそ14,150〜13,870 cal BPに集中しています（Largent, 2004; Bever, 2006）．この石器群は，湧別技法による細石刃剥離技術をもつことで知られており，両面調整石器の他に，その調整過程で産する剥片を素材とした交叉刃形や斜刃形の彫器，大形の削器など，そしてマンモスやウマ，鳥類の動物遺存体が伴って出土しています（Holmes, 2001・2011; Potter et al., 2013）．ブロークン・マンモス遺跡やミード遺跡でも類例の確認が指摘されています（Saleeby, 2010）．石器群が示す特徴は，シベリアのアルダン川流域のジュクタイ洞窟出土資料を指標とするジュクタイ複合と高い共通性を示しており，シベリアから東ベーリンジアへの人類の拡散を示す証拠となる可能性が高いといえます（Holmes, 2001・2011; Saleeby, 2010; Gómez Coutouly, 2012）．ジュクタイ複合を残した集団は，シベリアから同じような生業形態と技術・行動システムを維持しながら，東ベーリンジアまで移住してきたと推定されます．

　ジョン・ホーフェッカーらは，スワン・ポイント遺跡cz4に代表されるジュクタイ複合に年代的に後続するのは，「ベーリンジア伝統」に含められる，チンダドン尖頭器を指標とするネナナ複合であると考えています（Hoffecker and Elias, 2007; Hoffecker, 2011）．ネナナ複合は，ヒーリー・レイク遺跡，チュグウォーター遺跡コンポーネントⅠ，ドライ・クリーク遺跡コンポーネントⅠ，ウォーカー・ロード遺跡，ムース・クリーク遺跡コンポーネントⅠなどから確認されています．13,700〜12,900 cal BPの年代が得られています．石刃剥離技術とともに，三角形や涙形の両面調整の尖頭器，両面調整石器，削器，掻器が認められますが，細石刃は認められないのが重要な特徴です．チンダドン尖頭器は，西ベーリンジアのベレリョフでも確認されているといわれています．

　ホーフェッカーらは一方で，ネナナ複合に後続してヤンガードリアスの時期には，デナリ複合が展開すると考えています．13,000 cal BP以降の年代値が多く得られています．この複合にはキャンパス技法と呼ばれる細石刃剥離技術が認められます．このキャンパス技法に関しては，ヤン＝アクセル・ゴメス＝クツリが詳細な工程の復元をおこなっていますが，それによれば，細石

刃核の原形は湧別技法のように両面調整石器ではなく主に厚手の剥片が用いられており，石核の整形のための調整は片面だけでなされる場合が多く，また打面作出は長軸方向への削片剥離ではなく，側方からの連続調整によってなされることが多く認められる，とのことです (Gómez Coutouly, 2012). デナリ複合には，こうした細石刃剥離技術の他に，各種の形態を示す彫器，削器，木葉形の尖頭器の組成も確認されています．ドライ・クリーク遺跡コンポーネント II, チュグウォーター遺跡コンポーネント II, フィップス遺跡，ウィットモア・リッジ遺跡などで確認されています．

また，デナリ複合（あるいはその後半段階）と時期的には併行して，基部が平坦な形態を呈する尖頭器の組成を特徴とするメサ複合が存在することも指摘されています．メサ複合は，主に北アラスカのメサ遺跡，ヒルトップ遺跡，スペイン・マウンテン遺跡などで確認されています．尖頭器の形態は，北米グレートプレインズのアゲート・ベイスン遺跡から出土している尖頭器と類似しており，年代的な関係からみて，ベーリンジア以南から北上してきた集団がメサ複合を残したと理解されています (Hoffecker and Elias, 2007). 石器の形態だけでなく石材運用など技術組織に関わる諸側面でもベーリンジアとベーリンジア以南の石器群間とをつなぐ存在であることから (Bever, 2001), 同じような行動様式をもった集団によって残されたとみてよいでしょう．

ネナナ複合などの尖頭器を主体とする石器群とデナリ複合など細石刃を主体とする石器群との関係について，ホーフェッカーやテッド・ゴーベルらは，層位的関係や年代測定値の差から時期差として理解してきました (Goebel et al., 1991; Hamilton and Goebel, 1999; Hoffecker and Elias, 2007; Hoffecker, 2011). こうした文化編年は，東ベーリンジアと西ベーリンジアとの対応関係を理解するときにも有効と見なされています．東ベーリンジアのウシュキ遺跡は，カムチャッカ半島に位置する更新世末の遺跡ですが，下層のコンポーネント 7 からは有茎の尖頭器が，上層のコンポーネント 6 からは楔形の細石刃核と木葉形の尖頭器などが出土しており，それぞれネナナ複合，デナリ複合との対応が想定されています (Goebel et al., 2003). この対比は，年代的にも整合するものと考えられており，西ベーリンジアと東ベーリンジアとの直接的関係を示す証拠と見なされてきました．

しかし，ネナナとデナリという二つの複合は，明確な時期差があるのではなく，本来は同一の集団が保有していた技術の多様性のなかに含まれるものであり，遺跡での行動の変異を反映してそうした差異は発現しているのだという解釈が提示されています (Bever, 2006). ネナナ複合よりも古い年代を示すスワン・ポイント遺跡 cz4 で細石刃技術の存在が明らかになったことで，アラスカでの細石刃技術の連続性を重視する観点から，ネナナ複合での細石刃技術の不在は見直されるべきという主張もあります (Holmes, 2001). こうした仮説には，ゴーベルらのようにネナナとデナリを異なる文化伝統とみなす観点と比較すると，アラスカでの細石刃剥離技術の消長を無理なく説明できるという利点があります．ただし近年では，ネナナ複合とデナリ複合に属する石器群での石材入手と消費の戦略の相違を技術組織論の観点から分析し，遺跡での個別的な行動の変異には還元できない差異を見出そうとする試みもあります (Graf and Goebel, 2009; Goebel, 2011).

この問題については，なお今後の議論の展開に注目が必要でしょう．

広大な対象範囲のなかで調査されている遺跡数の少なさ，それによってもたらされるサンプリング・バイアス，石器群の構成を把握するうえでの遺跡形成過程の重要性など，この地域の研究にはさらに解決していかなければならない課題が数多くあるといえます（Shott, 2013）．

こうした文化史的アプローチと機能・適応的アプローチとの間での石器群間の変異をめぐる議論は，解釈認識の前提部分からの相違に起因するので，データにもとづいた決定的な検証が難しいという問題があります．そうしたなかで，ゴメス＝クツリ（Gómez Coutouly, 2011・2012）がおこなっている動作連鎖の観点からの細石刃剥離技術の分析は，有効なアプローチではないかと思われます．彼は，デナリ複合に認められるキャンパス技法と湧別技法との技術的な比較を詳細におこない，前者は良質で大形の原石が利用できない条件下で形成された細石刃剥離技術ではないかと考え，アラスカに移住してきた集団が在地の石材環境に適応する過程で生み出されたものである，という解釈を提示しています．移住先の環境に適応していく過程で，細石刃技術の保有は続けながらも，細石刃の剥離にいたる具体的な工程には現地の石材環境にあわせた変化が起こっている一例といえるでしょうか．もし，ジュクタイ複合とデナリ複合との間に編年的にネナナ複合をおき，細石刃技術が一度消失してしまうという考えを採用するならば，細石刃剥離技術の相違についても別の解釈を用意しなければならないことは明らかでしょう．

以上をまとめると，ベーリング陸橋に関する古地理学的な状況と集団遺伝学の分析からの拡散モデルを参照すれば，考古学的に確認できるシベリアからベーリンジアにかけてのジュクタイ複合あるいはネナナ複合にかかわる石器群のひろがりは，人類の拡散に関連するものとして理解するのが妥当でしょう．この場合，生業形態や石器製作技術に関しては，比較的同一性を保ったまま広範な地域間を拡散してきたことになります．技術・行動システムを変化させることなく適応できた自然環境下にあったといえましょう．このような推定は，さまざまな古環境学的な研究成果（Brigham-Grette et al., 2004 など）とも矛盾するものではありません．

4　アラスカ以南への拡散

アラスカ以南の地域は，最終氷期最寒冷期にはローレンタイド氷床やコルディエラ氷床によってひろく覆われていました．この氷床によって，海岸沿いのルートを含め動植物の南下は妨げられていたと考えられます．この氷床にアラスカからの動植物の南下を可能とする無氷回廊が出現するのは約1.3万年前頃とされています（Goebel et al., 2008）．ちょうどその頃，北米大陸各地にはクローヴィス文化の遺跡の展開が確認されます（ここでは一般的に使用されている「クローヴィス文化」という呼称を便宜的にそのまま使うことにします）．

ブラックウォーター・ドロー遺跡やマーレー・スプリング遺跡で典型的な組み合わせが確認されているクローヴィス文化とは，両面調整で，基部に樋状の剥離をおこなう有樋尖頭器の組成を特徴とするとともに，石刃剥離技術の存在もよく認められ，削器などが一般的に組成しています．

年代的には約13,100〜12,600 cal BPの間存続していたと考えられています．同年代の南米大陸には，クローヴィス文化は分布せず，魚尾形尖頭器と呼ばれる石器を指標とする石器群の分布が確認されています（Haynes, 2002; Tankersley, 2004; Waters and Stafford, 2013）．

クローヴィス文化に関しては，無氷回廊の成立年代との符号ならびに先クローヴィスに位置づけられる考古学的証拠がいずれも信頼性に欠けていたこととあわせ，新大陸各地に最初に拡散した人類が残したものと長らくみなされてきました．これが「クローヴィス・ファーストモデル」です．

クローヴィス文化に関しては，ベーリンジアから無氷回廊を通過して，北米大陸各地に急速に拡散し，大形獣の絶滅をもたらしたのか否かは別として，移動性が高い居住形態を維持し，陸上の動物資源に主に依存していた人々が残した，地理的に均質な文化であったとする考えが有力視されてきました（Martin, 1967; Kelly and Todd, 1988）．しかし，その後，モデルで推定されていたように北から南に向けて遺跡の年代値に傾斜が認められなかったこと（Beck and Jones, 2010），またクローヴィス文化における生業や石器形態とその組成に地域的多様性が次第に明らかになってきたこと（Bonnichsen, 1991; Meltzer, 2009; Haynes and Hutson, 2013など），同時期の北米西部地域には，西部有茎尖頭器と呼ばれる特徴的な石器の組成が認められる石器群が分布し，クローヴィス文化とは別系統の文化伝統の存在が確認できることなどから（Beck and Jones, 2010），一系の集団による急速な移住・拡散というモデルを支持することは現状では困難になっています．多元的な起源に，環境変動を背景とした広域での情報伝播による形成（Bonnichsen, 1991）といった可能性も含め，複雑な形成過程を想定しなければならないでしょう．

無氷回廊の成立年代については前述した通りですが，アラスカから北西海岸への海岸沿いの回廊については，1.6〜1.5万年前頃にかけて人類の通過を可能とする状況になっていたとする考えがあります（Clague et al., 2004; Goebel et al., 2008; Waters and Stafford, 2013など）．北米最古の考古文化は長らくクローヴィス文化とされ，それ以前の先クローヴィスの考古資料の存在を認めるかどうかについては，ルイス・リーキーが調査に関係したキャリコ・ヒルズ遺跡に代表されるように，資料の年代や人工品か否かに関し長い議論があり，懐疑的な見解が主流を占めていました．

しかし，近年では，先クローヴィスの年代の人類活動の証拠となる可能性のある資料が，南米チリのモンテ・ベルテ遺跡，北米のメドウクロフト遺跡，ブルーフィッシュ洞窟，パージ・ラドセン遺跡，カクタス・ヒル遺跡，パイスリー洞窟，デブラ・L・フリードキン遺跡などから得られています（Dillehay, 1997; Adovasio and Pedler, 2004; Jenkins et al., 2013; Waters and Stafford, 2013など）．なかには詳細な報告書が刊行されていないなどの問題がある遺跡もありますが，これらの遺跡の年代測定値からみて，クローヴィス文化をさかのぼる1.5〜1.3万年前頃までの間に，新大陸に人類が拡散していた可能性は高くなっているといえるでしょう．それよりも古い年代での拡散の可否については，まだ今後の議論に委ねられています（Bonnichsen and Turnmire, 1999）．

集団遺伝学にもとづく拡散モデルと，人類が移動できる海岸沿いの回廊の成立年代を考慮に入れれば，それでも1〜3千年年程度の時間幅で，ベーリンジアから，赤道を越え，南米にまで到

達していたということになります.

　先クローヴィスに位置する考古資料の存在を認めるならば,アラスカからアラスカ以南への最初の拡散は,海岸沿いの回廊を通らなければならないことになります.以前から可能性が指摘されてきたこの海岸沿いの回廊ルートを通る拡散については (Fladmark, 1979),カナダのダリル・フィッジらにより,北西海岸,クイーンズ・シャーロット諸島のハイダ・グワイ遺跡群において「海洋適応」の発達を示すとされるいくつかの遺跡が調査されたことで,俄然,検証の可能性が高まってきています.ただし,調査では両面調整の尖頭器や「石刃様」の剥片が剥離されている石核が確認されていますが,年代的には 1.3～1 万年前にかけてのものと理解されており (Fedje et al., 2011 など),先クローヴィスの段階にかかわる拡散ルートを裏づけるまでにはいたっていません.

　南米チリのモンテ・ベルデ遺跡は,木材を組んで構築された住居施設や炉址,足跡などが確認されており,また尖頭器を含む両面調整石器や石核,礫器を組成する石器群も検出されています (Dillehay, 1997; 関, 2013).定着的な生活の様相も示す,先クローヴィスとされる遺跡のなかでも重要視されているものです.モンテ・ベルデ遺跡の調査を主導したトム・ディルヘイは,先クローヴィスの段階の移住・拡散について海岸沿いの拡散ルートを強調していますが,北米各地の内陸での先クローヴィスの人類活動の証拠を認めるならば,この段階で既にさまざまな環境への進出・適応が可能になっていたと考えておく必要があります.

　北米テキサスのデブラ・L・フリードキン遺跡から出土した,先クローヴィスに属するとされるバターミルク・クリーク複合の石器群に関して,クローヴィス文化の石器群との比較がなされ,尖頭器の基部への樋状剥離は認められないものの,両面調整の尖頭器や石刃素材の石器などについては両者間で類似する要素があることが指摘されています (Jennings and Waters, 2014).クローヴィス文化と先クローヴィスに位置する石器群との間での技術型式学的関係性が具体的に指摘されるようになったことは,大変重要でしょう.先に指摘したクローヴィス文化の地域的多様性もふまえれば,クローヴィスの成立をただ単にアラスカからの人類集団の南下によってもたらされたものとするだけの説明は,すでに成り立たない状況に至っているといえます.

　指摘されている各遺跡での先クローヴィスの存在を認めるとすると,当然のことながら「クローヴィス・ファーストモデル」で想定されてきた新大陸への最初の拡散過程,とりわけ年代や拡散ルートなどについては大幅に修正を要することになります.

　先クローヴィスとされている石器群の多くには,両面調整の尖頭器の組成が認められます.すなわち,クローヴィス文化に先行してすでに新大陸各地には両面調整の尖頭器を保有する集団が展開していたということになります.したがって,クローヴィス文化は,クローヴィス文化以前から北米大陸各地に居住していた集団とアラスカから無氷回廊を通過して移住してきた集団との間での接触によってもたらされた相互作用によって成立したとみることもできます.これにより,短期間存続していたにすぎないクローヴィス文化の生業や石器形態にみる地域的多様性,あるいは西部有茎尖頭器を伴う石器群の成立過程を説明することがより容易となるかもしれません

(Willig, 1991). ただし, スワン・ポイント遺跡cz4を除き, 先クローヴィスに併行する段階のベーリンジアの様相が不明であることが大きな問題となります.

　クローヴィス文化成立の系譜については, ベーリンジアのネナナ複合をその起源とみなす見解が規範的な文化史復元の視点から示されてきました (Goebel et al., 1991; Hoffecker et al., 1993). 両者は年代的には近接する一方で, 樋状の剥離を有する有樋尖頭器がネナナ複合に認められないこと, また尖頭器の平面形態が異なることは, 文化的な系統関係を否定する論拠ともされてきました (Shott, 2013). このような批判もまた, 規範的な文化史復元の立場からの言及といえるでしょう. ネナナ複合とデナリ複合を単なる時間差ではなく, 一集団が保有する技術体系の構成要素のなかに含まれるものとし, 遺跡での活動内容の差異に起因して発現するものと理解するならば, なおさらベーリンジアより南の地域でなぜ細石刃技術がクローヴィス文化の段階に発現しなかったのか, が説明されなければならないことになります. 両面調整石器技術と細石刃技術が同一もしくは近接した時空間のなかに存在し, ときに密接に関係する北東アジアの後期更新世で, 両者の時空間の関係を整理し, 発現のコンテクストを整合的に説明できるモデルが提示できれば, この地域の問題にも重要な示唆を与えられることは間違いないでしょう.

　石器の形態や製作技術を地域間で比較して共通する石器群の分布を見出し, 年代や他分野 (形質人類学や集団遺伝学, 歴史言語学など) から導出されたモデルとの整合性も考慮しながら, それを人類の拡散や移住と関係づけて解釈していくことは, 一概に否定されるべきことではないと思います. 前述したジュクタイ複合に関する解釈は, そうした視点の有効性を示す一例と考えられます. しかし, まったく同一の石器群が確認されなかったからといって, 言い換えれば, 石器の形態や製作技術に差異が認められたからといって, 拡散や移住の存在を否定する根拠にはなりえないことも確認しておきたいと思います (Meltzer, 2009: 184).

　クローヴィス文化成立前後の段階でのベーリンジアとベーリンジア以南の石器群との間では, 細石刃技術だけでなく有樋尖頭器の有無など, 石器の形態や製作技術において無視できない差異が認められますが (Beck and Jones, 2010; Shott, 2013), 拡散した先での自然環境の変異に応じ, 生業や行動体系が変化すれば, それに対応して石器群の組成や製作技術にも変化が生じることは当然考えておくべき事柄ではないかと思われます. 先クローヴィスに位置づけられている石器群を残していた人々との間での接触現象による文化的な相互作用が仮にあったと考えるならば (Bonnichsen, 1991), 無氷回廊の出現とともにベーリンジアから南下してきた集団が, その故地と同じ石器文化伝統を維持していたという前提自体が疑わしいことになります. 拡散の過程で石器文化伝統のどのような部分は維持され, どのような部分は変化が起きたのか, という難しい問題が議論されねばならないでしょう.

5　新人の拡散と石器群の異同

　ここまでの議論をまとめます．ベーリンジアをまたがるシベリアからアラスカへの拡散時においては，技術型式学的に共通した石器群が残されていることが追跡できました．技術・行動システムの同一性が比較的保たれていたことが推定されます．年代や空間的位置の近接性からみて，こうした現象が認められる理由に人類集団の拡散を想定することには一定の蓋然性が認められてよいでしょう．同じような現象は，新人の出アフリカからユーラシア各地への拡散に伴っても確認することが期待できます．ただし，その際には石器群の共通性だけでなく，地理的位置関係，年代的関係や拡散を可能とする古環境についての精査が必要であることはいうまでもありません．このことは，石器の形態や製作技術の類似性から提起されたソリュートレ文化の北米への伝播仮説（Stanford and Bradley, 2012）が，年代のギャップ，拡散ルート上の古環境と生業形態との関係などを合理的に説明できなかったこと（O'Brien et al., 2014 など）から得ることができる「教訓」です．

　一方で，アラスカとアラスカ以南の間では，他分野の研究成果から導かれた拡散モデルにおいて，約 1.6～1.2 万年前までの間に人類集団の南下という拡散現象が予測されているにもかかわらず，かねてから認識されてきたように（West, 1981），当該地域間では石器の形態や製作技術に強い共通性を確認することができませんでした．北米のクローヴィス文化あるいは南米の魚尾形尖頭器を伴う石器群，そして先クローヴィスの石器群の系譜を，石器の形態や製作技術にみる同一性を根拠として，ベーリンジア，そして北東アジア諸地域に見出そうとすることは，現状では困難であることが指摘できます．なぜ，このようなことが起こっているのでしょうか．

　こうした問いに対して現状で示しえる答えの一つとしては，まだベーリンジアやベーリンジア以南に既存のものよりも古い未知の石器群があるのではないか，という予測があります．広大な地理的範囲のなかで数少ない遺跡資料をもとに議論が組み立てられている現状をふまえれば，その可能性を強く否定できるわけではありません．実際，アラスカ以南での先クローヴィスの存在と指摘されている年代を認めるならば，アラスカでもより古い年代を示す石器群の存在が予測されるので，先クローヴィスの石器群との対比は今後の資料の発見に待たなければならないのは確かでしょう．

　一方で，先クローヴィスの石器群の確認により問題がより複雑化していることは間違いありませんが，新大陸への新人による最初の拡散が現在確認されている考古資料のいずれかに反映されていると仮定すれば，異なる地域間での対比の考え方にこそ問題があることになります．これまでの研究では，石器の形態や製作技術にみる同一性と系統的な関係との間には対応関係があることを前提に議論がなされてきました．しかし，拡散の過程での物質文化の変容の問題を考慮にいれなければ，例えば南米の魚尾形尖頭器を伴う石器群の成立は説明が困難となるでしょう．自然環境が大きく異なるベーリンジアとベーリンジア以南とで，拡散時の石器群には変化が生じてい

ると想定する方が，むしろ合理的ではないかと思われます．

　ここでは，上述した二点の問題をふまえつつも，むしろクローヴィス文化に併行する段階，あるいは先クローヴィスの段階でも，新大陸のさまざまな環境にまたがる広域にわたって，石器製作技術の基盤に「両面調整石器技術」が認められる石器群の分布が確認されている点を重要視すべきではないか，ということを指摘しておきます．クローヴィス文化が展開していた段階に限っても，両面調整石器技術から狩猟具や切削具として複数の目的に利用可能な尖頭器が作り出されるとともに，その過程で剥離された剥片が各種の剥片石器の素材になっているという点に関して，年代的に同一段階に位置づけられる，アラスカのネナナ複合，北米のクローヴィス文化とそれに関連すると考えられている諸複合，そして南米の魚尾形尖頭器を持つ石器群の間には共通性が認められるといえます．ただし，作り出されている尖頭器の形態や調整技術，伴う石器の器種には，地域に応じて差異がみられるということです．

　新大陸では完新世になると，環境変動に応じ農耕の出現を含めた著しい生業形態の変化が起こっており，また居住形態における定着性の高まりもみられるようになります．そして，文化伝統における地域的多様性が爆発的に拡大していきます．そうした多様性と比較すると，ここで確認された同一性が認められる石器群のひろがりはきわめて注目すべき現象といってよいでしょう．広域の範囲に拡散していった人類集団が，地域に応じて異なる更新世の自然環境に対処していく拡散後の初期の「適応段階」では，一部の石器形態や組成には変異を含みつつも，石器製作技術の基盤となる概念はひろく共有されていたという現象は，新人の拡散時における文化的適応のパターンとして，今後，他時期・他地域の事例とも比較しながら，その意義を考察していく必要がありそうです．＊

＊　本稿は，交替劇第9回研究大会シンポジウム『「交替劇」問題を解く鍵—新人拡散，社会・文化変化，多様性』（2014年5月10-11日，於：東京大学理学系研究科小柴ホール）における講演録「大陸への新人拡散：「交替劇」への示唆」に加筆して作成したものである．

引用文献

関　雄二（2013）最初のアメリカ人の移動ルート．印東道子編，人類の移動誌．臨川書店，京都，pp. 206-218.

篠田謙一（2013）DNAから追及する新大陸先住民の起源．印東道子編，人類の移動誌．臨川書店，京都，pp. 219-231.

西秋良宏（2014）現生人類の拡散と東アジアの旧石器．季刊考古学，126: 33-36.

Adovasio J.M. and Pedler D.R. (2004) Pre-Clovis sites and their implications for human occupation before the Last Glacial Maximum. In: Madsen D. (ed.) Entering America: Northeast Asia and Beringia before the Last Glacial Maximum. University of Utah Press, Salt Lake City, pp. 139-158.

Beck C. and Jones G.T. (2010) Clovis and Western Stemmed: population migration and the meeting of two technologies in the Intermountain West. American Antiquity, 75: 81-116.

Bever M. (2001) Stone tool technology and the Mesa complex: developing a framework of Alaskan Paleoindian prehistory. Arctic Anthropology, 38(2): 98-118.

Bever M. (2006) Too little, too late?: the radiocarbon chronology of Alaska and the peopling of the America. American Antiquity, 71: 595-620.

Bonnichsen R. (1991) Clovis origins. In: Bonnichsen R. and Turnmire K.L. (eds.) Clovis: Origins and Adaptations. Center for the Study of the First Americans, Oregon State University, Corvallis, pp. 309-329.

Bonnichsen R. and Turnmire K.L. (1999) An introduction to the peopling of the Americas. In: Bonnichsen R. and Turnmire K.L. (eds.) Ice Age People of North America: Environments, Origins, and Adaptations. Oregon State University Press, Corvallis, pp. 1-26.

Brigham-Grette J., Lozhkin A.M., Anderson P.M. and Glushkova O.Y. (2004) Paleoenvironmental conditions in western Beringia before and during the Last Glacial Maximum. In: Madsen D. (ed.) Entering America: Northeast Asia and Beringia before the Last Glacial Maximum. University of Utah Press, Salt Lake City, pp. 29-61.

Brubaker L.B., Anderson P.M., Edwards M.E. and Lozhkin A.V. (2005) Beringia as a glacial refugium for boreal trees and shrubs: new perspectives from mapped pollen data. Journal of Biogeography, 32: 833-848.

Clague J.J., Mathewes R.W. and Ager T.A. (2004) Environments of Northwestern North America before the Last Glacial Maximum. In: Madsen D. (ed.) Entering America: Northeast Asia and Beringia before the Last Glacial Maximum. University of Utah Press, Salt Lake City, pp. 63-94.

Dillehay T.D. (1997) Monte Verde: A Late Pleistocene Settlement in Chile, Vol. 2. The Archaeological Context. Smithsonian Institution Press, Washington D.C.

Fedje D., Mackie Q., Smith N. and McLaren D. (2011) Function, visibility, and interpretation of archaeological assemblages at the Pleistocene/Holocene transition in Haida Gwai. In: Goebel T. and Buvit I. (eds.) From Yenisei to the Yukon: Interpreting Lithic Assemblage Variability in Late Pleistocene/Early Holocene Beringia. Texas A and M University Press, College Station, Texas, pp. 323-342.

Fladmark K.R. (1979) Routes: alternative corridors for early man in North America. American Antiquity, 44: 55-69.

Goebel T. (2011) What is the Nenana complex? raw material procurement and technological organization at Walker Road, central Alaska. In: Goebel T. and Buvit I. (eds.) From Yenisei to the Yukon: Interpreting Lithic Assemblage Variability in Late Pleistocene/Early Holocene Beringia. Texas A and M University Press, College Station, Texas, pp. 199-214.

Goebel T., Powers W.R. and Bigelow N. (1991) The Nenana complex of Alaska and Clovis origins. In: Bonnichsen R. and Turnmire K.L. (eds.) Clovis: Origins and Adaptations. Center for the Study of the First Americans, Oregon State University, Corvallis, pp. 49-79.

Goebel T., Waters M.R. and Dikova M. (2003) The archaeology of Ushki Lake, Kamchatka, and the Pleistocene peopling of the Americas. Science, 301: 501-505.

Goebel T., Waters M. and O'Rourke D.H. (2008) The Late Pleistocene dispersal of Modern Humans in the America. Science, 319: 1497-1502.

Gómez Coutouly Y.A. (2011) Identifying pressure flaking modes at Diuktai cave: a case study of the Siberian Upper Paleolithic microblade tradition. In: Goebel, T. and Buvit, I. (eds.) From Yenisei to the

Yukon: Interpreting Lithic Assemblage Variability in Late Pleistocene/Early Holocene Beringia. Texas A and M University Press, College Station, Texas, pp. 75-90.

Gómez Coutouly Y. A. (2012) Pressure microblade industries in Pleistocene-Holocene interior Alaska: current data and discussions. In: Desrosiers P.M. (ed.) The Emergence of Pressure Blade Making: From Origin to Modern Experimentation. Springer, New York, pp. 347-374.

Graf K.E. and Goebel T. (2009) Upper Paleolithic toolstone procurement and selection across Beringia. In: Adams B. and Blades B.S. (eds.) Lithic Materials and Paleolithic Societies. Wiley-Blackwell, West Sussex, pp. 54-77.

Greenberg J.H., Turner C. and Zegura S. (1986) The settlement of the Americas: a comparison of the linguistic, dental, and genetic evidence. Current Anthropology, 27: 477-497.

Guthrie R.D. (1984) The evidence for Middle Wisconsin peopling of Beringia. Quaternary Research, 22: 231-241.

Hamilton T.D. and Goebel T. (1999) Late Pleistocene peopling of Alaska. In: Bonnichsen R. and Turnmire K. L. (eds.) Ice Age People of North America: Environments, Origins, and Adaptations. Oregon State University Press, Corvallis, pp. 156-19.

Haynes G. (2002) The Early Settlement of North America: The Clovis Era. Cambridge University Press, Cambridge.

Haynes G. and Hutson J.M. (2013) Clovis-era subsistence: regional variability, continental patterning. In: Graf K.E., Ketron C.V. and Waters M.R. (eds.) Paleoamerican Odyssey. Center for the Study of the First Americans, Texas A and M University, College Station, Texas, pp. 293-309.

Hoffecker J.F. (2011) Assemblage variability in Beringia: the Mesa factor. In: Goebel T. and Buvit I. (eds.) From Yenisei to the Yukon: Interpreting Lithic Assemblage Variability in Late Pleistocene/Early Holocene Beringia. Texas A and M University Press, College Station, Texas, pp. 165-178.

Hoffecker J.F., Powers W.R. and Goebel T. (1993) The colonization of Beringia and the peopling of the new world. Science, 259: 46-53.

Hoffecker J.F. and Elias S.A. (2007) Human Ecology of Beringia. Columbia University Press, New York.

Holmes C.E. (2001) Tanana river valley archaeology circa 14,000 to 9,000 BP. Arctic Anthropology, 38: 154-170.

Holmes C.E. (2011) The Beringian and Transitional periods in Alaska: technology of the East Beringian tradition as viewed from Swan Point. In: Goebel T. and Buvit I. (eds.) From Yenisei to the Yukon: Interpreting Lithic Assemblage Variability in Late Pleistocene/Early Holocene Beringia. Texas A and M University Press, College Station, Texas, pp. 179-191.

Hopkins D.M., Smith P.A. and Matthews V.J. (1981) Dated wood from Alaska and the Yukon: implications for forest refugia in Beringia. Quaternary Research, 15: 217-249.

Jenkins D. et al. (2013) Geochronology, archaeological context, and DNA at the Paisley Caves. In: Graf K.E., Ketron C.V. and Waters M.R. (eds.) Paleoamerican Odyssey. Center for the Study of the First Americans, Texas A and M University, College Station, Texas, pp. 485-510.

Jennings T.A. and Waters M.R. (2014) Pre-Clovis lithic technology at the Debra L. Friedkin site, Texas: comparisons to Clovis through site-level behavior, technological trait-list, and cladistics analysis. American

Antiquity, 79: 25-44.

Kelly R.L. and Todd L.C. (1988) Coming into the country: early Paleoindian hunting and mobility. American Antiquity, 53: 231-244.

Kitchen A., Miyamoto M.M. and Mulligan C.J. (2008) A three-stage colonization model for the peopling of the Americas. PLoS ONE, 3(2): e1596.

Largent Jr. F. (2004) Early Americans in Eastern Beringia: pre-Clovis traces at Swan Point, Alaska. Mammoth Trumpet, 20(1): 4-7.

Martin P. (1967) Prehistoric overkill. In: Martin P.S. and Wright Jr. H.E. (eds.) The Search for a Cause. Yale University Press, New Haven and London, pp. 75-120.

Meltzer D.J. (2009) First Peoples in a New World: Colonizing Ice Age America. University of California Press, Berkeley.

Mulligan C.J. and Kitchen A. (2013) Three-stage colonization model for the peopling of the Americas. In: Graf K.E., Ketron C.V. and Waters M.R. (eds.) Paleoamerican Odyssey. Center for the Study of the First Americans, Texas A and M University, College Station, Texas, pp. 75-120.

O'Brien M.J., Boulanger M.T., Collard M., Buchanan B., Tarle L., Straus L.G. and Eren M.I. (2014) On thin ice: problems with Stanford and Bradley's proposed Solutrean colonization of North America. Antiquity, 88: 606-613.

Pitbalbo B.L. (2011) A tale of two migrations: reconciling recent biological and archaeological evidence for the Pleistocene peopling of the Americas. Journal of Archaeological Research, 19: 327-375.

Pitul'ko V.V. (2010) The Berelekh quest: a review of forty years of research in the Mammoth Graveyardin Northeast Siberia. Geoarchaeology, 26: 5-32.

Pitul'ko V.V., Nikolsky P.A., Girya E.Yu., Basilyan A.E., Tumskoy V.E., Koulakov S.A., Astakhov S.N., Pavlova E.Yu. and Anisimov M.A. (2004) Yana RHS site: humans in the arctic before the Last Glacial Maximum. Science, 303: 52-56.

Potter B.A., Holmes C.E. and Yesner D. (2013) Technology and economy among the earliest prehistoric foragers in interior Eastern Beringia. In: Graf K.E., Ketron C.V. and Waters M.R. (eds.) Paleoamerican Odyssey. Center for the Study of the First Americans, Texas A and M University, College Station, Texas, pp. 541-560.

Raff J.A. and Bolnick D.A. (2014) Genetic roots of the first Americans. Nature, 506: 162-163.

Saleeby B. (2010) Ancient footprints in a new land: building an inventory of the earliest Alaskan sites. Arctic Anthropology, 47(2): 116-132.

Shott M.J. (2013) Human colonization and Late Pleistocene lithic industries of the Americas. Quaternary International, 285: 150-160.

Stanford D. and Bradley B.A. (2012) Across Atlantic Ice. University of California Press, Berkeley.

Tamm E., Kivisild T., Reidla M., Metspalu M., Smith D.G., Mulligan C.J., Bravi C.M., Richards O., Martinez-Labarga C., Khusnutdinova E.K., Fedorova S.A., Golubenko M.V., Stepanov V.A. and Malhi R.S. (2007) Beringian standstill and spread of native American founders. Plos ONE, 2(9): e829.

Tankersley K.B. (2004) The concept of Clovis and the peopling of North America. In: Barton M.C., Clark G.A. and Yesner D.R. (eds.) Settlement of the American Continents: A Multidisciplinary Approach to

Human Biogeography. The University of Arizona Press, Tucson, pp. 49-63.

Turner C.G. (1985) The dental search for native American origins. In: Kirk R. and Szathmary E. (eds.) Out of Asia: Peopling of the America and the Pacific. Journal of Pacific History, Canberra, pp. 31-78.

Waters M. R. and Stafford Jr. T.W. (2013) The first Americans: a review of the evidence for the Late-Pleistocene peopling of the Americas. In: Graf K.E., Ketron C.V. and Waters M.R. (eds.) Paleoamerican Odyssey. Center for the Study of the First Americans, Texas A and M University, College Station, Texas, pp. 81-104.

West F.H. (1981) The Archaeology of Beringia. Columbia University Press, New York.

Willig J. A. (1991) Clovis technology and adaptation in Far North America: regional pattern and environmental context. In: Bonnichsen R. and Turnmire K.L. (eds.) Clovis: Origins and Adaptations. Center for the Study of the First Americans, Oregon State University, Corvallis, pp. 91-118.

Yesner D.R., Barton C.M., Clark G.A. and Pearson G.A. (2004) Peopling of the Americas and continental colonization: a millennial perspective. In: Barton C.M., Clark G.A. and Yesner D.R. (eds) The Settlement of the American Continents: A Multidisciplinary Approach to Human Biogeography. The University of Arizona Press, Tucson, pp. 196-213.

日本列島旧石器時代の文化進化

仲田　大人

はじめに

　新人拡散期の石器伝統の変化について，日本列島，とくに本州中央部を例にして話を進めてみます．発表のねらいは，新人の出現による文化変化とか技術変化あるいは技術革新の画期が日本列島でいつ頃見られるのか，これを調べてみることです．といいますのも，一般的に旧人ネアンデルタールの石器文化は変化が比較的緩やかで，それに対して新人サピエンスのそれは変化に富むことが多いことが知られています．これは極端なモデル化かも知れませんが，しかしこのモデルから日本列島の旧石器文化をみていくとすれば，いったいどんな傾向が捉えられるか調べてみる価値はあります．周知のように日本旧石器時代の担い手についてはよく判っていません．3.8万年前あたりから石器文化が残されるようになりますが，その初期の居住民は新人だったのでしょうか．あるいは東アジアの旧人か原人だったのでしょうか．いずれも断定はできません．人骨情報がないので，担い手については見当がつかないわけです．ならば，いま述べたような文化進化の変化の具合からその担い手について考えてみることは意味のある作業だと思います．この発表では日本列島旧石器時代が誰の手によって残された石器文化なのか見ていくために，文化進化の内容を考察してみます．

　文化変化を調べていくためには石器文化を示標としてこれを検討することが必要になります．しかし日本列島ではヨーロッパや西アジアほど石器インダストリーが細かく緻密に定義されているとは言い難い．なので，このテーマを考えるにあたって，石の動き，黒曜石やチャートといった石器石材に注目して集団の動きをとらえ，その変化の画期がどのあたりに見られるのか，そこから論じてみたいと思います．

1　黒曜石利用の変化

　日本列島でいま一番古い石器群は，3.8～3.6万年前に遡る一群です．もちろんこれ以前にも古い石器群として議論されているものがあります．けれども出土層位や年代が明確なもので4万年よりも古い遺跡群はいまのところ不明です．それ以前のものがないわけではなくて，議論が進行中であるということです．ここでは3.8万年という値を一番古い段階の石器群の年代としておきたいと思います．今から述べるのは，この3.8万年前ないし3.6～3万年前の石器群と3～2万

年前の，この二つの時期の石材利用のあり方です．

　ここで注目するのは石材利用と居住形態についてです．とくに石の動きから集団の行動変化に迫りたいと思います．それを黒曜石という石材から調べてみます．黒曜石は化学的な分析方法を用いることで確率論的な意味でその原産地の推定が可能です．その結果をもとに，この黒曜石は一体どこの産地のものか考古科学では議論されています．関東地方およびその周辺に残された遺跡の黒曜石について見てみると，もっとも主体的に利用されるのは長野県にある和田峠の黒曜石です．関東地方から和田峠までは直線で100～200 kmほどの距離にあります．天城柏峠産，箱根産のものは伊豆・箱根系という括りで表記されることがあります．それから高原山のものがあります．栃木県にある原産地遺跡で，かなり広い範囲でこの黒曜石が使われているようです．そして多くの旧石器考古学者が注目するのは，神津島の黒曜石の利用です．神津島を中心として，関東地方のなかでもから山梨県のあたりまでこれもまた200 kmの範囲で利用されています．神津島の黒曜石になぜ考古学者たちが注目するかというと，いま紹介した他の原産地とは違い，現在もまた過去においても神津島は本州と海を隔てた原産地であって，何らかの渡航術を知らなければその産地まで行くことができないからです．海を挟んだ場所の黒曜石が使われているということは，何かしらの航海手段によって海洋に出て，神津島までわざわざ取りにいって陸揚げして利用するという複雑な石材利用をしていることを示します．それが一定の範囲で繰り返して獲得されているということは，居住地から離れた遠距離産地を生活領域に組み入れていたことになります．確立した石材獲得計画がすでにあったことを示す重要な証拠になるわけです．しかも船などを使って海に出て資源を獲得する行動は現代人に特有といわれています．神津島の黒曜石が使われているということは，当時の旧石器時代人がすでに海洋技術を備え，しかもこの産地の石材を計画的に獲得していたことを示す世界的に見ても面白い現代人的行動の証拠になります．

　黒曜石は各産地のものが組み合わさって利用されることがふつうです．たとえば関東地方の相模野台地を例にとってみると，3.6～1.6万年前くらいにかけていくつもの産地の物を組み合わせながら，旧石器時代人が黒曜石を利用していたことが知られています．いくつかの産地の黒曜石を利用するということは，その産地間を人が頻繁に動いたとか，あるいは黒曜石そのものが流通したことだとか，そうした集団の動き，もっと大胆に言ってしまえば一つの社会のあり方を示す指標として黒曜石の原産地の同定結果を用いることができます．そこで，この黒曜石の動きをとりあげて，3.8万年前前後，つまり日本列島に最初に居住者がやってきた頃と，最終氷期最寒冷期を迎えていく3万年前以降の黒曜石利用のあり方を見てみたいと思います．

2　日本列島初期居住民の石材利用

　後期初頭，すなわち3.8万年前に日本列島に最初にやってきた人々が用いていた黒曜石とはどんなものだったでしょうか．これを愛鷹・箱根地域の例で見てみましょう．この地域では今のところ日本で最も古い，確実に古い石器群が見つかっています．その石器群の黒曜石産地をあげて

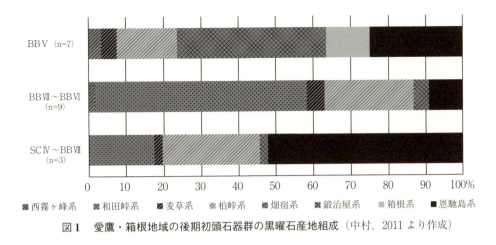

図1 愛鷹・箱根地域の後期初頭石器群の黒曜石産地組成（中村，2011 より作成）

みました（図1）．調査例も限られているので母数は少ないのですが，全般的な傾向としては一つの産地に偏るというあり方ではなくて，長野県の和田峠のものや静岡県柏峠，これは伊豆半島にある産地ですが，それらの産地の石を使っていることがわかります．また神津島の黒曜石がすでに利用されていることも注目されます．同じ後期初頭でも，少し新しくなって3.6万年前では和田峠産の比率が多くなっているようです．反対に，柏峠産の比率が少し下がっています．このように愛鷹・箱根地域の集団も必ずしも生活地に近い産地を利用するばかりでなく，広い範囲にまたがって黒曜石を獲得し生活していたようです．例として，沼津市にある井出丸山遺跡の事例を見てみます（原田，2011）．この遺跡で使われている黒曜石を調べると，遺跡から100km以上離れている和田峠や神津島のものが使われています．それだけではなくて岐阜県の湯ヶ峰産とされるハリ質安山岩，これは下呂石という呼び名で有名ですが，それも石器石材として持ち込まれていたことが判明しています．遺跡からは100km離れた距離の石材です．このように井出丸山遺跡には概ね100～150kmくらい遺跡から離れた原産地の石をよく利用していることがわかります．日本列島の初期の居住者はかなり広い範囲を行動する生活戦略をとっていたことを石の動きから推理できるわけです．

同じく日本列島の中でも古い時期の遺跡群が見つかっている関東地方に目を転じてみましょう．武蔵野台地の黒曜石の利用のあり方を見てみます（図2）．武蔵野台地の場合は，石器群21，石器総数は4,767点集計されています（島田，2010）．そのうち黒曜石は4遺跡でしか利用されておらず，その点数もわずかに191点ほどしか見つかっていません．これは石器群全体でみたときの4.1％ぐらいです．武蔵野台地の場合，愛鷹・箱根地域とは異なって黒曜石利用はさほど活発ではなかったことが理解できます．最近になって武蔵野台地の石器群の黒曜石産地について新しい知見が加わりました．東京都武蔵台遺跡の立川ローム層Xa層石器群のものです．年代では3.6万年前頃の石器群と考えられます．それから同じく東京都多摩蘭坂遺跡第8地点のもので，これも武蔵台遺跡とほぼ同じ頃の石器群です．これら二つの石器群でみつかっている黒曜石の産地が調べられています（比田井ほか，2012）．それをみると武蔵台遺跡の居住者もすでに信州和田峠産

84　Ⅱ　文化の交替劇 —新人遺跡が語るモデル—

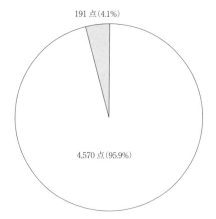

石器群数：21，n＝4761：黒曜石は4石器群で確認

図2　武蔵野台地立川ローム層X層段階の石材利用（島田，2010より作成）

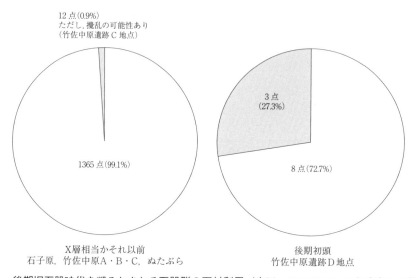

X層相当かそれ以前　　　　　　　　　　後期初頭
石子原，竹佐中原A・B・C，ぬたぶら　　竹佐中原遺跡D地点

図3　後期旧石器時代を遡るとされる石器群の石材利用（島田，2010のデータを改変して作成）

の黒曜石を利用していることがわかります．それから蓼科麦草峠産のものもあります．そして僅か1点ですが神津島産の黒曜石が含まれています．多摩蘭坂遺跡の黒曜石は霧ケ峰産，高原山産の黒曜石が多くを占めています．そこに柏峠産が加わって，やはり神津島産黒曜石が利用されています．両遺跡とも武蔵野台地に残された遺跡ですが，武蔵野台地を中心として広い範囲を動きながら黒曜石を獲得していたことが判明しました．

　では，武蔵野台地立川ロームX層石器群よりも古いと考えられる石器群はどうでしょうか（図3）．その石器群では黒曜石がほとんど使われないようです．円グラフには若干示されていますが，これは層位の攪乱によって混じり込んだものとされています．それを排除すると，地元の石材がほぼ100％利用される傾向が捉えられます．長野県竹佐中原遺跡では，後期を遡ると見ら

れている石器群では黒曜石の利用はありませんが、後期初頭段階になると黒曜石が使われるようになり、愛鷹・箱根地域や武蔵野台地の石器群とよく似たあり方が見てとれます。このように日本列島の初期居住者たちは、利用の多寡はあるにせよ黒曜石を利用しているし、それだけではなくてもうすでにどこに黒曜石の産地があるかも熟知し、それらを組み合わせて利用していたわけです。このように後期旧石器時代の始まりとともに黒曜石利用が活発化している様相は日本列島の特徴の一つとしてあげてもよいでしょう。

3 石器技術と石材利用行動

この時期、居住者たちはどんな石器を使っていたのでしょうか。初期の石刃技術が復元されている長野県八風山II遺跡を見てみます（須藤編，1999）。この遺跡はガラス質黒色安山岩の原産地に位置しており、遺跡内で非常に大きな原石を用いて石核素材を製作している状況が豊富な接合資料によって示されています。この遺跡では、石核の小口面から縦に長い素材を打ち取りそれをナイフ形石器の素材とする石器作りをしており、その実際の製作順序も豊富な接合資料から示されています。それをもとに石材利用のあり方もまた具体的に捉えることができます。その内容をグラフで示しました（図4）。右側に伸びる棒は、遺跡内で製作された痕跡をもつ石器の数量です。左側の棒は、別のどこかからこの遺跡に持ち込まれて残された石器の数量です。左右の棒グラフを比較してみると、原産地付近にある遺跡内で石割りされたものが多く残されていることがわかりますが、仕上げられた状態の製品は少ないことに気づきます。この時期は、ふだんの生活地ではなくそこから離れた石材の豊富にとれる場所で石器を集中的に打ち割り、そしてそこで得られ

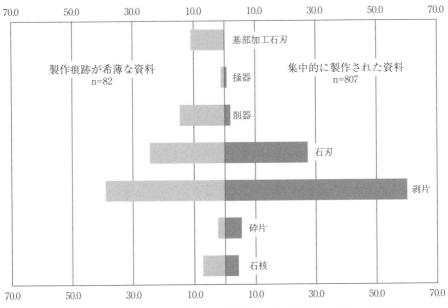

図4　八風山II遺跡の石器製作状況（須藤編，1999より作成）

86　Ⅱ　文化の交替劇 ―新人遺跡が語るモデル―

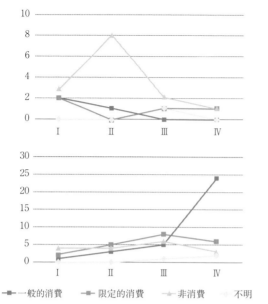

図5　ガラス質黒色安山岩の利用状況（山岡・田村, 2009 より作成）
上：下総台地, 下：武蔵野台地

た素材や製品を生活地へ持ち運んで利用するというあり方が一般的であったわけです．中部・関東地方ではこうした石割り行動が 3.8～3 万年前までかなり長く続くことがわかっています．

最近報告された黒色頁岩産地の事例も興味深いものです（山岡・田村, 2009）．これは群馬県にある赤谷層産の石材利用を通時的に調べています．赤谷層露頭から川へ流れ出た転石が集積する場所を大宮台地や武蔵野台地そして下総台地の居住者たちが石器作りによく利用します．この産地のガラス質黒色安山岩は非常に質が良く，この石材を使って真正の石刃技法，つまりプリズム型石核を準備し，整った形状の石刃がとられています（国武, 2005）．割りとられた素材は遺跡からまた別の遺跡へと大切に持ち運ばれていきます．そういう素材利用の行動がもっともよくつかめるのが下総台地で，図5 の折れ線グラフが示すのは，その赤谷層産の黒色頁岩が打ち割られて，その素材ないしは製品を単体で持ち込んで残している比率です．数字は各時期を表していて，左から右に時期が新しくなっていきます．Ⅰ期とされた後期初頭からⅢ期すなわち旧石器時代の中頃にかけてこの黒色頁岩が頻繁に単体で運ばれて遺跡にもたらされていることがわかります．生活地から離れたところにある良質石材を素材として持ち運ぶというこうした傾向は上で述べた八風山Ⅱ遺跡と似た行動パタンで，外来の良質石材で石器作る場合，非常に長期間にわたって関東地方の居住者たちは素材を持ち運ぶという利用行動を継続させてきたわけです．

そして 3.8～3 万年前の間でもっとも特徴的な考古学的証拠として，環状ブロックと呼ばれる特異な石器製作の跡があります．一つ例をあげてみます．栃木県上林遺跡の環状ブロックは現在知られているこの類いの遺構のなかではもっと規模の大きいものです（出居編, 2005）．確認できた石器ブロック群の分布範囲は 70×60 m ほどになります．こんなに規模の大きい石割り跡がはたして一度に形成されたのか，それとも随時この場所を利用するなかで徐々に形成されたものか議論ははっきりしていません．しかし，これほどまでに大きい石割りの跡というものが後期旧石器初頭のユーラシアの旧石器遺跡には見当たりません．上林遺跡の環状ブロック群に残された石材を詳しく見てみると，円環の西側と東側で使われている石材が全く違います（出居, 2006）．この遺跡でもっとも多く使われている石材はチャートです．それから黒曜石も 1 割程度ですがあり

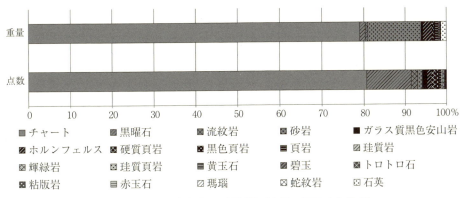

図6　栃木県上林遺跡の石材利用（出居，2006より作成）

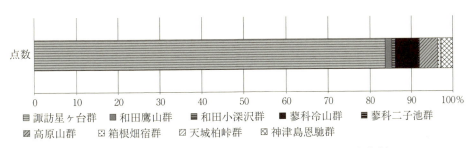

図7　栃木県上林遺跡の黒曜石産地組成（出居，2006より作成）

ます（図6）．黒曜石を産地別に見てみると，長野県の諏訪星ヶ台産の黒曜石を多く使っているようです（図7）．この産地のものだけで全体の80％を越える割合になっています．この諏訪星ヶ台産も含めた信州産黒曜石をすべて合わせてみると実に90％にも達します．そのほかの産地の黒曜石はごく少量しか見つかっていないわけですが，それでも高原山産，神津島産など上林遺跡からは距離を隔てた産地の黒曜石がこの遺跡にもたらされています．こうした事実からも，後期旧石器時代初頭の段階にはすでに広い範囲にわたって居住者集団が動いていたことがわかります．

　3.8～3万年までの後期旧石器時代前半期の居住者集団は，広範囲を遊動して原産地付近で集中的な石割りを行なって，それを随時自分たちの居住地に持っていく行動を採用していました．頻繁に遊動をしていたこともあって，この間は遺跡数も遺構数もさほど多い状況とは言えません．しかし3万年前以降になるとそうした様相に変化が見えてきます．石割り行動のほか，石器ブロックや礫群といった遺構の数が3万年以前に比べてより増えていきます．

4 最終氷期最寒冷期の石材利用行動

立川ローム層X〜VII層あたりの石器群と比べて，後期旧石器時代の中頃から後半期には遺跡数や遺構数が顕著な増加を示します．図8は相模野台地と武蔵野台地ものですが，関東地方全般で見た場合，北関東の遺跡は相対的に少ないことが指摘できます．それに比べて南関東の遺跡は，埼玉県，千葉県，それから東京，多摩丘陵，それから神奈川，東海地域も含めて遺跡数の多さが目立ちます．

この理由の一つとして，集団の移動がこの一時に活発化したことが考えられます．遺跡数がぐんと上がるこの時代は，ちょうどこれから最終氷期最寒冷期に入っていく，つまり非常に寒い時期へ突入していく環境の変化期にあたります．この頃に，それまで旧石器時代人が依存していた大型獣は死滅に追いやられ，それ以外の動物たちも快適な環境をもとめて移動していった，そういう時期です．南関東地方は非常に開けた場所です．狩りに適した地域と言えるわけですが，そのような所に動物を追いかけながらあちらこちらから集団がやって来た．そしてその結果，遺跡数の違いとなって現れているのだと考えられます．その一方で，この時代は地域ごとに石器群の地域性が顕在化することも知られています．それまでの時期が広範囲に移動しているがゆえに，概して変化をほぼ伴わない石器群を残す時期であったのに対し，それ以降は地域社会が出来上がる時代へと移ります．そうした変化は石器型式，たとえばナイフ形石器や角錐状石器などの突刺具，あるいはスクレイパーなどの切削具などにスタイル性をもたらすことになります．

石材の使い方にも変化が生じます．黒曜石の利用のあり方をみると，地域によって黒曜石産地利用のパタンが現れてきます．例えば，武蔵野台地や相模野台地のあり方などは，和田峠や蓼科

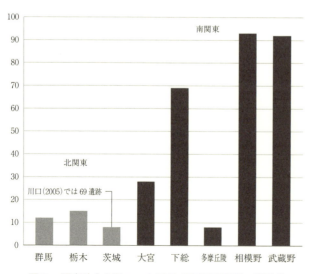

図8　関東地方立川ローム層V・IV層下部段階の遺跡数
（石器文化研究会，1996所収データをもとに作成）

など武蔵野と相模野の双方から距離にして200 kmほど離れた産地のものを多用する一方で，箱根や天城など居住地域の近傍産地のものを組み合わせます．こういう組み合わせは武蔵野・相模野では一般的なあり方ですが，下総台地では同じような産地構成を示しません．ここでは高原山の黒曜石を非常に好んで使い，それに信州産黒曜石がともなうといった傾向が捉えられます．このように黒曜石の産地利用を地域ごとにリスト化してみるといくつかの利用傾向があることがわかります．そうした

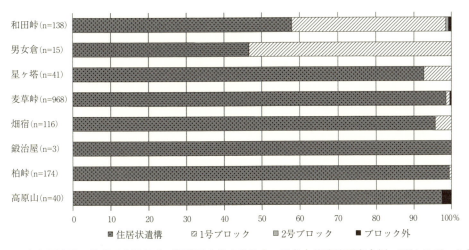

図9　田名向原遺跡の黒曜石産地組成（相模原市教育委員会・田名向原遺跡研究会編，2004 のデータより作成）

産地間の組み合わせからそれぞれの地域に遺跡を残した居住者たちの生活行動範囲が絞られてくるわけです．

　最終氷期最寒冷期が本格的になると，黒曜石の利用のあり方にまた新たな変化が生じます．たとえば神奈川県の田名向原遺跡（相模原市教育委員会・田名向原遺跡研究会編，2004）を見てみましょう．この遺跡は住居状の遺構が確認されたということで話題にもなった遺跡です．この遺跡の黒曜石のあり方は非常に面白いものです．田名向原遺跡ではその住居状の遺構とはべつに，1号ブロック，2号ブロック，ブロック外という二つの遺構とそれ以外の遺物分布が識別されています．黒曜石は和田峠から高原山まで実にさまざまな産地のものを利用しています．それらの黒曜石のほとんどがこの住居状遺構の中に一括してまとまっています（図9）．この遺跡からは尖頭器・ナイフ形石器といった狩猟具もまた多く残されています．製品はもちろん，製作途上の品物も多数あるし加工具類も備わっています．おそらくこの住居状遺構の中で頻繁に石器製作が行なわれ，素材や製品を別の場所に持ち運んで利用していたのでしょう．また遺跡の中で狩猟具の修理や再加工をくりかえし行なっていた痕跡も捉えられています．つまりこの住居状遺構は方々から黒曜石を持ち込み，それを蓄えておく場所として利用されていた可能性があります．それだけでなく，この場で打ち割りを行なって素材や製品の分配がなされたり，ここから他所へ持ち出して，行く先々でその道具を使うという行動の起点となっていたことも考えられます．そうしたアトリエのような性格の遺跡が石材の原産地のそばではなく，生活地の真ん中に設けられるようになるわけです．こうした黒曜石利用はつぎの細石刃文化期にも引き続いて設営されることが知られています．石槍や細石刃を作るような時期には黒曜石獲得をこまめに行なうというよりは，一つないしいくつかの産地へ赴き，大量の黒曜石を運び出してそれを生活地で管理するという新しい石材管理が都合良かったのかも知れません．それまでの黒曜石獲得が黒曜石産地と生活地との結びつきを移動生活のなかに組み込んでいたのに対し，この石材管理法は生活地に定着した石材利用と考えられます．また，いくつかの産地の黒曜石をそれぞれ分担して持ち帰ってきているこ

Ⅱ 文化の交替劇 —新人遺跡が語るモデル—

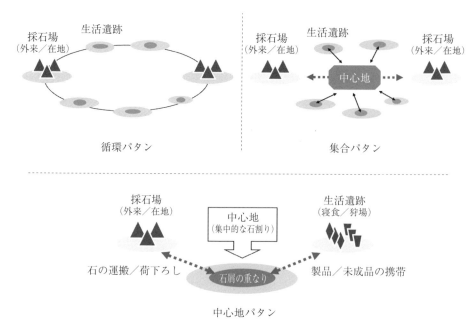

図10 文化変化を促す居住パタン模式図

とを考えると，これ以前の時期に比べて集団サイズも大きくなっていたことも関係しそうだと推測できます．

　3〜2万年前の石器群はさまざまに石器の形が変化していきます．さほど長くない期間でナイフ形石器から石槍へと狩猟具は変化します．それだけでなく石槍には多様な型式が現れます．それらが機能にもとづく差なのか，集団表象なのかは一概にわかりにくいのですが，地域ごとの石器スタイルが見られるようになります．その後，石槍に換わって細石刃という石器技術へと変わります．このように前半期に比べると，後半期は石器技術や石器型式の変化が非常に目立つわけです．それは石器技術だけに留まりません．いわゆる現代人的行動と呼ばれる行動の要素にも変化が出ます．3.8万年前，つまり日本列島には人々が居住し始めたその頃までさかのぼってみると現代人的行動と呼ばれる要素は曖昧です．はっきりと現れているわけではありません．象徴行動に至っては片鱗すら認められない．それは最終氷期最寒冷期を迎えた頃から顕著になるものです．そうした点から見ると，日本列島の旧石器時代には前半期のように石器文化の変化がとてもゆっくりと進行していた時期と，地域色のようなものが現れてきて，たくさん石器型式や技術の変化が目立ってくる時期，そうした二つの時期が識別されることになります．

　図10は，石材の動きをもとに居住パタンを簡単にモデル化してみたものです．概ね後期旧石器時代の前半段階と後半段階というようにざっくりと切って考えてみると，前半期は循環的なパタンを示すと考えられます．後半期に入ると集合的なパタンになります．そしてこの集合パタンが目立つ時期になると石器文化の変化や新しい技術の登場などが顕著になります．さらには，この集合パタンとよく似た性格かもしれませんが中心地パタンというものを設定してみました．田

名向原遺跡を例にとったものですけれども，たくさんの石材を持ち込んで，そこから分配したり，共用したり，あちこちに持っていくための準備をしたりする遺跡のことです．こうした遺跡が現れると道具の製作のあり方や道具の種類などが早いテンポで変わっていくと言えそうです．

5 検討

　後期旧石器時代前半段階，3.8〜3万年ぐらい前には，渡航を必要とする神津島黒曜石の利用や特異な居住形態である環状ブロック群の形成など，いわゆる現代人的行動の一部はすでに現れています．そして，広い範囲にわたる資源管理・資源利用の試みもまた行われています．その一方でこの時期の石器群は時間的な変化，つまり3.8〜3万年前までの8千年間のことですが，この間は時間的な変化や地域的な変化に乏しいということが言えそうです．これについては今さら指摘することではなくて，過去にも研究者たちによって提案されてきたものです．特に姶良丹沢火山灰が3万年前に噴火するわけですけれども，それ以前の石器群というのは地域色に乏しい，地域色が目立たないということが指摘されています．これを今回の発表に引きつけて考えると，やはり文化変化や技術革新のテンポというものが遅かったことを示すのと考えられます．この背景には，先ほどの折れ線グラフでお見せしましたけれども（仲田, 2013），ブロック数や礫群数が少ないこと，つまり人口がさほど多くなかったことと関連するのかも知れません．

　後期旧石器時代後半段階，3〜2万年ぐらい前だとどうでしょうか．この時期は最終氷期最寒冷期を迎えるころに相当します．寒さが一段と厳しくなるわけですから，動植物相へダメージも相当与えたことでしょう．寒冷化に伴って，人間生活でも，とりわけ生業活動の面で大きな打撃を喰らったに違いありません．しかしそういうときに人々は道具製作にかかる資源獲得に工夫し，結果としてそれが変化となって姿を示します．特にそれまで遠隔地の良質な黒曜石を求めていたところから，自分たちの居住地に近い原産地のものを選ぶようになります．また道具利用の面でも石器型式の規格性を高めて，さまざまな種類の石器型式を製作・準備するようになります．そしてこの時期に人口あるいは集団サイズが一段と大きくなることが重要です．あくまで相対的な評価ですが，前半期に比べて遺構数が増加する傾向が見られます．それと関連して，ナイフ形石器や切出形石器，石槍，細石刃といった石器型式をもつ石器群が次から次へと作り出されます．このように日本列島では寒冷期に石器文化がテンポよく変化した状況が認められるわけです．

　これを文化進化という観点で整理してみます．日本列島の場合は，新人がやってきた最初の拡散期は大きな石器群の変化を伴わない時期と見ることができます．この時期はいまだ人口が少ないということがその要因の一つとして考えられます．それだけではなく，後期旧石器時代の最初の居住者がやってきたときの日本列島には先住者がいないか，先住者たちの行動が希薄だったかも知れません．つまり土着の人たちとのコンタクトする機会が相当に限られていたと想像されるのです．それゆえ，日本列島に入ってきてからも石器文化や技術を革新したり，文化変化の速度を速めたりするような行動が生じにくかったのではないかと考えられます．それが後半期になっ

て大きな変化として現れるわけです．その点は上で指摘したとおりです．すなわち現代人の拡散と展開という中においても行動変化の画期は一律一様ではなくて地域によってタイムラグをともなって起こるものだということです．日本列島に最初に旧石器文化があらわれてから8千年間ぐらいは緩やかなテンポで石器文化の変遷は進んでいたように見えますが，3万年前以降になって人口が増え，集団間の移動や交流が活発になる時期になると石器文化の変化の速度は上向きになるわけです．そしてこの時期にこそ文化変化あるいは技術革新が日本列島の中で起こり始めるわけです．そういう意味では，日本列島の旧石器時代の場合，寒冷期という生物にとってはあまり好適ではない環境下において人口増加に成功したことで石器文化の変化を早めていったと結論づけることができるでしょう．

おわりに

　日本列島旧石器文化の文化変化ということで述べてきました．私は文化変化が速度を増す要因を人口サイズの増加によるものとまとめていました．すなわち社会的な要因が文化の移行ないし交替にとって重要な意味をもつと考えたわけです．これが本論での私の主張なのですが，もう一つ述べておかねばならないことがあります．それは冒頭でも触れたように，この文化変化の主体者は誰であったかということです．これは化石情報が欠落する日本列島，とくに本州島の旧石器文化を対象としたときはかなり論じにくいのですが，最終氷期最寒冷期以降は種々の考古学的証拠から判断して，新人サピエンスであった可能性は相当高いと思います．反対に，それ以前の石器文化の担い手については必ずしも新人のみとばかりには言えないのではないか．とくに初期石刃技術があらわれる以前の3.8万年前頃の石器群には小型剥片石器群や鋸歯縁石器・スクレイパーを主体とする石器群，大型礫石器をもつ石器群など東ユーラシアでは中期や前期の石器群に対比できそうな石器群があります．中期・前期のそれに似ていても新人の所産でさえある可能性も残るわけですが，これらの石器インダストリーの担い手については皆目見当がつきません．また新人サピエンスとの関連で議論されることの多い石刃技術についても，日本列島の場合いくつかの整理確認が必要になっています．それが先行石器群から出来したものなのか，列島外からもたらされたものなのか．そしてなぜ中部・関東地方でその出現は早く，九州地方や東北地方では遅れてあらわれるのか．これなどもこの技術の担い手問題と深くかかわる内容と言えます．そしてなにより，いわゆる現代人的行動の諸要素がなぜ断片的にしかあらわれないのかということについての説明が必要です．これらの解明を課題として，あらためて後期初頭，後期前半の文化変化の問題そしてその石器文化の担い手について考えていかねばなりません．*

* 本稿は，交替劇第9回研究大会シンポジウム3『「交替劇」問題を解く鍵―新人拡散，社会・文化変化，多様性』（2014年5月10-11日，於：東京大学理学系研究科小柴ホール）における講演録「新人拡散期の石器伝統の変化：日本列島」に加筆して作成したものである．

引用文献

川口武彦（2005）常総地域．石器文化研究，11: 131-142．

国武貞克（2005）後期旧石器時代前半期の居住行動の変遷と技術構造の変容．物質文化，78: 1-25．

相模原市教育委員会・田名向原遺跡研究会編（2004）田名向原遺跡II―史跡田名向原遺跡保存整備事業に伴う埋蔵文化財調査報告及び研究調査報告―．相模原市教育委員会，相模原．

島田和高（2010）40ka以前の遺跡と石器群に関する諸問題．日本旧石器学会第8回講演・研究発表シンポジウム予稿集：旧石器時代研究の諸問題―列島最古の旧石器を探る―，pp. 41-44．

須藤隆司編（1999）ガラス質黒色安山岩原産地遺跡 八風山遺跡群―長野県佐久市大字香坂八風山遺跡群発掘調査報告書―．佐久市教育委員会，佐久．

石器文化研究会（1996）シンポジウムAT降灰以降のナイフ形石器文化―関東地方におけるV-IV下層段階石器群の検討―．石器文化研究，5: 1-158．

出居　博編（2005）上林遺跡―佐野新都市開発整備事業に伴う埋蔵文化財発掘調査事業―．佐野市教育委員会，佐野．

出居　博編（2006）環状に分布する石器群に定住性を探る―上林遺跡集落形成論からの視座―．唐澤考古，25: 1-28．

仲田大人（2013）日本列島で交替劇は起きたか？　西秋良宏編，ホモ・サピエンスと旧人―旧石器考古学からみた交替劇，六一書房，東京，pp. 161-180．

中村雄紀（2011）愛鷹山麓最古の石器群の問題―第VII黒色帯付近の石器群―．石器文化研究，17: 76-94．

原田雄紀編（2011）井出丸山遺跡発掘調査報告書．沼津市教育委員会．

比田井民子・杉原重夫・金成太郎（2012）武蔵野台地における立川ローム層最下層出土の黒曜石資料の原産地推定―武蔵台遺跡・多摩蘭坂遺跡・鎌ヶ谷遺跡について―．明治大学博物館研究報告，17: 39-56．

山岡磨由子・田村　隆（2009）後期旧石器時代南関東における赤谷層産黒色頁岩の使用状況について．千葉県立中央博物館研究報告―人文科学―，11(1): 29-50．

縄紋土器にみる新人の文化進化

小林　謙一

はじめに

「縄紋土器にみる新人の文化進化」ということで今回の話をする内容を作ったのですけれども，他の方々の話を聞いていると，私は，例えば「縄紋と弥生」など，もう少し大きな話で作ったらよかったのかなと思いましたが，ここでは縄紋時代中期の土器の時間変化ということを題材として話をさせていただきます．土器の時間変化ということは言い換えると縄紋土器の型式がなぜ変わっていくかということになるかと思います．土器型式の時間的変化に関わりがあろうと思われる世代間の情報伝達や情報の空間的な広がりについても触れるかたちで，現在私が考えていることを，少し紹介させていただきたいと思います．

私は現在，縄紋時代関連で2,000点ぐらいのデータを使って，炭素14年代測定によって時期ごとの年代を定めていきたいと思って研究を進めています．その中の縄紋中期に関して，炭素14年代測定結果からの較正年代とこれまでの土器の編年研究の成果をあわせて相対的に当てはまる年代を想定し，土器型式ごとの実年代を推定しております．較正年代の確率分布からの絞り込みなど私の年代推定方法について，もちろん議論の余地はあるのですけれども，ここでは，私が考えているところの年代値をもとにして，土器型式の年代について話を進めていくということでお許しいただきます．

1　縄紋土器型式の変化 —なぜ土器は変わるのか—

最初に，土器はなぜ「変わるのか」という問題設定をしたのですけれども，自分で書いておいて申し訳ありませんが，別にその答えは用意していない，実は答えはわからない，ということになるのです．現時点では，どのように変わっているかということを，縄紋土器研究者は一所懸命トレースしているところでして，ここでもまずは「どのように変わっているか」ということを見てみたいと思います．

図1は少しわかりにくいかと思いますけれども，左上の方にある図は文様の施文工具です．土器の文様を何でつけているか，について，施文工具と施文方法の組み合わせで把握したいと考えています．まずは，土器の文様をつけている工具の種類を分け，それから，ただ沈線を引いたり，押し引きといって連続施文したりなど，施文のやり方と工具の組み合わせで表現される，土器の

文様要素を区別しています．それと，どこに文様をつけるか，あるいはどのようなモチーフをつけているのかということを組み合わせて，考古学者は土器型式を決めているわけです．図1の下にセリエーション的な図がありますけれども，これは要素間の組み合わせでセリエーションのようにグラフを作っていますが，大ざっぱに言うと，古い要素から新しい要素にだんだんと変わっているということを示しています．

　大きく言えば，山内清男さんという方が言った「文様帯系統論」ということにつながります（山内，1964）．山内さんがいうように，縄紋土器が始まりから最後まで一系統で文様帯が継続するかどうかということは置き，ある段階を取り上げると文様帯構成を継続しながら同一文様帯において連続的に変化しているということは認められます．新しい要素が突然現れてくるというような変化は，たまにあるわけですけれども，基本的には時間的な連続体の中で少しずつ変わっていて，そのなかで考古学者が任意に線を引いてこの特徴が何々式というように，時間的空間的な単位としての「土器型式」の範囲を切っているということになります．

　ですから，わかりやすい特徴，考古学で言うところの時間的に鋭感的な属性を取り上げて，「はっきりここで違うな」と思うところで土器型式を決めているわけです．われわれ考古学者はその中でもさらに時期細別として，タイムスケール，物差しとして使えるように，細かな目盛りを知りたいということで，なるべく土器を分けているわけです．図1の下の「B群土器の要素間の組み合わせと時期的な変化」の右側の図のAの要素がI期からⅥ期までずっと残っている例などでわかるように，一部は古い要素がずっと最後まで残る場合もあったりします．中には，古い要素が再びあらわれるような，フィードバックするような場合もあるのですけれども，基本的には組み合わせで変化していくということで，大まかに言って，縄紋土器型式編年が逆転する時期・地域はほとんどなく，年代的組列としては大体定まったわけです．それなのに，土器の縄紋的な編年研究がいつまでももめているという理由は，境をどこで切るか，組み合わせの取り方で型式区分するところが違わないかとか，土器型式研究の方法によってもっと細かく分けられないかとか，また，研究者によって時期区分として切っているところが微妙に違っているなどというようなことでずっと議論しているわけです．まず，そのような土器の変化があるということを確認しておきます．

　私は炭素14年代測定に興味があってやってきたものですから，較正年代で土器型式の年代を決めていきます．それはもちろん，縄紋時代の時空間的な位置づけとして，絶対年代を付与することは重要であると考えているわけですけれども，それとあわせて，土器変化の実態や，土器型式の空間的広がり方に時間的な尺度をつけてみることによって，なぜそのように土器文化が変わるのかということの理由に迫れるかなという希望を持って研究を進めています．

　もちろん時代や地域によって土器生産に関する前提条件が違うところはあるかと思うのですけれども，ここでは，村落内で各家族が自家消費用に土器を作っている段階ということを前提としています．大ざっぱに言うと，今回，私が話をする内容は，縄紋前期から後期の前葉までの東日本においては通用する話かなと思っています．

96　II　文化の交替劇 ―新人遺跡が語るモデル―

中期前葉土器の文様要素

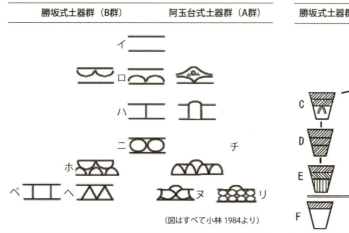

中期前葉土器の口縁部文様区画

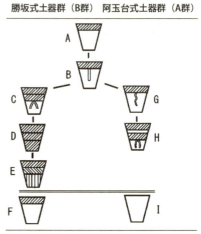

中期前葉土器の文様構成

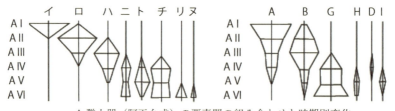

A群土器（阿玉台式）の要素間の組み合わせと時期別変化

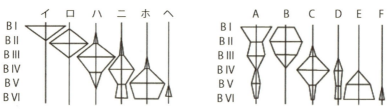

B群土器（勝坂式）の要素間の組み合わせと時期別変化

図1　土器の変化（小林，2004を改変）
縄紋中期前葉の関東地方の土器の変化

縄紋土器にみる新人の文化進化　97

土器型式の変化の時間

　図2左側には南東北地方の土器が型式編年順に並んでいます．大木式の8b式から10式という土器型式になります．土器の型式は，考古学研究者がその特徴の変化によって8a式，8b式，9式，10a式，10b式，10c式などというように分けていくのですけれども，それに年代測定の結果を付与していくと，土器の編年研究でやっていた順番と年代測定の結果は整合すると捉えています．一部無理やりなところもありますので，あくまで推定年代という形で理解してほしいのですけれども，この土器型式は何年ごろかということを，ある程度決めていくことができます．例えば関東地方の加曾利E式土器の話ですけれども，較正年代による推定年代順に見ていくと，図2の右側に示してありますが，文様がだんだんと変化していきます．例えば末端渦巻きによる横帯区画から楕円区画に変化したら次時期にシフトしたと理解して，土器型式の境界を切っていくのが土器研究者の一般的な認識だと思います．細別した時期ごとにみている要素の変化が，ある程度実体として年代を持っていると仮定して考えているのですが，それで見ていくと，当たり前といえば当たり前ですけれども，早く変化していく段階と，ある程度長く同じ要素が続いていく，または，同じ要素が続いていくというよりも同じような要素のバリエーションがふえてしまって考古学者としては分けられないために結果として長期にわたるような段階があるということがわかってきたと考えています．

　縄紋時代中期の時間幅は1,000年間ぐらいということは，炭素14年代測定を始めたころからある程度言われているわけですけれども，その1,000年間ぐらいの土器を細かく分けていくと，私たちがやっている南関東地方の多摩・武蔵野地域の縄紋中期土器型式編年「新地平編年」で，

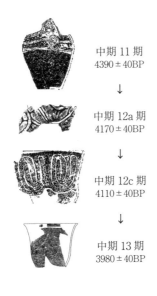

期	中期後半 口縁文様要素			推定実年 calBC	年数	
10a				2950-2920	30	
10b				2920-2890	30	早
10c				2890-2860	30	く
11a				2860-2830	30	変
11b				2830-2800	30	化
11c1				2800-2780	20	
11c2				2780-2760	20	
12a				2760-2720	40	
12b		胴部文様要素		2720-2640	80	長
12c				2640-2570	70	く 継
13a				2570-2520	50	続
13b				2520-2470	50	

中期11期　4390±40BP
↓
中期12a期　4170±40BP
↓
中期12c期　4110±40BP
↓
中期13期　3980±40BP

図2　土器の変化の時間
相対的順序しかわからなかった土器の変化が20〜100年くらいの時間幅で変化することが判明．

最大で31ぐらいの時期に細かく分けていくことができます（黒尾ほか，1995）．それはあくまで要素が変化しているということで，さらにいうとデータが多く年代推定に自信がある土器型式期と，まだデータが少ないなど年代の付与には検討の余地があるという土器型式期があるわけですけれども，土器細別時期ごとに年代を決めていくと，図2右側に較正年代で，紀元前何年から何年というように書いてあるような間隔で分けることができます．これがそのままの実年代だということはまだ言えませんが，当たらずも遠からずといいますか，大体それほど大きくはずれていないだろうというところに年代を落とし込むことができたと考えています．それで見ると，30年，20年ぐらいで文様が変化していると考えられる土器型式期と，ここは長く続いていると考えないと間尺が合わないという土器型式期があります．

　炭素14年代測定をやる前に，私も最初は土器の編年研究をやっていましたが，その当時に土器編年研究だけで見ているときに，縄紋時代中期の1,000年ぐらいをかなり細かく分けて，31期に分けました（黒尾ほか，1995）．そこまで分けたら，山内清男さんの究極の編年細別まで到達したかどうかは別としても，他の人からも「相当細かく分けたね」と言ってもらっているので，究極に近い時期区分に近づいたと捉えておきます．すると，1,000年間を単純に31で割ると，1細別時期が30年少々という計算になります．大体1世代か2世代ぐらいということで，おおむね同じようなスピードで変化しているのだと捉えていたのです．その後，炭素14年代測定をさせてもらえるようになって，自分が土器編年研究をやっているところに当てはめて考えていくと，今から思えば当たり前ですけれども，時期によって，20〜30年程度で早く変化しているところと，70〜90年間というようなある程度長く変わらない，または単純に考古学者はわからないといいますか，分けることができない時間幅の段階がある，という違いがあることがわかってきたということです．80〜90年間と長いと見ているところも，もっと編年の能力がある考古学者が見たら，さらに時期を半分に割って，30年や40年になるかもしれないのですけれども，普通に土器編年の眼でみると，ほぼ同一時期に当たると考えるような同じような文様の要素が続いていると見えるところがあるという形になっているのかと思っています．

　もう1回，今のことを実際の土器で見ます．これは勝坂式という，西関東地方から山梨にかけて広がっている，縄紋時代中期を代表する土器型式になります．粘土紐である程度立体的な文様をつけた装飾的な土器で，土偶がついている土器などもあるのですけれども，よく博物館などで特別展をやると，北陸の火焔土器などと同じように大きく展示されるような，装飾性が豊かな，縄紋土器を代表する土器型式の一つになります．細かな説明は差し控えますけれども，図3の左上から右に向かって，そこから左下に行って，右側に土器が時期順に変化していきます．これは，基本的には施文している工具，施文具の違いで説明できます．図3が小さくて説明できませんけれども，最初の6期は竹管の先をとがらせたペン先状の工具で細かな施文をしていきます．図1でいうとBV期に図示したⅢdハという文様要素です．それが7a期に幅広の爪形紋になって，7b期にはキャタピラ紋と言っているのですけれども，ヘラ状工具の端を連続押圧した形（図1でBⅥ期に図示したⅢaハの文様要素）になっていて，さらに8a期は沈線および半隆起状の隆線によ

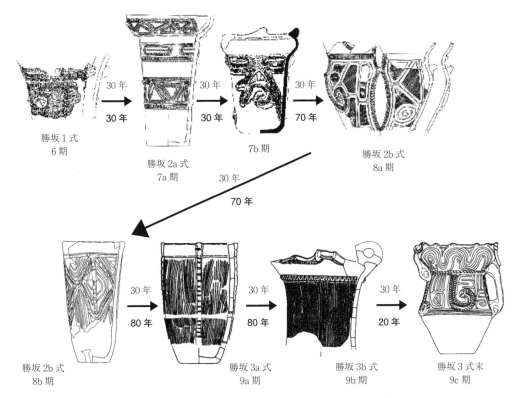

図3　勝坂式土器の変化の時間（小林，2011a を改変）

る文様が多くなっていくというように変わっていきます．

　文様帯の変化も含めて時期区分しているのですけれども，図3の下側に示した後半の時期になると，縦に区画している中にはめ込んでいる文様が8b期にはだんだん簡素化していって，9期には胴部文様が簡略化し，一番右下の最後の9c期は次の曾利式土器に変わっていく段階で文様が大きく変化しているという状態になっております．左上の勝坂の1式から勝坂の3式にかけてそれぞれまた細別していくと，おおむね30年ぐらいで変化しているのかなと考えていたということになります．しかし，これを年代測定でやってみますと，図3に太字で記した数値が年代を測定した結果考えられる，より現実に近いかなと思っている年代ですけれども，それで見ると，最初のうちは30年ぐらいで変わっているということで，おおむね整合的かと思っているのですが，途中，8〜9期ぐらいの段階は，もう少し長く続いていないと，自分がやった編年と年代測定の結果が整合的に合わせられないということで，長く続いていると考えざるを得ない時期があるということになります．そして，最後はまた結構早く変化していくと考えているということです．

2 なぜ土器変化の時間幅に長短があるのか

　大ざっぱに言うと，先ほどの中期細別時期の年代推定の中で，測定数的に自信がないところが中期初頭の最初の段階と中期末葉の最後の段階に2箇所ありますが，勝坂2式から加曾利E3式までは，ほぼ細別時期別に年代値が当てはまったと考えています．関東地方は大きく言うと，五領ケ台式，勝坂式，加曾利E式と土器が分かれていて，その中でまた細別しています．中期の前半は，関東地方はまだ集落の数も比較的少ないといいますか，文化の発達していく段階といいますか，基本的には縄紋時代は，時々人口がふえて，また減ってということを繰り返しているわけです．縄紋時代前期末に人が1回減っているようですが，その後，人口がふえていく段階では比較的早く土器が変化していて，勝坂式の中葉段階には集落が比較的多く，土器もたくさん出て，いい遺跡がたくさん見つかるわけですけれども，そのような発展しているときは土器の変化が緩やかなのではないかと考えています．

　同様に，中期の後半段階においても，勝坂式土器文化が終わって次の曾利・加曾利E式土器文化になっていったときの後半段階なのですが，この段階が日本でも遺跡の密度が一番高いと評価されています．加曾利E2式からE3式期ですが，千葉県でいうと1〜2kmごとに大きな貝塚が並んでいるという時期で，集落の数もふえていて，一つ一つの集落も比較的大きな集落があるということで，社会的に安定した段階と評価してもいいかと考えているのですけれども，そのような段階が土器型式の存続期間が長いと考えられるのではないかと思っています．

3 土器型式の広がりに要する時間

　次に，空間的な広がりについて，時間的にどのようになっているのかということをトレースしてみたいと思います．

　図4は勝坂式土器の分布です．神奈川，東京西部から山梨県あたりに遺跡を示す点が落ちていますが，それらは勝坂式土器が最初からある地域，言い換えれば分布の中心地域となります．この勝坂式土器は結構頑張って広がっていく土器文化です．その中心地域から，時期ごとにだんだんと土器の分布が，東に広がっていきます．東関東地方には阿玉台式土器という土器文化があるのですが，次第にその地域に勝坂式土器の分布が入っていくといいますか，広がっていくということが昔から知られています（小林，1984）．それを推定年代ごとに見ていったということです．年代ごとといいますか，土器の型式ごとに見て，それを後で年代値に合わせてみるとどうなるかという形でみてみます．

　そうすると，基本的には八王子あたりなど多摩地域から土器がだんだんと関東全体に広がっていきます．もちろん関東以外にも広がっているのですけれども，関東地方が一様に広がっていてわかりやすいので，取り上げました．任意の遺跡を決めて，そこからの距離を測ることによって，

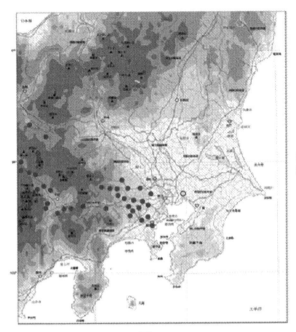

6a期（勝坂1b・新道式古）
紀元前3370-3350年

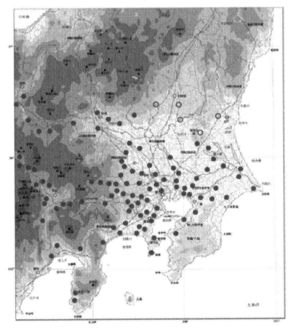

9b期（勝坂3b・井戸尻2・3式）
紀元前3050-2970年

● 勝坂式土器
○ 勝坂式の影響を受けた土器

図4　勝坂式土器の分布（広がり方のスピード）（小林，2011aを改変）

年代ごとの土器型式分布の空間的な広がりを検討しました．今回は細かなグラフなどは省略してしまいましたが，大ざっぱに言うと，200年間で，最終的には千葉県の先端の銚子の方まで勝坂式土器が広がりますから，広がった距離は約100kmぐらいになるのでしょうか．平均すると1年間に500mぐらいのスピードで広がっていると計算できます．ちなみに，途中のことは削除してしまったのですけれども，勝坂式の場合は，ある段階でばっと広がるなどということはなく，数十年間ごとに年代的に位置づけてみているわけですから毎年500mというわけではないと思いますけれども，一定のスピードで平均的に広がっているということが確認できます（小林，2011a）．

ただ，もちろん関東地方は自然の障壁がないといいますか，平坦地だったからそのようなことが言えるのかもしれません．他の地域，例えば新潟の方や静岡の方にも勝坂式土器が広がっているわけですが，そちらの方へは一定のスピードで広がっていくような様相は看取されず，あるときに一気に広がっていくような傾向が見られるので，自然の地形の障壁の影響があるのではないかと考えています．

また，勝坂式土器文化は別に無人の地域に広がっていったわけではなく，特に東関東の方には阿玉台式という別の土器文化がありまして，その中に入り込んでだんだん同化していく，またはそこの地にあった阿玉台式土器文化が取り込まれていく，勝坂式土器文化が次第に侵食していく，基本的にはお互いに混ざり合っていくわけです．そのような地域文化間の様々な交流のあり方がなんらかの形で影響を与えているというように理解できるかと思っています．

一方，すべての土器文化がそのように広がったりしているかというと，そのようなことは決してありませんで，いろいろな場合があります．東関東，すなわち，千葉県，茨城県あたりに，中期には阿玉台式という，勝坂とは違って結構のっぺりしていて，俗に「金雲母」というのですけれども，きらきら光る鉱物を胎土に入れるなどの特徴を持った土器型式があります．これももちろん，模様の変化があって時期細分されているのですけれども，とりあえず阿玉台式土器というものを見ますと，この場合は，先ほどの勝坂式土器と違って，だんだん広がるのではなく，いきなり遠いところに完形の土器が出てくるということで，注目される土器です．

長野県や新潟，ここには出さなかったのですけれども，東北の方でも，かなりしっかりした東関東系の土器が出てきます．しかもこの場合は完形土器が出てくるということで，土器自体が何らかの必要があって，交易なのか何かはわかりませんけれども，遠隔地に運ばれているという状態になっているのです．土器の広がりという意味で言っても，ただ，先ほどの勝坂式的なやり方とは，またやり方が違いますので，意味が違うということはもちろんあります．

図5の日本地図は，実線分が勝坂式土器の分布で，波線部分が阿玉台式土器の分布で，先ほど申しましたように，分布の中心地は，勝坂式は西関東から中部にかけて，阿玉台式は東関東で，他の地域には大木式など他の土器文化があるのですが，そちらの方にも広がっていくという傾向があります．阿玉台式土器の方は，矢印で示したように，結構遠くの地域にいきなり広がっているということに対して，勝坂の方は全体的に着実に広がっていくという違いがあると言ったので

縄紋土器にみる新人の文化進化   103

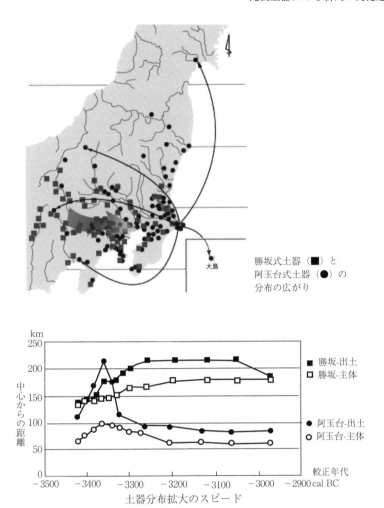

図5　勝坂式土器と阿玉台式土器の分布の広がり（小林，2007を改変）

すけれども，それを下のグラフで見ます．横軸には年代測定の結果から推定した年代値を見ております．大体350年間ぐらいの出来事になります．

中心からの距離としたのですけれども，分布圏の中心あたりにある大きな遺跡をゼロ地点として，そこから一番遠い遺跡の位置の距離を測るということで，土器の型式ごと，年代ごとに，測っていった距離をプロットすると，勝坂式土器を出土する遺跡の方は，だんだんと広がっていって，あるところでピークになって横ばいになっているという状況がわかります．

ちなみに，2本の線がありまして，ドットが塗られている方は，勝坂式土器の破片が1片でも出たら一応勝坂式土器が出たという形で距離を測った場合です．それに対して，白抜きになっている四角であらわしている勝坂式土器の分布の距離は，勝坂式土器が主体を占めると捉えているのですけれども，遺跡の中で半分以上を勝坂式土器が占めている遺跡を拾ってきて距離を測った場合で，そちらの方が，当然ですけれども，範囲が狭いわけです．ただ，基本的には勝坂式文化

は，勝坂式土器が主体を占めている．要するに勝坂式土器文化圏自体が広がっていることに合わせて，勝坂式土器自体もより遠くの地域まで出ています．恐らくは交易なりで，より遠くに，その周りに広がっていっているという状態が考えられます．それに対して，阿玉台式土器の方の様子を見ますと，かなり様相が違っていて，ある時期に特に広がっていてその後また分布範囲が縮小するというあり方です．細かく見ると，ある段階，年代で言うと紀元前 3350 年ごろに，阿玉台式 I b から II 式という段階ですけれども，一時期においてのみ遠くに土器が出るという状況があります（小林，2007）．

すなわち，これは先ほど 1 個体あるいは 1 点だけと言ったのですけれども，阿玉台式土器が単体で遠隔地に出土する段階が，ある時期だけあります．その後は比較的一定しているといいますか，別にそれほど広がらないといいますか，勝坂式土器に押されているという面もあると思うのですけれども，空間的には広がりません．主体的な範囲として，阿玉台式土器が半分以上出土する遺跡も多少空間的に広がっているのですけれども，基本的には一定の分布範囲に留まっているということで，勝坂式と阿玉台式の住み方といいますか，生業活動も含めた彼らのライフスタイルの違いがあらわされていると解釈しておりますが，そのような点は別の方面からも検討しているところなので（小林，1988 など），話が長くなりますからここでは省略します．

4　土器製作のあり方

勝坂式，阿玉台式土器を題材として話をしたのですけれども，縄紋時代の場合，地域ごとに特徴的な模様を持った土器型式分布圏というものがあります．ただ，それがある程度お互いに乗り入れるといいますか，お互いに交換された状態で，分布がまざり合っていくわけですけれども，そのときに交易なり，人間自体の移動なり，また私たちは，後で話をする折衷土器というようなあり方から，お嫁さんの交換のような形で，土器製作者自体が交換されているという形で，土器分布圏がだんだん移動しているのだろうと考えています．

最初のところに話は戻りまして，土器の時間的な変化と空間的な変化ということで話をさせていただいてきたわけですけれども，最初に問題として設定した「なぜ土器が変わるのか」という点に関しては，状況については細かくトレースできてくるようになってきたと思うわけですけれども，その理由はわからないということです．他にもいろいろな点から，縄紋土器に関しましてもアプローチしていきたいと考えています．例えば土器の「文様割り付け」というのですが，土器の模様をどのように設計しているかといいますか，区画をどのようにつけているかということを調べてみました（小林，2000）（図 6）．縄紋時代中期の中でも，最初は割と正確な割り付けをしている．例えば 4 分割，6 分割，8 分割という形で，割り付け具のようなものを持ってやっているのに対して，縄紋中期の中でも新しくなってくると，成り行き施文としているのですけれども，適当に文様をつけていって，最後は余るなり，描くのが難しくなるなりで適当に終わらせてしまう．単位数も一般的な偶数ではなくて奇数になってしまう場合も少なくないという形で，変化が

縄紋土器にみる新人の文化進化　105

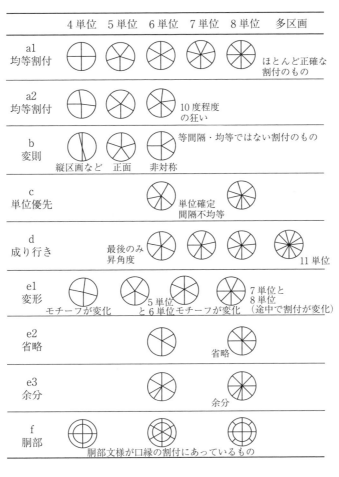

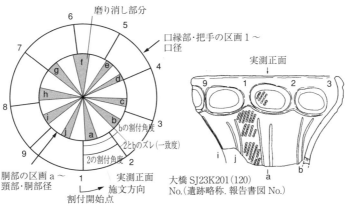

図6　土器文様の割付（小林，2000）

　割付の施文過程の規則性と実際の施文実行結果の正確さ，予定された区画数や割付位置との違いとして現れる「ゆらぎ」，区画数，割付角度，口縁・胴部の一致の度合いを検討．時期ごとに主流となる区画数，割付タイプがある．五領ヶ台式，勝坂式土器はトンボ状器具や縄で等角度に割付する．勝坂3式の縦位区画土器や抽象文土器は施文前に等間隔に割付マークを付す．加曽利E3・4式土器胴部文様は指による人体スケールで等間隔に柱状区画を「成り行き施文」で積み上げる．
　土器割付の検討で，縄紋土器の施文過程や土器製作システムを復元する．

見られます.

　また，他にも，土器のつけ方や工具のあり方を見ていくと，縄紋中期の中で，土器の型式が勝坂式なら勝坂式，加曾利E式なら加曾利E式が続いている中で，だんだんとよくなっているというよりも，むしろ最初の方にあるものがだんだん簡略化されていく，または簡単に作れる方向に変わっていくという傾向がよく見られると思います．例えば加曾利E式の中に含まれる特徴的な土器として連弧紋土器と呼んでいるのですけれども，弧状の沈線が横に連続する文様が特徴的な土器があります．たまたま弧線という単純な文様が特徴なので，分析しやすいと言うことです．つけるときに竹管か何かを持って弧状の線を引いていくのですけれども，一周くるっと回って，開始点にちょうど重なって一組の施文が終わってくれるのです．文様の単位数が幾つかなどとともに，区画の割り付けなども分析しているのですけれども，施文順位として，どこからつけ出してどこで終わったかということがわかるという特徴を利用して，施文の動作と言いますか，施文をするときの制作者の癖を捉えたいと考えています．例えば，左側から沈線で描いてきて，右側の沈線に重なるので，沈線の施文順位は切り合いで順番がわかるわけです．最初のスタートのところだけは，沈線の切り合いが逆になりますから，最後に左側から来た沈線がもとからあった沈線を切って終わりますので，施文のスタートの地点がわかります．図7に示した連弧紋土器は連弧紋が口縁部と胴部に上下に重なっているのですけれども，割り付けのスタートすなわち連続した連弧文の書き始めの点が上下の連弧で一致していて，同じところで始まっています．また，それぞれの連弧文は，三本の弧線が重なりますが，一番上の弧線を左から右に低いところまでまず半分書き，続けて右上へ書き足します．その次に二本目を同じ要領で描き，さらに三本目を描くという順です．このような土器の施文方法は，身体的な動作と言っていいのかどうかはわかりませんけれども，一定のやり方で描いていっているということがわかります．先ほど述べた割り付けのときに，加曾利E式土器の最初はしっかりと割り付けていったものが，だんだん最初に割

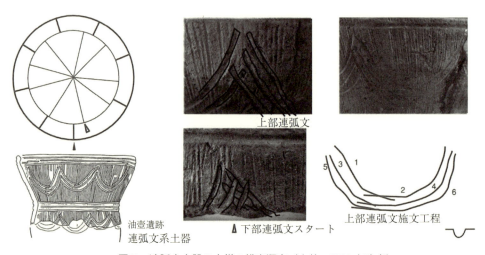

図7　連弧文土器の文様の描出順序（小林, 2002を改変）

り付けないで，成り行きで施文するようになっていくということもありますが，連弧文土器は成り行き施文であって弧線の数自体はその土器の大きさによって決まると言うことで一定していません．しかしながら書き順としては同じ方法で描かれていると言うことで，その時々で一定のやり方で土器の製作をおこなっていることが反映されていると考えられます（小林，2002）．縄紋土器の型式の中の多くの場合，最初はしっかりしたデザインのものが，だんだんと簡略化していく方向にあるのではないかというように考えています．

5 折衷土器 —土器型式の融合—

もう一つ，折衷土器という特徴的な土器のあり方をみてみます．曾利式と加曾利E式土器という，中部地方の土器と関東地方の土器があるのですけれども，これは文様や模様の構造自体は全く違うもので，曾利式と加曾利E式は区別されているわけです．地紋は，曾利式の方は沈線で施文していて，加曾利E式の方は縄紋と言っている縄を転がしたもので，違いがあるのですが，地紋の縄紋が共通してつけられているものがあります．具体的に言うと，神奈川県相模原市などに多いのですが，曾利式土器と分類できる土器の中に加曾利E式の特徴が採用されているという様な例でして，加曾利E式の縄紋と同じ縄紋が，違う土器型式である曾利式につけられているということです．

図8に示すのは，縄紋中期の関東地方の土器で，さきほど分布の違いや広がり方の違いを検討した阿玉台式土器と勝坂式土器の両方の文様の特徴を持った土器です（小林，2011b）．西関東の勝坂式と東関東の阿玉台式の土器の分布が重なり合う地域である東京区部・大宮台地南部・千葉

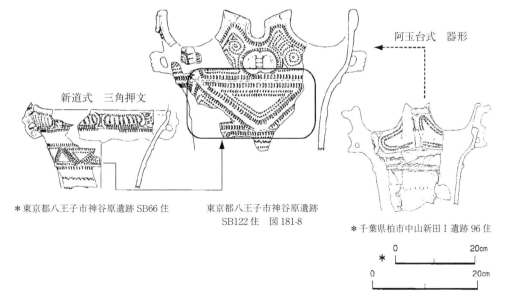

図8　勝坂式（新道式）土器と阿玉台式土器の折衷（小林，2011b）

県西端部の地域の遺跡で多く作られ、「勝玉式」などとあだ名が付けられたりしてきた土器の一例です.

そのようなことがなぜ起きるかということの解釈は、一人の人間が両方の土器型式を作っているということなのか、曾利式土器を作っていた人間が相模原地域などへ転入してきて、制約があって完全な曾利式土器が作れなかったと言うことなのか、いろいろと考えられるわけですけれども、その土器型式が基本的にそれぞれ地域ごとの文化的なアイデンティティーといいますか、地域ごとに特徴を持った土器が作られている、作り分けられているわけですけれども、地域間で情報の交換なり何なりで結構まざり合っていく傾向もあるということが指摘されますが、その複雑なあり方についてはまたさらにいろいろ検討が必要ということになります.

まとめ

まとめにならないのですけれども、簡単に言いますと、土器の製作技術や文様装飾といった面でみると、基本的に縄紋土器の場合は、世代間継承されていきながら徐々に変化していきます. 大ざっぱに言いますと、1、2世代で変化していくという場合が多そうですけれども、数世代、2, 3世代は継承・保持されている場合もあると考えています.

また、空間的な広がりという点に関して言いますと、もちろん縄紋時代の活動の領域の広がり、または、お互いに交易のために物質を交換するというような形での相互作用の範囲によって変わるわけですけれども、徐々に広がっていく場合と、ある時期なぜか一気に広がっているような場合など、いろいろな場合があるという形になります. 当然、縄紋土器研究でもよく言われることでして、土器自体の交換、また製作者、お嫁さんの交換などを考えているのですけれども、人間の交換以外にも、別に情報だけが移動するというように、いろいろな場合があると考えているということです.

いずれにしても、情報の伝達、時間的な伝達にしても、空間的な伝達にしても、いろいろな形で規定されているとしか今は申し上げられないと考えております.＊

＊　本稿は、公開シンポジウム『ホモ・サピエンスと旧人2―考古学から見た学習』(2013年7月6, 7日, 於：東京大学理学系研究科小柴ホール) における講演録「縄文土器にみる新人の文化進化」に加筆して作成したものである.

引用文献

黒尾和久・小林謙一・中山真治 (1995) 多摩丘陵・武蔵野台地を中心とした縄文時代中期の時期設定. シンポジウム縄文中期集落研究の新地平 (発表要旨・資料). 縄文中期集落研究グループ, 東京, pp. 1-21.

小林謙一 (1984) 中部・関東地方における勝坂・阿玉台式土器成立期の様相. 神奈川考古, 19: 35-74.

小林謙一 (1988) 縄文時代中期勝坂式・阿玉台式土器成立期におけるセツルメント・システムの分析―地

域文化成立過程の考古学的研究（2）—. 神奈川考古, 24: 81-109.

小林謙一（2000）縄紋中期土器の文様割付の研究. 日本考古学, 10: 1-24.

小林謙一（2002）南西関東地方縄紋中期後半の文様割付の研究. 縄文時代, 13: 53-80.

小林謙一（2004）縄紋社会研究の新視点―炭素14年代測定の利用―. 六一書房, 東京（2012年普及版）.

小林謙一（2007）炭素14で縄文を測る. 歴博, 143: 15-18.

小林謙一（2011a）縄紋時代における情報伝達―土器型式・炉型式の分布拡大の速度―. 中央大学人文科学研究所編, 情報の歴史学. 研究叢書52. 中央大学出版部, 東京, pp. 3-37.

小林謙一（2011b）土器の折衷―勝坂式と阿玉台式―. 今村啓爾編, 異系統土器の出会い. 同成社, 東京, pp. 111-135.

山内清男（1964）日本原始美術1. 講談社, 東京.

縄文から弥生への文化変化

松本　直子

はじめに

　縄文から弥生への変化は，旧人から新人への交替劇とは時代もコンテクストもかなり違っています．しかしながら，より適応的な文化を持つ集団の拡大という視点で説明されることがあるところや，移住を伴う変化であって，比較的斉一的な文化が広域に展開するような現象が見られる点などでは共通するところもあります．ここでは，縄文から弥生への変化を概観することを通して，交替劇のプロセスとの相違点や共通点が見えてくる足掛かりになればと思っています．

　縄文から弥生への転換は，巨視的に見ると，狩猟採集社会から農耕社会へという転換の，東アジアにおける一つの事例ということになります．日本列島の縄文時代は基本的には狩猟採集社会とされていますが，ダイズ（大豆）などの栽培も行われていたことも分かってきていますし，旧石器時代と比べると定住度や物質文化の多様性などいろいろと違うところもあります．中東・ヨーロッパでは新石器時代というと農耕牧畜を指標とするのですが，それに対して縄文は森林性新石器文化と定義されることもあります（今村，1999）．

　ヨーロッパにおいて農耕牧畜が拡散するプロセスについては，農耕牧畜という新しい生業の開始に伴って人口が増え，増えた人々が新しい農地や牧草地を求めて徐々に西アジアからヨーロッパの北へ西へと広がっていくとするモデルが提示されています．これについては遺伝子や言語の分布からも大枠は支持をされていますが，ただ，自然環境や，あるいは，先住集団との関係によって，かなり地域ごとに異なる状況があるということも分かっています．

　そもそも農耕が拡大していくのはなぜでしょうか．農耕は，植物の生育をコントロールし，意図的・計画的に食料を生産する技術革新によるものです．食糧生産に成功すれば，自然の生産力に依存する狩猟採集民よりも，格段に大きな人口を養えるようになります．そうして増加した人口によって農耕文化が広がります．農耕民の移住先に先住民があまりいなかったと推定されている中央ヨーロッパなどでは，このタイプの農耕の拡散が起こったと考えられています．

　しかし，ヨーロッパ北西部や日本列島など，農耕が広がる先に狩猟採集民がある程度の人口密度と社会組織をもって存在していた場合には，先住者による農耕の導入が重要な要因となります．自然環境から得ることのできる多様な食料資源を利用する狩猟採集社会に比べて，限られた数の穀物などに依存する農耕社会は，気候変動などによる生産量の減少によるダメージが大きくなります．農耕という新しい生業システムを導入するとき，それまでの狩猟や採集といった生業戦略

と両立するのが困難な場合には，生業の切り替えには大きなリスクを伴います．やってみなければ成功するかどうか分かりませんから．また，狩猟採集民が持っている世界観と，農耕社会を支える世界観は，大きく異なっていますので，信念やイデオロギーの転換も必要になります．したがって，狩猟採集民が農耕を導入するためには，経済的リスクや認知的な不協和といったハードルを超えられるような，それなりの事情がなければいけないということになります．

1 縄文から弥生へ

　弥生文化は，紀元前8～10世紀頃に北部九州で誕生します．日本列島は，ヨーロッパ等に比べると，比較的遅くまで狩猟採集社会が続いていたということになります．弥生時代の開始年代については，これまでかなり変動がありました．伝統的には，弥生時代の前期が紀元前3世紀に始まるというように教科書にも書いてあったわけですが，その後，それまで縄文時代晩期といわれていた時期に，北部九州ではすでに水稲農耕が始まっているということが分かりました．農耕を弥生時代の指標とするならば，この段階も弥生時代に含めるべきであるということで，弥生時代早期という時代区分ができました．これで弥生時代の開始は紀元前5世紀ぐらいまで上がると考えられていましたが，その後，国立歴史民俗博物館の研究プロジェクトによって，弥生時代早期の放射性炭素年代は紀元前10世紀まで上がるとする分析結果が公表されました．

　この新しい年代観についてはさまざまな批判がありました．青銅器や石器などの，中国大陸・朝鮮半島との並行関係などを見ると，早くても紀元前8世紀までしか遡らないとする研究もあり（中村，2012），現在も研究者によって見解が異なる状況が続いています．同じ時期の朝鮮半島においても，暦年代がはっきりと定まっていない状況ですので，両地域の社会的な関係を読み解くうえでは年代的に曖昧な部分が残っています．ただ，水稲農耕の導入を指標とするならば，遅くとも7, 8世紀までは遡るのは確実です．以前は弥生時代になると急速に人口増加や社会の階層化が進行すると考えられてきましたが，開始年代が遡ることで，変化のスピードはそれほど速くなかったということになります．日本列島における人口増加は，地域によって違いもありますが，だいたい弥生時代の中期後半ごろからぐっと増えてきます．社会の階層化が顕著になるのも中期以降ですから，農耕を始めてから500年くらいは経っています．農耕開始後の社会変化は，従来考えられていたよりもかなり緩やかなプロセスであったようです．

　縄文時代晩期の東日本と西日本は，大局的に見ればそれぞれ亀ヶ岡文化圏，突帯文土器文化圏に分かれるのですが，弥生時代前期の遠賀川式土器は，突帯文土器文化圏の範囲にかなり急速に拡散します．ただし，土器については確かによく似た特徴をもったものが広がるのですが，石器や祭祀遺物，あるいは埋葬習俗の在り方などを見るとかなり地域差がみられます．北部九州の弥生文化は朝鮮半島の青銅器文化と最も似ているのですが，そこから地理的に離れると縄文的な伝統がより強く残るというような状況があります．

2 弥生文化成立にいたるプロセス

縄文から弥生への変化は，三つの段階として捉えることができると考えています．

第1段階は縄文時代の後期から晩期に当たる時期です．朝鮮半島と九州や中国地方の一部の間にある種の交流があって，幾つかの文化要素が選択的に取り入れられるような時期が数百年間あるのではないかと考えられます．文化要素の選択的受容を示すと考えられる考古学的証拠の一つは，土器の変化です．縄文土器というと，中期の北陸地方で作られた火焔式土器のようにダイナミックな文様をつけたものがよく知られていますが，縄文土器のかたちや文様は時期や地域によって大きな多様性をみせます．縄文時代中期には総体的にダイナミックな文様が展開しますが，晩期になると，東日本や西日本でも，土器表面の凹凸や過剰な突起などがみられなくなり，洗練されたフォルムを楽しむようなスタイルへと変化します．ただ，東日本の亀ケ岡式土器は表面が基本的に複雑な文様で覆われているのに対して，西日本の土器はだんだん文様を失っていきます．土器が無文化するのです．

縄文土器は文様をつけているということが重要な特徴なのですが（小林, 2001），その文様の喪失が一番早く始まるのは北部九州です．それが次第に中・四国地方へ，さらに近畿地方へと広がっていくわけです．朝鮮半島では，縄文時代とほぼ併行する時期に櫛目文土器時代というのがあります．櫛目文土器も櫛目文に限らずさまざまな文様を施されているのですが，後半期になって雑穀などの栽培が行われるようになると土器の文様が失われていきます．その後に続く無文土器時代は，その名のとおり文様を基本的に持たない土器を使用します．無文土器時代（青銅器時代と呼ばれることもあります）には，農耕社会が確立し社会の階層化も進みます．このように，土器の無文化と社会変化は朝鮮半島において連動していて，朝鮮半島から北部九州，さらに中四国から近畿地方へという地理的なクラインがありますので，朝鮮半島における土器の無文化と，北部九州を起点として日本列島の西部で進行する土器の無文化が，全く無関係に起きたとは考えにくいと思われます．

ただし，いろいろな情報が，朝鮮半島から九州へだらだらと入ってくるわけではありません．縄文時代後期後葉から晩期にかけて，西日本では黒色磨研の浅鉢が特徴的にみられます．これは器壁を丁寧に研磨して，意図的に黒く焼成した精製土器ですが，このような土器は朝鮮半島にはありません．黒色磨研の浅鉢は縄文時代後期後葉の九州で発達し，それから中四国，近畿地方へと広がっていきます．土器の中でも，とても手間をかけて丁寧に作っている精製土器は，象徴的な意味を持っていたと考えられますが，それが朝鮮半島との差異を維持したまま西日本で共有されていたということは，朝鮮半島と日本列島の間にある種の文化的な境界のようなものが維持されていたことを示唆しています．

二つ目の証拠は，土器につけられるある特徴的な文様です．青銅器時代の朝鮮半島の土器は基本的に無文ですが，古い段階には口縁部に小さい穴をぽつぽつと開けた孔列文土器というものが

あります.穴の開け方は地域によって,外側から開けたり,内側から開けたり,貫通させたり,途中で止めたりと,いろいろやり方があります.これと良く似た孔列がついた土器が,縄文時代晩期の九州や山陰地方で見られるのです.土器自体は全く在地の土器なのですが,口縁部にぽつぽつと穿孔する文様だけを付けています.これは北部九州と,なぜか南九州,そして山陰地方でこれまで見つかっています.孔列の付け方の違いから,それぞれ交流した地域が異なっているのではないか,という指摘もあります(千,2008).これも,体系的な文化の導入というよりも,部分的な模倣という性格のものです.

もう一つ気になるのは,装身具の変化です.縄文時代後期の終わり頃から晩期にかけて,日本列島では小型の玉類が作られるようになります.日本列島では,新潟県にヒスイの原産地があるのですが,そのヒスイを使って玉を作り始めるのは縄文時代前期までさかのぼります.前期末から中期にかけては,大珠とよばれる少し大きめの玉をもっぱら作りますが,後期以降は小型の丸玉や勾玉などが主流になります.ヒスイのようなきれいな石で玉を作るという文化自体は東日本に起源があるのですが,それが後期になると西日本の方にも広がっていきます.

一方,朝鮮半島においても青銅器時代に入ると石製装身具が発達しますが,こちらは基本的に管玉と勾玉から構成されます.管玉と勾玉のセットというのは,日本列島でも,弥生時代から古墳時代にかけて玉の基本的なカテゴリーとして継続的に生産されます.朝鮮半島では青銅器時代の前期には管玉と勾玉のセットが確立しているようですが,実は九州の縄文時代の後期末から晩期初頭にも独特の玉文化がみられます(図1).

縄文時代後期末から晩期の九州に特徴的な勾玉は,その形からコの字型勾玉と呼ばれています.スケールを見ていただくと分かるのですが,結構小さいものです.このような,おなかのところをコの字状にくりぬいたような形の勾玉と,細長い形の管玉のセットが,縄文時代後期末の九州で成立しています(松本,1998;大坪,2003).

縄文時代後期後葉から晩期にかけての日本各地の玉の構成を比較してみると,九州では管玉を多く作っていることがわかります.近畿以東でも管玉はありますが,数は少なく,東日本では玉がある程度出土していても管玉がみられない遺跡もあります.勾玉はどの地域も一定量持っていますが,東日本では管玉よりも丸玉が多くみられます.

また,東日本と九州では,管玉のかたちに違いがあります.長さと幅の計測値をグラフ化してみると,東日本型の管玉は九州のものに比べて幅が大きく,丸っこい形をしています.ここでは細長いタイプを晩期九州型と呼んでいますが,このプロポーションは弥生時代早期以降に朝鮮半島から入ってくる大陸系の管玉とよく似ているのです(図2).この現象についても先ほどの孔列文のように,朝鮮半島からの情報導入を示すものである可能性を考え

図1　鹿児島県上加世田遺跡出土の玉類

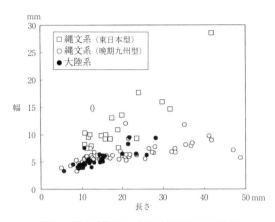

図2 縄文系管玉と大陸系管玉の形態比較
晩期九州型管玉は弥生時代早期の大陸系管玉とプロポーションが類似している（松本, 1998）

ていたのですが，九州と朝鮮半島の土器型式の併行関係を詳細に検討すると，必ずしも朝鮮半島における玉文化の発達が先行するとはいえないのではないかという点が指摘されています（岡田・河, 2010）．ですから，具体的な情報伝達の方向性や性格についてはさらに検討する必要がありますが，弥生文化のベースになるような，朝鮮半島の状況と類似した文化的な要素が，縄文時代後晩期の九州で出現する事例のひとつといえます．

玉を見ると，縄文時代の晩期には日本列島内での遠隔地交流があったということがよく分かります．図3の黒丸はヒスイ製の玉が出土した遺跡です．ヒスイの産地は新潟県の姫川流域ですが，そこから北は北海道，南は沖縄まで，非常に広域にヒスイ製の玉が運ばれています．さらに興味深いのは，九州で作られたとみられる玉が，中国地方の岡山県久田原遺跡や，中部地方の西田遺跡など，かなり遠方まで動いていることです．これは，広域的な交流のネットワークがあったことを示しています．もうひとつこの図から分かることは，中四国地方ではほとんどヒスイ製の玉がみつかっていないということです．それに対して，原産地からはもっと離れている九州でかなりの数が出土しているということは，九州の集団が積極的にこの遠方からの物資を入手しようとしたことを示している可能性があります．

縄文時代の後期後半から晩期にかけて，九州では，多数の住居跡や多量の遺物をもつ拠点的な遺跡が，みられるようになります．特に中九州の阿蘇外輪山周縁の台地上では遺跡が増加し，独自の文化が発達します．そのきっかけとなったと考えられるのは，縄文時代の中期末から後期中葉にかけて起こった，東日本縄文文化の西日本への流入です．このとき西日本に入ってくる文化要素には，土器の文様や土偶，抜歯の風習や扁平打製石斧，石囲炉をもつ住居など，いろいろなものが含まれています．この文化伝播には恐らく人の移動も伴っていたとみられますが，実態はまだ明らかになっていません．

扁平打製石斧は，その形態や使用痕から土堀具であったと推定されています．扁平打製石斧が最初にたくさん作られるのは，縄文時代中期の中部地方です．縄文時代中期の中部地方は，遺跡数が著しく増加し，土器には物語性文様と呼ばれる具象性の高い意匠が発達し，土偶が多数作られるなど，大きな社会変化がみられます．近年の土器に残された圧痕の研究から，この時期にはダイズ（大豆）とアズキ（小豆）が栽培されていたことも分かってきました（小畑, 2011）．おそらく扁平打製石斧を用いた植物質食料の集中的利用に成功して人口が増加したことが，物質文化や宗教的信念の発達と密接に関係していたのだろうと考えられます．中期末から後期にかけて，中

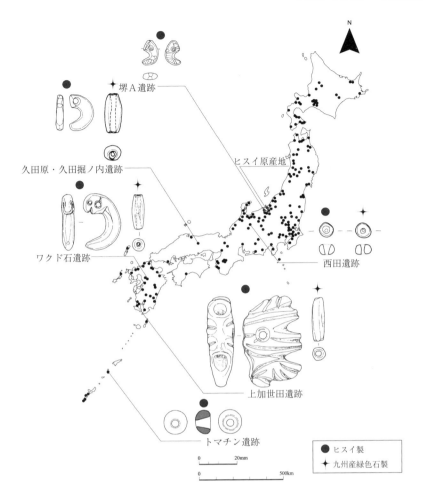

図3　縄文時代後晩期のヒスイ製玉類の分布（Matsumoto, 2011: Figure 1.2 を改変）

部地方を含む東日本では拠点的集落が激減し，遺跡の数自体も大きく減少しますが，それと連動するように西日本では遺跡数の増加が起こります．

　扁平打製石斧が示すような植物質食料を積極的に利用する生業体系への転換が，九州ではかなり上手くいったのでしょう．土器圧痕の証拠から，マメ類の栽培技術も伝わってきたことが分かっています．その結果人口が増え，大規模な拠点的な遺跡が出現するのですが，そのような遺跡で，玉や土偶などの象徴的人工物が作られています（松本，2002a）．後晩期九州の人々は，自分たちの文化のルーツが東方にあるということを意識していたかもしれませんが，そうした状況で遠隔地交渉を一つの戦略として社会の複雑化が進行したと考えられます．遠隔地交渉をする能力によって威信を示すということは，多くの民族誌や考古学的な文化において認められる社会戦略です．そのような行為のひとつとして，朝鮮半島からもいろいろな情報を獲得するということがあったかもしれません（松本，2000）．

そうした遠隔地交渉により，この時期にコメなどの栽培穀物が朝鮮半島からもたらされた可能性があります．明確な証拠はまだ不足していますが，中村大介さんが，熊本の遺跡で出土するかなり大型の土器の使用痕を調べたところ，コメを炊いたときにできるような吹きこぼれが付いているという指摘をしています（中村, 2012）．この段階には水田などは見つかっていないので，本格的な稲作農耕を行っているわけではないと思いますが，お祭りのときに皆で食べるような特別な食物としてコメを栽培している，あるいは朝鮮半島から入手しているという可能性が考えられます．

ただし，朝鮮半島で出土する縄文系の土器からは，縄文時代後期後葉から晩期前半にかけてはむしろ海峡を超えた交流が低調であるという指摘もあります（岡田・河, 2010）．また，中九州の台地上を中心に展開した遺跡群とその文化は，晩期中葉にはほぼ解体してしまいます．拠点的な集落は放棄されてしまい，南九州や北部九州の平野部に新たに遺跡が増えていくという大きな社会変動が起きています．この段階の交流や社会変化は，弥生文化成立にスムーズに連続するものではなかったようです．このあとに続くのが，第2段階の北部九州における弥生文化の生成です．

3 弥生文化の成立

弥生文化は，北部九州の縄文晩期文化と，朝鮮半島南部の無文土器文化の，積極的な融合によって誕生します．朝鮮半島からはいろいろな文化要素がセットで入ってきますので，ただ習いに行った，教えてもらったというのではなくて，移住者が来ているのだろうと考えられます．しかし，移住者だけで住んでいるコロニーのような遺跡は今のところ見つかっていません．ひとつの遺跡の中で，縄文系の道具と，朝鮮半島系の道具とが混在して出土するのです．恐らく在来の集団と移住者が一緒に住んでいるのでしょう．

どうしてそのようなことが起こったのでしょうか．日本列島ではいよいよ本格的な水稲農耕を始めるわけですが，本格的な農耕社会への移行というのは，それまでの縄文的な世界観のもとでは認知的に非常に困難だったのではないかと思います．そこで，それまでの伝統的な世界観や価値体系を大きく転換するために，ある種のエスニシティ転換が必要だったのではないかと考えます（松本, 2002b）．現存する狩猟採集民については，ほとんどが農耕社会と密接な関係を持っていますが，自分たちの生き方に誇りを持ち，簡単に農耕生活に移行しようとしない事例が報告されています．縄文社会が，長く朝鮮半島と交流を持ちながらもなかなか本格的な農耕の導入に至らなかったのは，このようなアイデンティティに関わる認知的抵抗のためかもしれません．水稲農耕の導入にあたっては，もう自分たちはそれまでの自分たちではない，というような，エスニシティの転換が，少なくとも北部九州では起きていたのではないかと考えます．

具体的な資料として，朝鮮半島南部の大也里遺跡と福岡県の曲り田遺跡の出土遺物を比較してみましょう（図4）．土器については，壺形土器が朝鮮半島から九州に導入されます．折衷的な資料も若干ありますが，甕は基本的に在来の突帯文土器がそのまま使われています．もうひとつ，

縄文から弥生への文化変化　117

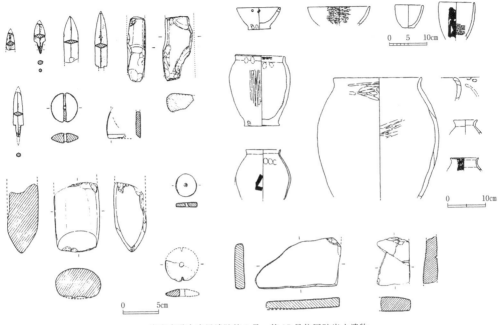

慶尚南道大也里遺跡第3号・第15号住居跡出土遺物

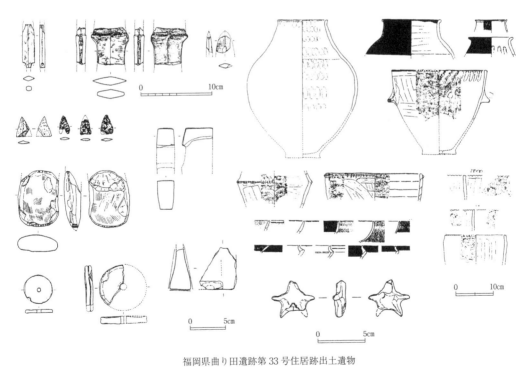

福岡県曲り田遺跡第33号住居跡出土遺物

図4　弥生時代開始期の集落出土遺物の比較（松本，2002bより）

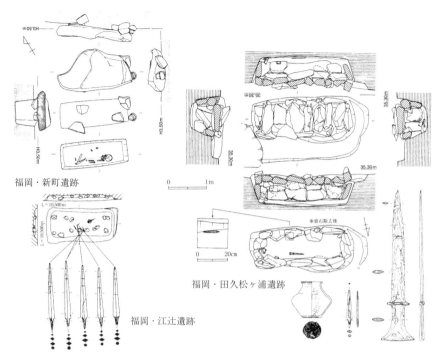

図5　北部九州における弥生時代開始期の墓制（松本，2002bより）

　朝鮮半島から導入される顕著な資料としては，磨製石鏃や磨製石剣という石製武器があります．その一方で，打製石鏃は縄文の伝統としてそのまま継続します．朝鮮半島では，無文土器時代に入る前に打製石器は作らなくなってしまいますから，打製石器は明らかに縄文的伝統です．北部九州では，打製石鏃は弥生時代中期以降にはほぼなくなってしまうのですが，日本列島は打製石器の伝統が非常に強く，中国地方や近畿地方では弥生時代後期半ばごろまで打製石鏃を使っています．また，石鏃以外にも，石包丁や石剣などに打製石器の伝統が強く残ります．曲り田遺跡では，土偶のようなものも出土していますが，弥生時代の開始期には近畿地方でも土偶が作られます．朝鮮半島では櫛目文土器時代から土偶は稀ですから，これも縄文的伝統を示すものでしょう．

　弥生文化成立期にイデオロギー的な大転換が起きたことを示すのが，お墓の変化です．朝鮮半島南部の墓は，石棺やあるいは石槨をもち，非常に墓壙の大きいものや，大きな石を上に乗せるものがみられます．大石を載せるタイプのものは支石墓といいます．このような墓に丹塗磨研小壺や石製の武器，玉類などを副葬品として入れるという習俗を持っています．墓の規模や副葬品の量の違いなどから，ある程度社会的な階層化が進行していたということも推定できます．

　弥生時代開始期の北部九州にも，石棺や石槨をもつ墓や支石墓といった，朝鮮半島と共通した墓制が登場し，小壺や石製の武器，玉などを副葬するという習俗も導入されています（図5）．こうした墓制の転換は，人間と自然との関係や，人間どうしの関係，死に対する考えというようなものが，大きく変わったことを示します．ちなみに，このような朝鮮半島系の墓から人骨が出て

いる例はそれほどないのですが，福岡県新町遺跡では縄文系の形質を持ち，しかも縄文の伝統にのっとった抜歯をしている人骨が支石墓から出土していますので，移住者が来て自分たちのやり方でお墓を作ったということではなく，在来の人たちが新しい習俗を取り入れているということが分かります．

また，弥生時代開始期に朝鮮半島から導入される丹塗磨研の小壺は，朝鮮半島では副葬品として出土することが多く，葬儀に関係する土器という性格をもっていたとみられます．一方，縄文時代後晩期の九州では土器棺というものがあって，幼くして亡くなった子供を土器に入れて埋葬する習俗がありました．使用するのは日常煮炊きに使用している深鉢で，浅鉢をかぶせてカプセル状にすることもありました．この二つの伝統が融合して，弥生時代開始期には，大型の壺を作って

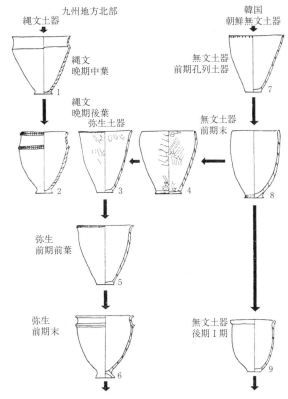

図6　弥生土器の成立過程（家根，1984より）

土器棺として使うという，まさにイノベーションが起きます．縄文の土器棺という伝統と，朝鮮半島に由来する副葬用の壺というものを合わせて，積極的に新しい文化を生み出したことを示す事例です．

弥生土器の成立についても見てみましょう（図6）．縄文土器と朝鮮半島の無文土器は，粘土の帯の積み上げ方が少し違っています．縄文土器は幅2cmほどの粘土紐を巻き上げて成形しますが，無文土器は幅4cmほどの帯状の粘土を積み上げて成形します．初期の弥生土器も，後者の粘土帯積み上げ方式で作られていますから，朝鮮半島式の土器の作り方が入ってきて，その影響のもとに弥生土器ができたということが分かります．土器の成形の仕方は，完成した土器を見ても分かりませんから，土器の作り手が実際に来ているということを示す証拠になるわけですが，弥生土器が朝鮮半島の土器に一番似ているのは，この生まれたての段階で，そのあとはまた差異が拡大していきます．弥生土器を作るハビトゥスと，無文土器を作るハビトゥスは大きく違っているのです（中園，1988）．弥生土器の成立期に人の移動を含む活発な情報交流があったことが，弥生土器誕生の状況から推察されます．

4 変化の要因

これまで基本的に日本列島側の視点から話をしてきましたが，朝鮮半島側の事情についても考えてみましょう．ここで第1段階とした，日本列島に朝鮮半島系の文化要素がぱらぱらと選択的に入ってくる段階は，ひょっとすると朝鮮半島の集団にとっても，将来的に移住を考えるきっかけとなるような日本列島についての情報が入手できた期間だったかもしれません．どこに農耕に適した平野があるかなどの自然環境についての知識を得たり，あるいは縄文集団との何らかのコネクションを形成していくような時期であったと見ることもできます．

また朝鮮半島からの移住を促した要因として，最近指摘されているのは，気候の寒冷化です．紀元前1000年前後に寒冷期があったと推定されていまして，これによって食料生産量が低下して，支えきれなくなった人口が押し出されるようなかたちで日本列島に来たのではないかという可能性が提示されています（Hashino, 2011）．日本列島においても，気候の寒冷化が，縄文時代後期末から晩期初頭にかけて中九州で発達した社会の崩壊という現象の引き金になっているかもしれません．また，縄文時代後期から晩期にかけて，西日本では沖積平野の形成が活発化し，平野部の面積が増えていくような状況がみられますが，これも気候変動と関わる環境変化として，弥生時代への移行という大規模な変化が起きる状況を整えることにつながった可能性があります．

もう一つ考えられるのは，社会的要因です．朝鮮半島では農耕開始以来雑穀などの畑作が主流なのですが，青銅器時代の後期前半に，稲作が主たる生業の中に加わってきます．それとともに，集落の大規模化や階層化が進行します．武器副葬の本格化にみられるイデオロギーの変化や，人口増加とそれに伴う社会の複雑化・階層化などの現象が顕著になる時期というのが，ちょうど弥生文化が誕生する時期に重なってくるのです．

日本列島では，従来縄文時代晩期後半とされていた突帯文土器の山の寺式，夜臼式土器の時期が，弥生時代の早期ないし開始期にあたります．朝鮮半島南部では，紀元前13世紀ごろから青銅器時代に入りますが，青銅器時代中期の先松菊里段階ぐらいから，人口増加や階層化などの社会的な複雑化が顕著になります．弥生時代の始まりは，ま

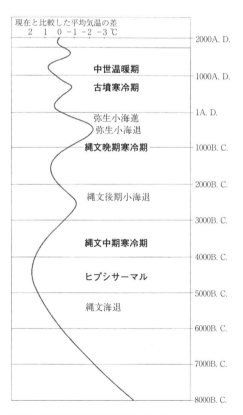

図7　日本列島の気候変動（中村, 2012より）

さにこの頃に相当しています．こうした社会状況の中で，北部九州に移住した人たちがいたということが分かります．

現在推定されている気候変動と対応させて見ると，北部九州における弥生文化誕生の時期は，縄文晩期寒冷期にあたります（図7）．晩期になる頃からだんだんと寒冷化し，現在の平均気温よりもぐっと下がってきたころに弥生文化が誕生するというような対応関係になっています．

ただ，最初に述べましたように，この時期の具体的な年代や朝鮮半島との併行関係については未確定なところがありますので，自然環境の変化と社会動態がどのように相互に影響を与えあっているのかという因果関係については曖昧なところがあります．大ざっぱにいいますと，朝鮮半島南部で本格的な稲作が始まって人口増加が進んだところで寒冷化が起こり，食料生産量が減少したことが契機になっている可能性があります．といっても，単に食い詰めた人たちが流れてくるということでもなさそうです．朝鮮半島のこの時期にはある程度社会的階層化が進んでいますので，例えば首長のような立場の人の息子で，親からテリトリーを継承できないなどの事情で，ある程度の社会的ランクがあるのだけれども，海外に新天地を求めたいと思った人，そのような性格の人を含む人々が日本列島に渡ってきたという可能性があります（松本，2002b）．

おわりに

縄文から弥生への大変革は，もっともドラスティックな変化は弥生時代早期といわれる時期に起きるわけですが，それに先立つかなり長期的な準備期間というものがあって，それを抜きにして全体を理解することはできないのではないかと思います．また，弥生文化というのは，在来の縄文集団と，朝鮮半島からの移住者という出自の異なる集団が共住して，双方の文化伝統を積極的に融合させることによって形成されたものです．

ここで設定した第2段階で，なぜ劇的な変化が起きるのかというと，それはやはり，地理的文化的に形成されたある種の境界というものがあったからではないかと考えます．これは，九州と朝鮮半島の間にあたります．当然現代のような国境というものはありませんので，行き来はもちろん自由にできるのですが，海峡があるために，自然発生的に形成された文化的なまとまりがあり，それが状況に応じて集団的アイデンティティの形成を促したでしょう．

そのような環境においては，一方の地域で大きな社会的・文化的変化が生じた場合，ただ水が流れるようにだらだらともう一方の地域に流れ込むことはありません．ある程度の交流はありますから，情報としては入ってくるはずですが，そのような動きに対してどう対応するかということを検討するプロセスが恐らくあっただろうと思います．それによって選択的な受容が生じるわけですが，ある段階で意を決して新しい生活様式に転換するという判断がなされたときに，このようなドラスティックな変化が生じるのではないかと考えています．

環境変動というものも，その過程で重要な役割を果たしている可能性があります．社会的要因の具体的内容については，年代的なところをさらに詰めていく必要がありますが，縄文から弥生

への変化から見えてくることがいくつかあります．人間集団がある一定の環境において生存しているときには，そこで生きていくためのさまざまな知識や技術の体系などを含む文化を持っているわけです．さらに，それを支える象徴的な信念の体系というものを，少なくとも私たちホモ・サピエンスは，恐らく普遍的に形成しています．

　それが，例えば新しく農耕を始めるというようなときには，非常にドラスティックに変わることになります．そこに至るまでの歴史的なコンテクスト，社会的な状況，自然環境等の諸要因が密接に絡み合っていて，そのような状況の中での当事者の意思決定というものが変化の重要な鍵になっているのではないかというように感じております．*

* 本稿は，公開シンポジウム『石器文化から探る新人・旧人交替劇の真相』（2014年3月15日，於：名古屋大学野依記念学術交流館）における講演録「縄文から弥生への文化変化」に加筆して作成したものである．

引用文献

今村啓爾（1999）縄文の実像を求めて．吉川弘文館，東京．
大坪志子（2003）縄文の玉から弥生の玉へ―朝鮮半島との比較を通して―．先史学・考古学論究Ⅳ，龍田考古会，熊本，pp. 415-436.
岡田憲一・千　羨幸（2006）二重口縁土器と孔列土器―山陰地方の縄文晩期土器と韓半島の無文土器―．古文化談叢，55: 1-46.
岡田憲一・河　仁秀（2010）韓半島南部終末期櫛文土器と縄文土器の年代的併行関係―韓国・東三洞貝塚出土の縄文土器を中心に―．古文化談叢，65(1): 21-40.
小畑弘己（2011）東北アジア古民族植物学と縄文農耕．同成社，東京．
小林達雄（2001）岡本太郎と縄文の素顔．岡本太郎と縄文展．NHKプロモーション・川崎市岡本太郎美術館，東京，pp. 7-11.
千　羨幸（2008）西日本の孔列土器．日本考古学，25: 1-22.
中園　聡（1988）折衷土器の製作者―韓国勒島遺跡における弥生土器と無文土器の折衷を事例として―．史淵，130: 1-29.
中村大介（2012）弥生文化形成と東アジア社会．塙書房，東京．
松本直子（1998）玉類の分析からみた縄文時代後晩期における文化動態の一側面―情報伝達にかかわる認知的・社会的要因―．人類史研究，10: 40-53.
松本直子（2000）縄文・弥生変革と遠距離交易に関する一試論―Helmsの説と南海産貝輪交易―．高宮廣衞先生古稀記念論集　琉球・東アジアの人と文化（上巻），尚生社，西原，pp. 427-435.
松本直子（2002a）伝統と変革に揺れる社会―後・晩期の九州―．安斎正人編，縄文社会論（下），同成社，東京，pp. 103-138.
松本直子（2002b）縄文・弥生変革とエスニシティ．考古学研究，48(2): 24-41.
家根祥多（1984）縄文土器から弥生土器へ．縄文から弥生へ．帝塚山考古学研究所，奈良，pp. 49-78.
Hashino S. (2011) The diffusion process of red burnished jars and rice paddy field agriculture from the southern part of the Korean peninsula to the Japanese Archipelago. In Matsumoto N., Bessho H. and

Tomii M. (eds.) Coexistence and Cultural Transmission in East Asia. Left Coast Press, Walnut Creek, pp. 203-221.

Matsumoto N. (2011) The cognitive foundation of long-distance interaction and its relation to social contexts. In Matsumoto N., Bessho H. and Tomii M. (eds.) Coexistence and Cultural Transmission in East Asia. Left Coast Press, Walnut Creek, pp. 31-47.

III 交替劇の背景

複合的狩猟技術の出現

―新人のイノベーション―

佐野　勝宏

はじめに

　私は，旧人と新人の狩猟方法について話したいと思います．新人の時代である後期旧石器時代に入ると，磨製骨角器の側縁に石器を埋め込み，それを更に木の柄に装着する複数素材の組み合わせ道具が現れます（小野，2011）．また，後期旧石器時代には，投槍器の使用も始まり，投槍器あるいは弓を用いて投射される技術は，複合的投射技術（complex projectile technology）と呼ばれています（Shea and Sisk, 2010）．ここでは，石器・骨角器・木器の3素材の組合せ狩猟具を，投槍器あるいは弓をもいて投射する狩猟を複合的狩猟技術（complex hunting technology）と呼び，複合的狩猟技術が出現するまでの狩猟技術の発達史について話します．

1　ネアンデルタールの狩猟具

　まず，旧人ネアンデルタールの狩猟具から話します．ネアンデルタール以前の狩猟具に関する証拠は極めて少なく，ドイツのシェーニンゲン遺跡から出土した木製槍が有名です（Thieme, 1996; Behre, 2012）．シェーニンゲン遺跡に関しては，小野（2001）が詳しいのでそちらをご参照ください．ネアンデルタールの狩猟具の直接的な証拠は，シリアのウム・エル・トゥレルという遺跡でみつかっています．この遺跡の5万年前を遡るIV3b層からは，石器の断片が野性ロバの頚椎に突き刺さった状態で出土しています（Boëda et al., 1999）．この石器断片は，形態と稜線の入り方から，元々はルヴァロワ尖頭器だったと考えられ，槍先として使用され，破損した状態で野生ロバの頚椎に残されたと考えられます．

　また，同じ遺跡から，ルヴァロワ尖頭器が柄に着柄されていた事を裏付ける証拠も確認されています．およそ7万年前とされるVI3c層から，アスファルトが付着したルヴァロワ尖頭器が出土しています（Boëda et al., 2008）．アスファルトは，基部に集中して付着しており，着柄のための膠着剤として使われたものと考えられています．

　先程のロバの頚椎に突き刺さった状態で出土した石器は，既に欠損してしまった断片ですが，次にルヴァロワ尖頭器あるいはムステリアン尖頭器が，実際に狩猟具として使われていたことを示す証拠を見てみたいと思います．これは，使用痕分析と呼ばれる石器の機能を特定する研究で明らかになるわけですけれども，実はムステリアン尖頭器あるいはルヴァロワ尖頭器と呼ばれる

石器の機能は，かなり長い間よく分かっていませんでした.

最初の狩猟具としての証拠の提示は，1986年に出版されたイギリスのMIS6の時期に当たるラ・コット・ドゥ・セント・ブリレードという遺跡の報告書の中でごく簡単におこなわれています．この遺跡から出土したムステリアン尖頭器の先端部は，溝状の剥離痕があり，狩猟時の損傷の可能性が指摘されました (Callow, 1986)．ただ，この指摘はそれ程注目されませんでした．その2年後，ジョン・シェイという研究者が，ケバラ洞窟の約6万年前の層から出ているムステリアン尖頭器に，狩猟時についたと考えられる衝撃剥離が認められることを紹介しています (Shea, 1988)．

ただし，ネアンデルタールの狩猟具に関する証拠はこれ以降増加せず，長らくはムステリアン尖頭器やルヴァロワ尖頭器が狩猟具として使われたことを示す確固たる証拠は蓄積されませんでした．しかし，ごく最近になって，続々とムステリアン尖頭器やルヴァロワ尖頭器が狩猟具として使われた証拠が報告されています．イタリアのMIS3のオスクルシュート遺跡では，複数のムステリアン尖頭器の先端部に，彫器状剥離あるいはクラッシングと呼ばれるに衝撃剥離が確認されています (Villa et al., 2009)．また，スペインのイベリア半島北部に位置するMIS4から6に位置づけられる複数の遺跡で，ルヴァロワ尖頭器やムステリアン尖頭器に，縦溝状剥離や彫器状剥離等の多様な衝撃剥離が確認されています (Lazuén, 2012)．更に遡ってMIS7，およそ25万年前のフランスのビアシュ＝サン＝ヴァーストという遺跡から，ムステリアン尖頭器に衝撃剥離がついていたことが報告されています (Rots, 2013)．この遺跡の使用痕分析をおこなったロッツという研究者は，着柄痕分析のスペシャリストですが，彼女は複数のムステリアン尖頭器に着柄痕も確認しており，着柄して狩猟具先端部として使われたことを指摘しています.

2　シェーニンゲンの槍の担い手と着柄を始めた人類

このように，ムステリアン尖頭器やルヴァロワ尖頭器を柄に装着し，組合せ狩猟具として使うという行為が，およそ25万年前の中期旧石器時代の早い段階からおこなわれていたことが明らかになってきました．近年，南アフリカのカトゥ・パン1遺跡で，約50万年前の層から出土した二次加工尖頭器に衝撃剥離が観察され，木の柄に装着した狩猟具の証拠として報告されましたが (Wilkins et al., 2012)，主張された衝撃剥離の信頼性に問題があるため (Rots and Plisson, 2014)，ここでは保留扱いにしたいと思います．シェーニンゲン遺跡の年代は，近年の地質編年や花粉層序の再検討と泥炭の^{230}Th/U年代測定の結果，MIS9内のラインスドルフ間氷期の約30万年前に位置づけられるとされています (Behre, 2012)．そうすると，シェーニンゲンの槍を使っていた人類が誰だったのかという問題が，少し複雑になります（表1）．シェーニンゲンよりも10万年ほど古いものの，共通する石器が出土するドイツのビルツィングスレーベンでは，ホモ・エレクトスとされる骨が出土しています (Mania, 1990)．一方，南西ヨーロッパのより広範な地域では，約60〜30万年前までの間，ドイツのマウアー (Wagner et al., 2010)，スペインのシマ・デ・ロス・

表1 約60〜30万年前の代表的な人骨出土遺跡とシェーニンゲン遺跡の年代

遺跡	国	年代	人類種	参考文献
マウアー	ドイツ	609±40 ka	ホモ・ハイデルベルゲンシス	Wagner et al., 2010
シマ・デ・ロス・ウエソス	スペイン	427±12 ka	ホモ・ハイデルベルゲンシス	Arnold et al., 2014
チェプラーノ	イタリア	MIS11	ホモ・ハイデルベルゲンシス／ホモ・エレクトス？	Manzi et al., 2010; Mounier et al., 2011
ビルツィングスレーベン	ドイツ	MIS11	ホモ・エレクトス？	Mania, 1990
スワンスクーム	イギリス	MIS11	初期ネアンデルタール	Stringer and Hublin, 1999
アラゴ	フランス	>350 ka	ホモ・ハイデルベルゲンシス	Falguères et al., 2004
シュタインハイム	ドイツ	MIS9	初期ネアンデルタール	Hublin, 2009
シェーニンゲン	ドイツ	MIS9		Behre, 2012

ウエソス（Arnold et al., 2014），フランスのアラゴ（Falguères et al., 2004）で，ホモ・ハイデルベルゲンシスの化石が出土しています．イタリアのチェプラーノ（Mounier et al., 2011）から出土した化石は，ホモ・エレクトス的特徴が指摘されていますが（Ascenzi et al., 1996），原始的形態を持ったホモ・ハイデルベルゲンシスとする考えもあります（Manzi, 2011; Mounier et al., 2011）．しかし，特にイギリスのスワンスクームやドイツのシュタインハイムから出土した人骨の特徴を根拠に，40〜30万年前に，既にネアンデルタール的形質が出現しているという主張もされています（Hublin, 2009）．したがいまして，系統分類に基づいてシェーニンゲンの槍を製作・使用した人類種を同定することは困難です．

一方，着柄技術に関しては，少なくとも30万年前以前に着柄を示す確実な証拠はありません．そして，30万年前以降は，主にネアンデルタール人骨が出土するようになります．したがいまして，現状の証拠からは，石器を着柄して組み合わせ道具を作り始めた最初の人類種は，ネアンデルタールであると言えるかと思います．

3 投槍器や弓の考古学的証拠

では，今度は，このような組合せ狩猟具がどのように使われていたのかという問題について考えてみたいと思います．最初の段階では，おそらく突き槍か投げ槍かということが問題になりますが，仮に投げ槍として使われていたとしても，投げ槍猟時の対象獣との有効射撃距離は8〜10mと言われておりまして（Churchill, 1993），より確実にしとめるためになるべく近づいて狩猟をします．したがいまして，突き槍にせよ投げ槍にせよ，接近戦を余儀なくされたと考えられまして，狩猟時の危険というものは，常に伴っていたと考えられます．

そうすると，安全な距離を保ったまま狩猟具を投射する遠隔射撃がいつ開始されたのかということが重要になってくるわけですが，その遠隔射撃を可能にする道具は，投槍器や弓です．投槍器の考古学的証拠で一番古いのは，後期旧石器時代の中葉，フランスのコンブ・サニエール遺跡のソリュートレアン層から出土した投槍器の断片です（Geneste and Plisson, 1986; Cattelain, 1989）．

図1　フランス，コンブ・サニエール遺跡から出土した最古の投槍器
ソリュートレアン期（Stodiek, 1993: Tafel 73 をトレース）．

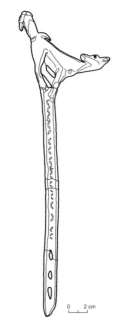

図2　フランス，マス・ダズィル洞窟から出土した子鹿の装飾が施された角製投槍器
マグダレニアン期（Stodiek, 1993: Tafel 55 をトレース）．

これは，較正年代で 2.35〜2.1 万年前の投槍器と考えられています．

　弓矢の証拠はずっと新しく，以下で示す年代は全て較正年代ですが，ヨーロッパでは 1.4 万年前のフェーダー・メッサー期に矢柄研磨器が出土しています．弓そのもの考古学的証拠となるともう少し新しくて，ドイツのシュテルモーアという遺跡では，約 1.3 万年前以降のアーレンスブルギアンの層から矢柄と弓が出土しています．ただ，シュテルモーアの弓は，第二次世界大戦中に焼失していまして，現存するものとしては，デンマークのホルメガードという中石器時代の遺跡から出土した弓が最古となり，年代は約 9 千年前となります．

　これは，コンブ・サニエール遺跡から出ている投槍器ですが，非常に小さな断片のみが出土しています（図1）．もしこの投槍器の返しの部分が消失してしまっていたら，投槍器だと分からないですね．ですから，このような証拠は，その遺跡の保存状況に非常に左右されてしまいます．実際に投槍器の数が増えるのは，2 万年前以降のマグダレニアンの頃で，装飾が施された精巧な投槍器が増えてきます（図2）．

4　複合的投射技術の出現と交替劇

　ジョン・シェイは，このような有機質で遺跡の保存状態に左右される考古学的な証拠ではなく，石器の形態分析から投槍器あるいは弓が使用された時期を特定する研究を進めました．彼が，投槍器や弓を用いた複合的投射技術の出現期に関心を持ったのは，安全な距離から早い投射速度でより確実に獲物をしとめることができる狩猟技術は，突き槍や投げ槍では狩猟が困難な，俊敏に

動く中小動物の狩猟や，水生動物や鳥類の狩猟も可能にすることができ，狩猟技術上の画期的な革新であったと考えたからです（Shea and Sisk, 2010）．

　複合的投射技術の開始時期を探る方法として，彼は北米民族資料に注目します．北米では，遺跡から出土する槍先形石器が，投槍器で投射された槍先のダートであったのか弓で投射された鏃であったのかを同定しようとする試みが古くからありました．ヒューズという人は，トーマスやショットが提示した民族資料のダートや鏃のデータを基に，横断面面積（Tip Cross-Sectional Area: TCSA）と横断面外周（Tip Cross-Sectional Perimeter: TCSP），そして重量は，考古資料においてダートと鏃を識別する有効な基準となると指摘しました（Hughes, 1998）．

　シェイは同僚のシスクと共に，この TCSA と TCSP を使用して，実際の考古資料から，狩猟具の先端部がどのように投射されたのかを同定しようとしました．TCSA は，最大幅のところの断面積で，TCSP は最大幅のところの外周になります（佐野，2012 参照）．シェイは，最初に TCSA のみを分析に使っていましたが，その後彼の同僚のシスクと TCSP の方が貫通力との相関が強いことを突き止め（Sisk and Shea, 2009），TCSP も積極的に使うようになっています．

　最初に，アフリカの分析事例について見てみます．彼らは，クラシーズ・リバー・マウスの三角形剥片，スティルベイ尖頭器，ポーク・エピックの両面調整尖頭器と片面調整尖頭器，アテリアン有舌尖頭器の TCSA および TCSP 値を，北米民族のダートや鏃と比較しました（Sisk and Shea, 2011）．ここで分析されている石器は，いずれもホモ・サピエンスによって残されたと考えられる槍先形石器です．分析の結果，TCSP の値では，ポーク・エピックの両面調整尖頭器と，Aoulef および Azrag 遺跡出土アテリアン有舌尖頭器が，箱ひげ図の分布で北米民族のダートの分布と重なり，統計的にも有意な差が見出されないことがわかりました．特に，エチオピアのポーク・エピック洞窟の年代は，7〜6 万年前とされているため，ホモ・サピエンスがユーラシア大陸に拡散していく少し前に，東アフリカで投槍器の使用が開始されたのではないかと推察しています．

　次にレヴァント地方を見ていきますが，こちらでは TCSA 値の分析のみがなされています（Shea, 2006）．また，この分析では，民族事例のダートや鏃の他に，実験の結果，耐久性と貫通力において理想的な突き槍の形態というものを出しているのですけれども，その形態の TCSA も比較検討の材料にしています．レヴァントでは，様々な遺跡から出土したルヴァロワ尖頭器とムステリアン尖頭器が分析されていますが，レヴァントの中期旧石器時代はネアンデルタールとホモ・サピエンスの両方の遺跡があります．分析された石器の内，タブン C とスフール B のルヴァロワ尖頭器が，ホモ・サピエンスによって残された石器になります．しかし，分析の結果，ネアンデルタールとホモ・サピエンスのいずれの人類種に残された尖頭器も，北米民族のダートや鏃よりも遥かに大きく，突き槍のデータに近いということが分かりました．

　次に，後期旧石器時代初頭の資料の分析結果を見ていきますが，対象資料は，エミレー尖頭器，後期旧石器時代初頭のルヴァロワ尖頭器とムステリアン尖頭器，クサル・アキル尖頭器，背付き尖頭器，斜断尖頭器，エル・ワド尖頭器です．検討結果を見ますと，クサル・アキル 22-24 層と

ウチャズリ F-H 層出土ムステリアン尖頭器，クサル・アキル 15-21 層出土片面調整尖頭器，クサル・アキル尖頭器，背付き尖頭器，斜断尖頭器，ウチャズリ出土エル・ワド尖頭器は，TCSA 値が北米民族のダートの分布と重なり，クサル・アキル出土エル・ワド尖頭器は北米民族の鏃の TCSA よりも更に小さい値に集中しました．統計的にも，これらの尖頭器は北米民族のダートと優位な差がないかそれよりも明らかに小さいという結果になっているため，シェイはこれらの尖頭器は複合的投射技術によって投射された石器であろうと結論づけています．そして，複合的投射技術によって投射されたと考えられる尖頭器は，いずれもホモ・サピエンスによって残された石器と考えられていて，5万年前以降に現れます．ちなみに，エル・ワド尖頭器のうち，クサル・アキルから出土しているものは，TCSA 値が北米民族の鏃よりも更に小さい値になっていますが，後でお話しします通り，これはおそらく鏃として使われたというよりも，側縁に埋め込む着柄方法によるのではないかと私は考えています．

次に，ヨーロッパを見ます．中期旧石器時代のルヴァロワ尖頭器とムステリアン尖頭器，移行期文化であるセレッティアンの木葉形尖頭器，ボフニチアンの木葉形尖頭器，シャテルペロニアン尖頭器，そして後期旧石器時代のフォン・ロベール尖頭器，グラベット尖頭器，ソリュートレアンの両面調整と片面調整尖頭器が検討されています．ボフニチアンに関しては，実際には小さなルヴァロワ尖頭器が多く出土する移行期文化ですが，ここでは共伴することもある木葉形尖頭器が検討されています．北米民族事例との比較結果を見ると，シャテルペロニアン尖頭器，フォン・ロベール尖頭器，小型ソリュートレアン片面調整尖頭器が，ダートの TCSA 分布と重なり，統計的にも優位な差がないことがわかりました．また，グラベット尖頭器に関しては，ダートより小さく，鏃より大きいという結果となりました．これらの北米民族のダートと同じかそれよりも小さい尖頭器の内，シャテルペロニアン尖頭器以外は，いずれもホモ・サピエンスによって残されたことが確実です．シャテルペロニアン尖頭器に関しては，研究者によってその担い手に関する意見が異なり，大論争の対象となっています（佐野・大森，本書）．

以上の結果を受け，ジョン・シェイは，ホモ・サピエンスがユーラシア大陸へ拡散する直前，約7～6万年前ぐらいに，アフリカ大陸の一部で，複合的投射技術，投槍器の使用が始まり，レヴァントとヨーロッパでは，ホモ・サピエンスが拡散してくる5～4万年前頃に，複合的投射技術が出現すると指摘しています．この結果を受け，彼は複合的投射技術はホモ・サピエンスによって開発され，ホモ・サピエンスの拡散とともにユーラシア大陸各地に拡がったと結論づけています．そして，複合的投射技術を獲得したホモ・サピエンスは，食料獲得においてネアンデルタールに優位に立ち，結果としてネアンデルタールとの生存競争に勝利したのだと言っています (Shea, 2006; Sik and Shea, 2011)．

5 狩猟用石器の小型化

シェイ等の研究は，ネアンデルタールとホモ・サピエンスの交替劇を，人類の食料獲得戦略上

とても重要な狩猟技術の発達に基づいて説明しており，とても興味深い指摘ではありますが，いくつか問題があります．一つは，彼が投槍器で投射された石器を同定する基準として用いた民族資料のダートの形態的特徴が，必ずしも世界各地で共通する普遍的な特徴ではなかったことです．例えば，オーストラリア・アボリジニーは，北米民族よりもずっと大きなダートを投槍器で飛ばしています（Newman and Moore, 2013）．もう一つの問題は，シェイが分析対象とした尖頭器が，実際に狩猟具の先端部として使用されたとは限らないということです．したがいまして，本来ならば使用痕分析をして狩猟具として使われたことが明らかな資料のみを扱った方がより信頼性が高いと言えます．このような問題を踏まえ，私は，狩猟時に石器に形成される衝撃剥離や微細衝撃線状痕の発生パターンから，狩猟具の投射方法を復元するための投射実験を進めています（佐野ほか，2012；佐野・大場，2014）．実験はまだ途上ですが，この実験を継続していけば，ある程度狩猟具の投射方法を復元することができるのではないかと考えています．

ただ，一方でシェイ等の研究成果が全く無意味だと考えているわけではなく，彼らの指摘には重要な示唆があると考えています．というのは，先程オーストラリア・アボリジニーは，より大きな石器を投槍器で飛ばしている問題について触れましたが，逆に小さな狩猟用石器のみを突き槍や投げ槍の先端につけて使用している事例の報告はありません．機能効率的には，突き槍や投げ槍の槍先は，大きく，重量を持っていた方がより機能を発揮し，逆に小さな石器は十分に機能を発揮できないと考えられます．したがいまして，側縁に複数の石器を着柄する場合は，小さな石器を突き槍や投げ槍の先端に使用する場合もあるかもしれませんが，基本的には特殊な使用例を除いては，小さな石器を突き槍や投げ槍の先端に装着して使用することは稀であったと考えています．

そういった観点で，狩猟用石器の形態的変化を通時的に見ていくと，小型化の傾向が顕著に見て取れます．例えば，MIS6段階のルヴァロワ尖頭器やムステリアン尖頭器を見ると，まだ非常に大きいのがわかります（図3: 9, 10）．これが，およそ5〜4.5万年前ぐらいの中期から後期旧石器時代移行期の段階で見られるルヴァロワ尖頭器になると，明らかに小型化しています（図3: 11, 12）．先ほど見ました通り，この段階のムステリアン尖頭器の一部は，北米民族ダートと有意な差が無い程に小型化しています．4.5万年前以降に南西ヨーロッパに現れるシャテルペロニアン尖頭器になると，更に小型化しており，一部ではなく全体として狩猟用石器が小型化している傾向が見られます（図3: 1-3）．また，シェイは分析していませんでしたが，シャテルペロニアン尖頭器とほぼ同じ時期にイタリア半島とギリシャに現れるウルッツィアンの三日月形尖頭器は，変異はあるもののシャテルペロニアン尖頭器よりも更に小さく，一部は細石器と言えそうなほどの大きさです（図3: 4-8）．このようなシャテルペロニアン尖頭器や三日月形尖頭器が全て突き槍や投げ槍の先端部として使われていたとは考え難いので，やはりシェイが指摘するように，この頃に複合的投射技術による狩猟がおこなわれ始めたと言えそうな気がします．

更にその次の段階の4.3万年前以降になりますと，先程見たエル・ワド尖頭器，ヨーロッパではプロト・オーリナシアン期のクレムス尖頭器（Teyssandier, 2008）（フォン・イヴ尖頭器とも呼ば

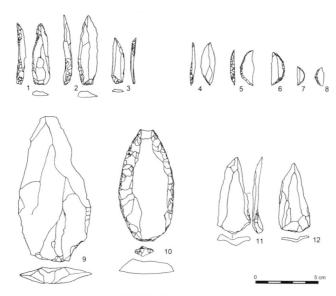

図3　狩猟用石器の大きさの変化

1〜3：カヌールII遺跡から出土したシャテルペロニアン尖頭器（Bordes and Teyssandier, 2011: Fig. 2 の一部を再トレース），4〜8：カヴァロ洞窟から出土したウルッツィアンの三日月形尖頭器（Moroni et al., 2013: Fig. 2 の一部を再トレース），9：ヴフレ洞窟 VII 層から出土したルヴァロワ尖頭器（Rigaud, 1988: Fig. 18-1 を再トレース），10：ラインダーレン＝オストエッケから出土したムステリアン尖頭器（Bosinski, 2008: Abb.121-5 を再トレース），11：ボーカー・タクチット遺跡レベル 2 から出土したルヴァロワ尖頭器（Teyssandier, 2008: Fig. 7-8 を再トレース），12：ストランスカ・スカーラ遺跡から出土したボフニチアンのルヴァロワ尖頭器（Teyssandier, 2008: Fig. 7-5 を再トレース）．

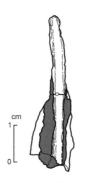

図4　フランス，パンスヴァン遺跡から出土した背付き小石刃が埋め込まれた角製尖頭器

マグダレニアン期（Piel-Desruisseaux, 2007: Fig. 137 を再トレース）．

てきたが，近年はオーリナシアン最終段階との識別のために使うべきではないとされる（Bordes et al., 2011））．そして背付き小石刃が出現します．これらの石器の中には，衝撃剥離が認められる資料があることから（O'Farrell, 2005），狩猟具として使用されていたことがわかります．また，ずっと新しい時期ではありますが，マグダレニアンのパンスヴァン遺跡では，同様の形態の背付き小石刃が角製尖頭器の側縁に埋め込まれた状態で出土しているため（図4），プロト・オーリナシアンのクレムス尖頭器や背付き小石刃もおそらく同じように側縁に着柄されて使用されたものと考えられます．

　パンスヴァンの事例は，角製尖頭器の側縁に背付き小石刃が装着されているので，この背付き小石刃を装着した角製尖頭器が，更に木の柄に着柄されたものと予想されます．マグダレニアンの角製尖頭器は，側縁に溝を持つ資料も多いので（図5），マグダレニアン期には，最初にご紹介

した，石器，骨角器，木からなる複数素材の組み合わせ狩猟具がかなり普及していたことがわかります．そして，この時期は投槍器も数多く見つかっていますので，複数素材の狩猟具を投槍器あるいは弓で投射する複合的狩猟技術が完成していたものと考えられます．

それでは，このような複合的狩猟技術の起源はどこまで遡るのかというと，それははっきりとわかりません．マグダレニアンにならないと側縁に溝のある角製尖頭器や投槍器の数は増えてきませんが，有機質の遺物は遺跡の保存状態に大きく依存しますので，起源について断定的なことをいうことは難しくなります．しかしながら，ヨーロッパで言えば，4.3万年前以降のプロト・オーリナシアンの時期に既に背付き小

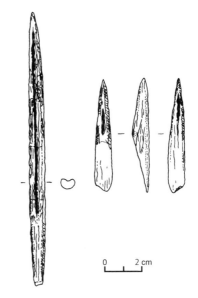

図5 フランス，プラカール洞窟から出土した側縁に溝のある角製尖頭器

マグダレニアン期（Piel-Desruisseaux, 2007: Fig. 243 を再トレース）．

石刃が増加するため，この時期に先端部に一つの尖頭器を着柄する方法から，側縁に複数の石器を着柄する方法へと発展したものと考えられます．そして，この時期には既に投槍器の使用が始まっていたものと考えられます．したがって，ネアンデルタールがヨーロッパにおいて絶滅する頃（佐野・大森，本書），ホモ・サピエンスは狩猟方法において既に技術革新をしていたものと考えられるのです．

6 新人狩猟具のイノベーションと人類進化

最後に，このような狩猟技術の出現が，如何なる点で革新的であったのかを述べて，私の話を終わりにしたいと思います．ヨーロッパの後期旧石器時代初頭であるプロト・オーリナシアン期には，ホモ・サピエンスは既に投槍器による狩猟具の投射や複数の小さな石器を側縁に埋め込む着柄技術を開発していたと考えられ，これらの技術はそれまでの先行人類の狩猟法に比べて複雑な工程を踏んでいます．

ネアンデルタールまでの先行人類は，製作した槍を手で突くか投げて狩猟していたと考えられています．これを，投槍器という間接道具を追加することで，投射距離と投射速度を格段に向上させることに成功しました．これにより，シェイが指摘する様々な狩猟上のアドバンテージがもたらされたと考えられます．しかし，製作に手間のかかる投槍器を用意し，直接投げずにわざわざその間接道具を使って投射する行為は，より複雑な工程を踏むことで得られる優位性を重視し

た結果と考えられます．

　小型石器を側縁に複数着柄する方法も，先行人類には見られなかった着柄技術で，1点の尖頭器を槍先に着柄するよりも，より複雑な着柄方法になっていますが，やはりそれに見合うメリットがあると考えられます．一つは，槍先に石器を1点装着した槍の場合，石器が破損したら，槍先をまるごと取り替える必要がありますが，複数の小型石器が側縁に着柄されている場合，破損した石器のみを取り替えれば良いため，メインテナンスがより簡易であると言われます（藤本, 1997）．また，小石刃・細石刃は，少ない石材から大量に製作でき，軽量であるため，持ち運びし易いというメリットも有ります（藤本, 1997）．

　そして，小石刃・細石刃を骨角製尖頭器の側縁に埋め込み，その骨角製尖頭器を木に装着する着柄技術になると，工程がより複雑になり，更に手間がかかりますが，それに見合ったメリットが期待できます．まず，骨角製尖頭器の製作には非常に時間を要しますが，石器あるいは木の先端に比べ，骨角製尖頭器は耐久性がありますので，損傷しにくくなります．石器の場合は大きく損傷したらそれで終わりですし，木の先端の場合も骨角製よりも破損し易いため，損傷の度に大きく切断して加工し直す必要があります．一方，骨角製尖頭器の場合，損傷が小さいため，変形した先端部を再加工することで使い続ける事ができます．更に，木の槍に直接石器を着柄する場合，柄となる木も頻繁に損傷し，その度に損傷した箇所を切断する必要があり，次第に柄が短くなっていきます．しかし，先端部を骨角器に変えることで，木の損傷がおさえられます．短くなった柄は，重心の位置が変わってバランスが悪くなりますので，投槍器を使った遠隔射撃には使えなくなり，その意味でも柄の長さを保つことが重要になります．また，氷期のヨーロッパは，多くの地域が森林ステップからツンドラステップで，十分な長さのある木の獲得が常に容易であったわけではないことを考えると，木の損傷を抑えることは当時の狩猟採集民にとって重要な課題であったと考えられるわけです．

　このように，ホモ・サピエンスの狩猟具は，先行人類の狩猟具よりも，遥かに複雑な製作・使用工程を踏んだものへと変化していきます（表2）．ホモ・サピエンスの複合的狩猟技術は，手間をかけることによって，最終的なメリットを最大化させた技術と言えます．弓矢猟や罠猟は，このような複雑な製作・使用工程を踏む狩猟技術の最たるものであり，ホモ・サピエンスの認知能力の発達程度を示していると指摘されています（Lombard and Haidle, 2012; Lombard and Wadley, in

表2　狩猟方法の発達と人類の進化

年　代	狩猟具の素材	着　柄	投射方法	人類種
＞30万年前	木器	無し	手突き／手投げ	ホモ・ハイデルベルゲンシス／ホモ・エレクトス？
25〜4万年前	木器 石器＋木器	先端部に着柄	手突き／手投げ	ネアンデルタール
4.5万年前〜	石器＋木器 石器＋骨角器＋木器	先端部に着柄 側縁に複数着柄	手突き／手投げ 投槍器, 弓	ホモ・サピエンス

press). 長い人類の進化史の流れで見ると，狩猟具や狩猟法の発達は，人類進化をある程度反映していることが予想されます．したがいまして，ホモ・サピエンスの狩猟技術に見られるイノベーションは，ホモ・サピエンスと旧人の認知能力差や学習行動の差を議論する重要な手がかりの一つであると考えています．*

* 本稿は，公開シンポジウム『旧人・新人の狩猟具と狩猟法』（2013年2月9，10日，於：東北大学川内キャンパス）における講演録「複合的狩猟技術の出現：新人のイノベーション」に加筆して作成したものである．

引用文献

小野　昭（2001）打製骨器論：旧石器時代の探求．東京大学出版会，東京．

小野　昭（2011）旧石器時代の人類活動と自然環境．第四紀研究，50: 85-94.

佐野勝宏・傳田惠隆・大場正善（2012）狩猟法同定のための投射実験研究（1）―台形様石器―．旧石器研究，8: 45-63.

佐野勝宏・大場正善（2014）狩猟法同定のための投射実験研究（2）―背付き尖頭器―．旧石器研究，10: 129-149.

藤本　強（1997）細石器（VI）―細石器の果たした役割―．東京大学考古学研究室紀要，15: 137-156.

Arnold L.J., Demuro M., Parés J.M., Arsuaga J.L., Aranburu A., Bermúndez de Castro J.M. and Carbonell E. (2014) Luminescence dating and palaeomagnetic age constraint on hominins from Sima de los Huesos, Atapuerca, Spain. Journal of Human Evolution, 67: 85-107.

Ascenzi A., Biddittu I., Cassoli P.F., et al. A calvarium of late *Homo erectus* from Ceprano, Italy. Journal of Human Evolution, 31: 409-423.

Behre K.-E. (2012) Die chronologische Einordnung der paläolithischen Fundstellen von Shöningen. Forschungen zur Urgeschichte aus dem Tagebau von Schöningen Band 1. Verlag des Römisch-Germanischen Zentralmuseums, Mainz.

Boëda E., Bonilauri S., Connan J. et al. (2008) Middle Palaeolithic bitumen use at Umm el Tlel around 70,000 BP. Antiquity, 82: 853-861.

Boëda E., Geneste J.M., Griggo C. et al. (1999) A Levallois point embedded in the vertebra of a wild ass *Equus africanus*: hafting, projectiles and Mousterian hunting weapons. Antiquity, 73: 394-402.

Bordes J.-G., Bachellerie F., Brun-Ricalens F.L. and Michel A. (2011) Towards a new "transition" : new data concerning the lithic industries from the begnning of the Upper Palaeolithic in Southwestern Fance. In: Derevianko A.P. and Shunkov M.V. (eds.) Characteristic Features of the Middle and Upper Palaeolithic Transition in Eurasia. Asian Palaeolithic Association, Novosibirsk, pp. 102-115.

Bordes J.-G. and Teyssandier N. (2011) The Upper Paleolithic nature of the Châtelperronian in South-Western France: archeostratigraphic and lithic evidence. Quaternary International, 246: 382-388.

Bosinski G. (2008) Urgeschichte am Rhein. Kerns Verlag, Tübingen.

Callow P. (1986) The flint tools. In: Callow P. and Conrnford J. (eds.) La Cotte de St. Brelade. Geo Books, Norwic, pp. 251-314.

Cattelain P. (1989) Un crochet de propulseur solutréen de la grotte de Combe-Saunière 1 (Dordogne). Bulletin de la Société Préhistorique Française, 86: 213-216.

Churchill S.E. (1993) Weapon technology, prey size selection, and hunting methods in modern hunter-gatherers: implications for hunting in the Palaeolithic and Mesolithic. Archeological Papers of the American Anthropological Association, 4: 11-24.

Falguères C., Yokoyama Y., Shen G. et al. (2004) New U-series dates at the Caune de l'Arago, France. Journal of Archaeological Science, 31: 941-952.

Geneste J.-M. and Plisson H. (1986) Le Solutréen de la grotte de Combe Saunière 1 (Dordogne). Première approche palethnologique. Gallia Préhistoire, 29: 9-27.

Hublin J.J. (2009) The origin of Neandertals. Proceedings of the National Academy of Sciences, 106: 16022-16027.

Hughes S.S. (1998) Getting to the point: evolutionary change in prehistoric weaponry. Journal of Archaeological Method and Theory, 5: 345-408.

Lazuén T. (2012) European Neanderthal stone hunting weapons reveal complex behaviour long before the appearance of Modern Humans. Journal of Archaeological Science, 39: 2304-2311.

Lombard M. and Haidle M.N. (2012) Thinking a bow-and-arrow set: cognitive implications of Middle Stone Age bow and stone-tipped arrow technology. Cambridge Archaeological Journal, 22: 237-264.

Lombard M. and Wadley L. (in press) Hunting technologies during the Howiesons poort at Sibudu cave. In: Iovita R. and Sano K. (eds.) Multidisciplinary Approaches to Stone Age Weaponry. Springer, Dordrecht.

Mania D. (1990) Auf den Spuren des Urmenschen. Die Funde aus der Steinrinne von Bilzingsleben. Deutscher Verlang der Wissenschaften, Berlin.

Manzi G. (2011) Before the emergence of *Homo sapiens*: overview on the Early-to-Middle Pleistocene fossil record (with a proposal about *Homo heidelbergensis* at the subspecific level). International Journal of Evolutionary Biology, 2011: 1-11. doi: 10.1537/ase.070413

Manzi G., Magri D., Milli S. et al. (2010) The new chronology of the Ceprano calvarium (Italy). Journal of Human Evolution, 59: 580-585.

Moroni A., Boscato P. and Ronchitelli A. (2013) What roots for the Uluzzian? Modern behaviour in Central-Southern Italy and hypotheses on AMH dispersal routes. Quaternary International, 316: 27-44.

Mounier A., Condemi S. and Manzi G. (2011) The stem species of our species: a place for the archaic human cranium from Ceprano, Italy. PLoS ONE, 6: e18821. doi: 10.1371/journal.pone.0018821

Newman K. and Moore M.W. (2013) Ballistically anomalous stone projectile points in Australia. Journal of Archaeological Science, 40: 2614-2620.

O'Farrell M. (2005) Étide préliminaire des éléments d "armature lithique de l" aurignacien ancien de brassempouy. In: Brun-Ricalens F.L. (ed.) Productions Lamellaire Attribuées à l'Aurignacien. Chaîne Opératoire et Perspectives Technoculurelles. ArchéoLogisques, Luexembourg, pp. 395-412.

Piel-Desruisseaux J.-L. (2007) Outils Préhistoriques: Du Galet Taillé au Bistouri D'obsidienne. Dunod, Paris.

Rigaud J.P. (1988) La grotte Vaufrey à Cenac et Saint-Julien (Dordogne)-Paléoenvironnements, chronologie et activités humaines. Mémoires de la Société Préhistorique Française Tome XIX, Paris.

Rots V. (2013) Insights into early Middle Palaeolithic tool use and hafting in Western Europe. The functional analysis of level IIa of the early Middle Palaeolithic site of Biache-Saint-Vaast (France). Journal of Archaeological Science, 40: 497-506.

Rots V. and Plisson H. (2014) Projectiles and the abuse of the use-wear method in a search for impact. Journal of Archaeological Science, 48: 154-165.

Shea J.J. (1988) Spear points from the Middle Paleolithic of the Levant. Journal of Field Archaeology, 15: 441-450.

Shea J.J. (2006) The origins of lithic projectile point technology: evidence from Africa, the Levant, and Europe. Journal of Archaeological Science, 33: 823-846.

Shea J.J. and Sisk M.L. (2010) Complex projectile technology and *Homo sapiens* dispersal into Western Eurasia. PaleoAnthropology, 2010: 100-122. doi: 10.4207/PA.2010.ART36

Sisk M.L. and Shea J.J. (2009) Experimental use and quantitative performance analysis of triangular flakes (Levallois points) used as arrowheads. Journal of Archaeological Science, 36: 2039-2047.

Sisk M.L. and Shea J.J. (2011) The African origin of complex projectile technology: an analysis using tip cross-sectional area and perimeter. International Journal of Evolutionary Biology. doi: 10.4061/2011/968012

Stodiek U. (1993) Zur Technologie der jungpaläolithischen Speerschleuder: Eine Studie auf der Basis archäologischer, ethnologischer und experimenteller Erkenntnis. Verlag Archaeologica Venatoria, Institut für Ur- und Frühgeschichte der Universität Tübingen, Tübingen.

Stringer C.B. and Hublin J.J. (1999) New age estimates for the Swanscombe hominid, and their significance for human evolution. Journal of Human Evolution, 37: 873-877.

Teyssandier N. (2008) Revolution or evolution: the emergence of the Upper Paleolithic in Europe. World Archaeology, 40: 493-519.

Thieme H. (1996) Altpaläolithische Wurfspeere aus Schöningen, Niedersachsen: ein Vorbericht. Archäologisches Korrespondenzblatt, 26: 377-393.

Villa P., Boscato P., Ranaldo F. and Ronchitelli A. (2009) Stone tools for the hunt: points with impact scars from a Middle Paleolithic site in southern Italy. Journal of Archaeological Science, 36: 850-859.

Wagner G.A., Krbetschek M., Degering D. et al. (2010) Radiometric dating of the type-site for *Homo heidelbergensis* at Mauer, Germany. Proceedings of the National Academy of Sciences, 107: 19726-19730.

Wilkins J., Schoville B.J., Brown K.S. and Chazan M. (2012) Evidence for Early Hafted Hunting Technology. Science, 338: 942-946.

新人・旧人の認知能力をさぐる考古学

松本　直子

はじめに

　新人と旧人の認知能力について，考古学的資料からどのようにアプローチすることができるでしょうか．認知考古学という立場からこれまでの研究事例について整理し，どのような視点から貢献ができるかを考えてみたいと思います．認知考古学は，基本的な研究方法は一般的な考古学と同じですが，認知心理学，発達心理学，神経心理学，進化心理学などの認知諸科学，あるいは認知的視点からフィールドワークを行う認知人類学などの成果を参照しながら考古資料を分析することによって，明確な認知的理論に基づいて過去の行動パターンや文化の在り方を解釈・説明しようとするものです．

　この交替劇のテーマでありますネアンデルタールとサピエンスについては，それほど認知能力的な差を認めないという立場の考古学者もいます（Zilhao et al., 2006 など）．その一方で認知考古学的な立場から，ある程度差があったと推定する研究が複数あります．生得的な認知能力差を想定する研究者としては，スティーヴン・マイズン，リチャード・クライン，トマス・ウィンとフレデリック・クーリッジらがいます（ミズン，2006; Kline and Edgar, 2002; Wynn and Coolidge, 2004 など）．コロラド大学のウィンとクーリッジは，ウィンが考古学者で，クーリッジが心理学者なのですけれども，共同研究で認知進化に関する研究を活発に行っています．このような立場の研究者は，考古資料から推定される狩猟のパターン，石器などの物質文化の生産技術，あるいは象徴的な人工物の有無などから想定される象徴的な思考力の違いなどに注目して，ネアンデルタールとサピエンスでは生得的な認知能力に差異があったのだと推定しています．

　進化的な視点から見ますと，脳神経に関わる遺伝子も，身体の他の形質に関わるものと同様に突然変異や自然淘汰によって変化していくはずですので，分岐の年代もある程度古くて，形質的にも違いがあるネアンデルタールとサピエンスの間に認知的な面においても差があったと考えるのは，不思議ではないということです．

　ただ，認知考古学的な方法というのは，常に生得的な認知能力を前提とするところから出発するわけではありません．サピエンスが生みだした文化においても大きな多様性が認められますが，それは生得的な認知能力によるものではなく，文化や歴史，環境要因などによって生成されるものとして説明されるべきと考えます．たとえば，およそ1万年前以降に農耕牧畜が始まることによって人類社会は大きく変貌を遂げますが，そこには遺伝子レベルでの認知能力の変化は関与し

ていません (cf. 前田, 本書). 人間の認知能力と, 自然・文化的環境の相互作用により大きな構造変化が起きると考えるわけです (Renfrew, 2008). しかしながら, やはりサピエンスの文化の在り方とネアンデルタールの文化の在り方では, 同等の能力を想定するのではうまく説明できないのではないかというところが, マイズンらの基本的な根拠になっています.

　ただ, これまでの研究の中には, ある特定領域の行動, 例えば石器製作技術においては, ネアンデルタールとサピエンスの間にほとんど認知能力的な差がないのではないかという意見もあります. また, ネアンデルタールの脳は, サピエンスの脳と形状は異なっていますが, 容量はサピエンスに勝るとも劣ることはありません. ですから, 両者の認知能力の差はあったとしてもそれほど飛躍的なものではなく, 比較的マイナーな, わずかな遺伝子変異による単純な変化であった可能性が高いでしょう. しかし, その僅かな違いが結果的に重大な帰結, すなわち一方の絶滅ともう一方の全世界への拡散という帰結をもたらしたのではないかということが, 基本的な見解になっています.

1　認知能力の差異は何によるものか

　ネアンデルタールとサピエンスが生得的な認知能力において異なっていたとすると, それはどのような性質のものだったのでしょうか. この点について, マイズンの説と, ウィンとクーリッジの説を取り上げて, その共通点や相違点について検討してみましょう. 両者とも, 言語能力の発達, それから, さまざまな情報を一度に処理できる能力が高まったということが, ネアンデルタールとサピエンスの認知能力を分ける非常に重要な要因になったと見ているところは共通しています. さらに, そこからもたらされるものとして, 意識の在り方が変化した点に注目する点も共通しています.

　両者の相違点は, 具体的にどのようなプロセスでそうした変化が起きたと考えるか, というところにあります. マイズンは, 領域固有の知能から流動的知能への転換という視点からサピエンス的知能の登場を説明しています (ミズン, 1998). これは, 進化心理学や発達心理学, 臨床心理学の成果を参照しながら, 人類の知能の進化が, さまざまな個別の課題に対応する領域固有の知能の発達という形で進行したという仮説に基づいています. 進化心理学は, 人の心がさまざまな領域固有の知能 (あるいはモジュール) からなるとし, その比喩としてスイス・アーミーナイフのような心という表現を用いました (Barkow et al., 1992). 進化心理学は, 人類進化史の大部分を占める狩猟採集生活で直面するさまざまな課題にうまく対応できるようなモジュールが進化したため, 生活様式が大きく変わった現代人においても, 実験や調査によって領域固有のモジュールの存在を見出すことができると考えます. しかし, 実態としては現代人である私たちの知能は極めて流動的であり, 認知的な領域間の壁のようなものを感じることは通常はありません. マイズンは, 考古学的な資料が示す状況に基づいて, ネアンデルタールの知能はこうした進化心理学的なモデルから理論的に想定できるが現生人類ではほとんど失われてしまっている状態, すなわち

個々の領域固有の知能は発達しているが，相互の流動性が欠けている状態だったのではないかと考えました．マイズンは，動植物の生態など自然環境の理解や食料獲得に関わる自然史的あるいは博物的知能，他者の感情や思惑を推察し，社会関係の構築に関わる社会的知能，石器製作などに関わる技術的知能という三つの領域固有の知能を設定していますが，それぞれの独立性が高い状態から，流動的な知能へと移行したことによって，いわゆる現代的行動が可能になったというシナリオを描きます．

それでは，どうして認知的流動性が促進されたかというと，社会的知能の領域で徐々に発達していた社会的な交渉のための言語的なものが，ある段階で抽象的な問題などについても語ることができる汎用言語に変化したことが主たる要因であった可能性を提起しています．博物的知能，社会的知能，技術的知能のそれぞれについては非常に高い認知能力が，ネアンデルタール，あるいは古代型のホモ・サピエンスにも存在していたのですが，それらの領域間の流動的な情報のやりとりが汎用言語の登場によって可能になったというモデルなのです．

一方ウィンとクーリッジは，ワーキングメモリの容量拡大というのが重要な要因であったという説を主張しています．ワークングメモリは，心の中で情報を一時的に保持して同時に処理する能力のことを指す認知心理学の用語です．日本語では作動記憶や作業記憶と言いますが，それが拡大したことが原因だと見ています．

ワーキングメモリについてのモデルも研究者によって複数あるのですが，ウィンとクーリッジが依拠しているのは，バデリーという人のモデルで，ワーキングメモリがいくつかの構成要素から成り立っているとするものです（Baddeley and Hitch, 1974; Baddeley, 2007）．その時個体がもっている目的にとって必要な情報に注意を向けさせ，それ以外の情報によって気が散るのを防ぎ，下位の認知プロセスをうまく調整する働きは中央実行系（central executive）として位置づけられます．その下に三つのサブシステムがあります．一つは，音韻ループ（phonological loop）と呼ばれるもので，音声情報を一時的に保持する働きをします．必要な情報を，心の中で音声的に繰り返すことによってずっと覚えていられるようにするメカニズムです．これにより，電話番号など，7桁ぐらいの数字だと，ずっと心の中で繰り返していると，メモ用紙を見つけて書くぐらいまでは覚えていられます．それから，視覚・空間情報については，視空間スケッチパッド（visuo-spatial sketchpad）という別のサブシステムが想定されています．視空間スケッチパッドは音韻情報によっては干渉されず，音韻ループは視覚情報によって干渉されないことから，この二つの認知システムは互いに独立していると考えられています．さらに，これらの情報を統合して，長期記憶として保持されている意味や出来事の記憶と照合して必要な情報を取り出してくるようなメカニズムとして，エピソード・バッファ（episodic buffer）と呼ぶサブシステムも設定されています．

このモデルの中で，音韻ループに関する遺伝子的な変異が生じたことにより，ワーキングメモリの容量が上がったことが大きな変化につながったのではないかというのが，ウィンとクーリッジの仮説です．音韻貯蔵できる情報量が増えることによって，音声情報を心の中で繰り返す能力が向上することになり，それによって音声情報で表された内容を長期記憶の方へ移す，つまりず

っと覚えていられるようになります．それによって，反省的な思考や内省が可能になるでしょう．

この仮説は，言語の発達についても言及しています．恐らく音韻情報の貯蔵量が増加することで，より文法的に複雑で長い文，そして，より具体的で詳細な情報を含んだ文を構築することができます．それによって，命令をするにしても，質問するにしても，より効果的で明確なコミュニケーションが可能になるということです．さらに，「もし〇〇だったら」というような仮定法の表現を私たちはふだん使うわけですけれども，これにより，将来についてのシミュレーション，さまざまな思考実験というものが可能になります．つまり，こうした言語表現ができることで，計画性や長期的なヴィジョンというものも可能になると考えられます．ネアンデルタールがどの程度の言語を話していたかということについては多くの研究がありますが，ワーキングメモリの性能向上がサピエンスとネアンデルタールの認知能力を分かつ主要因と考えるならば，こうした言語能力においても差異があったことが想定されます．

また，ワーキングメモリの容量拡大は，意識の性質の変化も生み出すと考えられます．マイズンとウィン&クーリッジは，そこに至るプロセスの説明では異なる点もありますが，一度にいろいろなことに注意を向けて，それらに対して意識的・反省的に思考することのできる意識の登場が重要であると考える点では一致しています．マイズンが認知的流動性として論じた現象について，その要因を具体的に提示したのがウィンとクーリッジと評価してもよいでしょう．そして，流動的な意識はネアンデルタールにはなかったと推定するところも共通しています．

2　ネアンデルタールの意識

では，ネアンデルタールの意識とはどのようなものだったと考えられるのでしょうか．マイズンは，例えば車を運転しながら職場に向かっているときのような意識であると述べています．それは，毎日毎日繰り返していることですから，「まずエンジンをかけて」というようなことは，あまり意識的には考えません．運転中に猫が飛び出してくるなど，何か意図しないことが起きたら，それに対して適切に反応しなければいけないのだけれども，そうでない限りはそれほど意識的な思考を必要とせず，きちんと職場にたどり着けます．目的を達成することができるわけです．また，マイズンは，「はかなく流れ去るつかの間の意識」というような表現も使っています．

ウィンとクーリッジは，「長期作動記憶に依存する生活」という表現をしています．長期作動記憶というのは，先ほどのワーキングメモリとは性格が全く異なるものです．長い時間をかけて繰り返しやることによって形成される，筋肉の動きなどの身体技法，技術，どのような手順でやるかというような手続き的知識などと呼ばれるような，体にしみ込んだ知識のことを指します．長期作動記憶が形成されるには長期的な修練が必要ですが，これが一旦できてしまうと，あとは状況に応じて必要な記憶をそこから自動的に呼び出していくことによって，かなり複雑で難しい作業でも達成できるというものです．ウィンとクーリッジは，ネアンデルタールの生活というのは，かなりの部分が長期作動記憶に依存していたのではないかと考えています．だとすれば，意

識を集中して思考するというようなことはあまりなかったことでしょう．

　この長期作動記憶というものは，例えば，脳損傷で言語的な長期記憶が失われた人であっても，技術的なことで前に覚えていたことは損なわれないというケースが報告されています．さらに，新しい技術を習得することもできるということで，言語的な知識とは認知的なモジュールとしては別個に存在するとみられています．

　チェスの達人や，あるいは音楽家のような，いわゆるエキスパート的な能力というのは，基本的に長期作動記憶から適切な情報を素早く取り出す能力であると考えられます（Ericsson and Kintch, 1995）．さらに，この能力というのはかなり領域固有的です．チェスの達人は，どのような場合にどのような手を出すということを瞬時に判断できるわけですけれども，そのような人がチェス以外のことでもすごい記憶力を持っているかというと，そうではありません．達人の素晴らしいエキスパート能力は，チェスならチェス，音楽なら音楽という，個別の領域に限定されているのです．

　このように長期作動記憶に基づく能力は特定の領域内に固定されているのですが，その範囲においては，かなりパワフルでフレキシブルな思考や対応が可能になるということです．ただし，その際にワーキングメモリはそれほど必要とはされません．長期作動記憶から状況に応じて引き出すことによって生まれる多様性やフレキシビリティであり，意識的にさまざまな情報を突き合わせるような思考力というものは性格が異なっているのです．

　長期作動記憶や，あるいは身体化された知などについては，心理学の分野でも多くの研究があるのですけれども，実際の道具作りについての人類学的研究もなされています．例えば鉄の道具を作る鍛冶技術についての認知人類学的な視点からの研究があります（Keller and Keller, 1996）．現代の鍛冶職人を対象に，彼らがどのように作業について認知しているかということを調べると，使う道具や原料，時間配分，どのようなものを作るかということは，相互に関連するイメージとして保持されていて，基本的に非言語的なものなのであることが示されます．現代人ですから，研究者が「言語で説明してください」と言えば説明してくれますが，ふだん鍛冶の作業をしているときは，特にいちいち言語化することはしないわけです．

　一連の作業工程の中で，例えば熱や熱した鉄の色などに対する身体的な感覚に応じて，長期作動記憶の中から必要な情報を引き出しながら，最終目的である鉄器の製作をやり遂げていくのです．もちろん作業中にいろいろな不測の事態も起きるわけですから，ある程度のフレキシビリティは必要なわけですけれども，基本的に，すでに長期作動記憶の中にある鉄器作りという枠組みのパラメータの範囲内で対応がなされます．

　以上のような長期作動記憶の性質からすれば，石器製作技術のように長い時間かけて習得する技能に関わる認知能力のみを取り出して見た場合には，新人と旧人の間の認知的な違いのようなものはおそらく見出せないでしょう．しかし，もしウィンとクーリッジが主張するように，ワーキングメモリの容量に差があったとすれば，イノベーションの頻度や内容，長期的計画性などに行動の差異が認められる可能性があります．

3 シャテルペロン文化の解釈

学習に関わる仮説に関連する研究として，ウィンとクーリッジによるシャテルペロン文化についての解釈をみてみましょう（Coolidge and Wynn, 2004）．シャテルペロン文化については，ネアンデルタールによる最終段階の文化としてこれまでもこの研究会でたびたび議論されてきていますのでここで詳しく述べることはしませんが，研究者によってその位置づけは多様です．ただ，シャテルペロン文化の担い手がネアンデルタールであることについては基本的な了解が得られているのではないかと思います（cf. 佐野・大森，本書）．年代的な問題についてもさまざまな議論があり，サピエンスとの接触より前にネアンデルタールが独自に生み出したと考える立場もありますが（Zilhan and d'Errico, 1999），シャテルペロン文化とオーリニャック文化が時期的に重なっていること，すなわちオーリニャック文化をもつサピエンスがヨーロッパに拡散した段階でシャテルペロン文化が生み出されたと考える研究者も多く，ウィンとクーリッジもこの立場にたっています．

シャテルペロン文化は，石刃を用いた石器製作や動物の牙に穿孔した装身具など，オーリニャック文化と共通する要素を備えています．しかし，具体的な製作方法にはオーリニャック文化とは異なる点があることが指摘されています（d'Errico et al., 1998）．例えばデリコらは，フランスのカンセで発見されたシャテルペロン文化の遺跡では，動物の牙の穿孔技術がオーリニャック文化のものとは異なっており，骨角器の作り方にも素材の取り方に独特の技法が見られることから，ネアンデルタールが独自の技術を発展させたものと推定しています（d'Errico et al., 2003）．また，石刃石器の製作においても，剥片の取り方がオーリニャック文化とは異なっており，ルヴァロワ技法に由来する特徴があることが指摘されています（d'Errico et al., 1998）．このような技術的特徴に基づいてデリコらは，ネアンデルタール独自の文化発展の可能性を主張するのですが，それに対してエミュレーションという概念で解釈できるのではないか，という説をウィンとクーリッジは提唱しています．

ここで注目されているエミュレーションという概念は，アンドリュー・ホワイトンらが行った類人猿の社会学習についての分類に基づいています（Whiten, 2004）（図1）．ホワイトンらは，ヒトの社会的学習においては行為そのものを模倣するイミテーションが学習の根幹にあるのに対して，チンパンジーなどの類人猿では行為の目的や結果のみを模倣するエミュレーションが中心であるという認識について，必ずしもきれいに割り切れるものではないとしていますが，ヒトの子どもの場合は最終的な目的と因果的な関係がないと分かった時でさえ，一見無意味に見える行動を模倣する傾向が強いのに対して，チンパンジーでは目的達成が優先されるという差異があることは実験で確認されています．

ウィンとクーリッジは，先ほども触れたように，石器製作に関わる技術や知能においては，ネアンデルタールと新人でほとんど差はないと考えています．石器製作技術そのものの複雑さとい

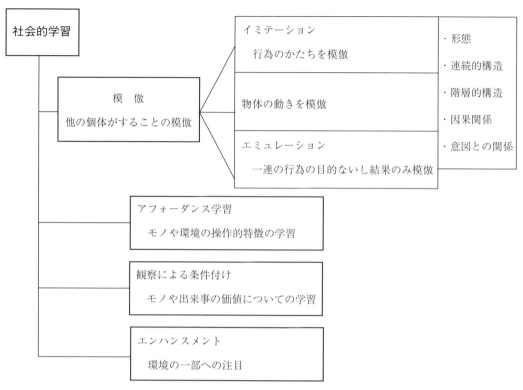

図1 社会的学習の分類（Whiten et al., 2004: Fig. 1 をもとに翻訳・改変）

う点では，むしろネアンデルタールのルヴァロワ技法の方が上ではないか，とも述べています．したがって，もしネアンデルタールが石刃石器や装身具などの製品を作りたいと思えば，自分たちの持っている道具作りの技術によって似たようなものを作ることは難しくなかっただろう，と考えるわけです．イミテーションの場合は行動自体を模倣しますから，剥片の取り方や穿孔の仕方そのものも共通してくるはずですが，そうではない．身体の動き自体ややり方自体を模倣したのではなくて，最終的な目的は理解したうえで，どのようにそれを達成するかについては自分なりの方法でやったのではないか．つまり，デリコらが指摘するシャテルペロン文化の技術的特性は，エミュレーションの結果として解釈できるのではないか，ということです．

さらに，ネアンデルタールの石器製作技術と，新人と恐らく変わらないそれを支える知能があれば，もし実際にサピエンスが石器を作っているところを見たとすれば，その技法をもっと完全にコピーできたのではないか，ということも指摘しています．そうすると，シャテルペロン文化の生成にあたって，ネアンデルタールとサピエンスが直接出会って密接な対人的コミュニケーションをとった可能性はむしろ低く，サピエンスが残した石器や製作残滓などを見て，「あ，こんなもの作れるよ」ということが分かれば十分だったのではないか，とも指摘しています．

4 ネアンデルタールのパーソナリティ

　また，パーソナリティという側面についてもウィンとクーリッジは踏み込んで議論を展開しています（Wynn and Coolidge, 2004）．パーソナリティというと，「優しい」とか，「社交的」とか，「攻撃的」などと表現されるようなもので，これもあるいは学習行動に関連する要因として重要なのかもしれません．気質や感情も，状況に対する反応を左右する要因となりうるからです．しかし，果たしてネアンデルタールのパーソナリティを復元することはできるのでしょうか．

　イアン・タッターソルは，ネアンデルタールの気質について，「攻撃的だったのか控えめだったのか，協力的だったのか個人主義だったのか，真っ正直だったのか狡かったのか，信じやすかったのか疑り深かったのか，荒々しかったのか親しみやすかったのか，それとも私たちと同じようにこの全ての性質を持っていたのか，まったく分からないのだ」（Tattarsall, 2002）と悲観的です．一方ウィンとクーリッジは，彼らのワーキングメモリの容量に対する彼らの説が正しいとすると，ある程度そこから推測できる部分があると主張しています．

　例えば考古資料から推定されることとして，馬などの大型動物を仕留めていることから狩猟技術は非常に高いのだけれども，現代のロデオ選手のように頭部から肩にかけての骨折が多いことから，基本的に至近距離からの攻撃で，槍も遠くから投げるのではなく，直接突き刺すような使い方をしていたのではないかと推定されています（Berger and Trinkaus, 1995）．また，綿密な季節的スケジュールや環境の改変，食料の貯蔵などはみられず，狩りの戦略はどちらかといえば日和見的で，長期作動記憶に基づく個人的技術の高さに負うところが大きかったのではないかとも考えられています．さらに，トリンカウスによると，上半身の骨折については治癒した事例が珍しくないのに対して，下肢骨が骨折したケースでは治癒した例がないということから，歩けなくなった人は置き去りにされ，命を落としたのではないかと推定しています．このようなことから，勇敢だけれども，危険回避のレベルが低く，コスト・ベネフィットの分析をすることがあまり上手ではなくて，ある意味で禁欲的なネアンデルタールの人物像が浮かび上がってきます．

　これらの考古学的に見られる証拠と，現代人で前頭葉の機能障害によってワーキングメモリの能力が阻害された人たちのパーソナリティとを比較してみると，ある程度共通点があるのではないか，ということがウィンとクーリッジの論点です．脳機能障害によってワーキングメモリが阻害された場合，次のような認知的傾向が生じることが指摘されています．

　　あまりユーモアを解さず，怒ったりイライラしたりしやすい．
　　イニシアティブ，創造性，臨機応変性に欠ける．
　　言語能力の低下．
　　喜びや他者への同情を示さない．
　　決断力，計画力に欠け，目的を達成するための組織的な行動ができない．
　　抽象的思考やメタファーが理解できない．

能力があっても，課題を最後までやることができない．

ただ，現代人の脳損傷事例を直接ネアンデルタールに当てはめるということはもちろんできないわけで，この点は，ウィンたちも強調しています．ネアンデルタールのワーキングメモリ容量が現代人よりも劣っていたとしても，どの程度だったのかということを示す具体的な証拠はありませんので，この点はかなり曖昧さが残ります．

おわりに

以上をまとめますと，マイズン説とウィンとクーリッジの説というのは，認知モデルの細部は異なるのですけれども，そこから予測される，例えば考古学的に検証できるような行動パターンというものは基本的に同じです．いずれも，サピエンスにつながる系譜のどこかで生じた遺伝子の変異により，流動的な思考，長期的な計画性，複雑な言語の発達などを生みだす認知能力の変化が起こったことを想定しています．また，石器製作などの長期作動記憶に依存するような行動，あるいは，領域固有の知能だけで遂行できるような行動については，ネアンデルタールとサピエンスの間に学習能力の差を想定する必要はないという判断も共通しています．これが正しいとすれば，石器製作技術のみを見ても，製作者の認知能力の差異については分からない，ということになります．

一方，ネアンデルタールの社会性については，意見が異なっています．マイズンの場合は発達した社会的知能と社会的言語による豊かな交流を想定していますが，ウィンたちは，よりドライで非情な社会関係を想定しています．ただ，これについて考古学的に検証することはかなり難しいかもしれません．

今後の課題としては，認知的な変化をもたらした遺伝的変異が起こったとして，その時期と拡散の様相がどうであったかという問題があります．遺伝子上の変化について考古学的に直接知ることは困難ですし，ある個体に起こった変異が適応的であったとしても，それが集団の中に広がるには時間がかかります．ホモ・サピエンスである現代人の間でも，ワーキングメモリの容量には遺伝子による個人差があることが確認されています．安藤寿康らは，双子を対象にした分析により，音韻情報と空間情報それぞれについて，かなり高い相加的遺伝効果があることを示しています（Ando et al., 2002）．同じ種の中にも常に遺伝的バリエーションが存在し，それが進化の土台となります．とくに，ネアンデルタールとサピエンスのように比較的近縁な種の遺伝的な認知能力の差異について考える場合は，単純な有無という図式ではなく，頻度や程度の問題として検討する必要があります．そこが，教育や学習に関わる慣習や社会組織にあり方を大きく左右する可能性があるからです．

サピエンスの能力とネアンデルタールの能力を比較するときに，交替劇が終わったあとのサピエンスの行動の複雑さが強調されているきらいは，確かにあると思います．そのときによく言われるのが，同じ能力があったのであれば，なぜネアンデルタールは20万年間もそれができなか

ったのかという言い方がされますが，サピエンスの系譜において解剖学的現代人の登場からあまり時間をおかずに認知能力の変化が起きていたとしたら，ホモ・サピエンスもかなり長期的にそれほど大きな変化がなかったということになります．ワーキングメモリの強化に関わる遺伝子変異がいつごろ生じ，それによってどの程度の適応的メリットが生まれ，どのようにしてサピエンス集団の中に拡散していったのか，ということについて，シミュレーションなどで考古学的資料に即したモデル化ができるかどうか，検討していく必要があると思います．

ここには，人口密度の問題や文化伝達の在り方など，そのようないろいろなファクターが絡んできますが，そのあたりもまだはっきりしない部分があります．さらに，言語能力という点で大きな違いがあるとすると，ストーリーテリングなど，言語に基づく教示・学習というものの適応的なメリットの評価と，それが考古学的に検証できるかどうかということについても詰めてみることが有効かもしれません．また，長期的な計画性や創造性という視点，象徴的な人工物についての評価に関しては，同じ考古資料でも研究者によって解釈が異なっているものがかなりありますので，このあたりをさらに精査していく必要があるかと思います．＊

＊ 本稿は，交替劇第7回研究大会シンポジウム4『交替劇への認知考古学的アプローチ』（2013年1月12-14日，於：東京大学理学系研究科）における講演録「交替劇研究への認知考古学の貢献と論点」に加筆して作成したものである．

引用文献

ミズン S.（1998）心の先史時代．青土社，東京．

ミズン S.（2006）歌うネアンデルタール．早川書房，東京．

Ando J., Ono Y. and Wright M. (2002) Genetic structure of spatial and verbal working memory. Behavior Genetics, 31: 615-624.

Baddeley A.D. and Hitch G.J. (1974) Working memory. In Bower G.A. (ed.) Recent Advances in Learning and Motivation, Vol. 8. Academic Press, New York, pp. 47-90.

Baddeley A.D. (2007) Working Memory, Thought and Action. Oxford University Press, Oxford.

Barkow J.H., Cosmides L. and Tooby J. (1992) Adapted Mind: Evolutionary Psychology and the Generation of Culture. Oxford University Press, Oxford.

Berger T.D. and Trinkaus E. (1995) Patterns of trauma among the Neandertals. Journal of Archaeological Science, 22: 841-852.

Coolidge F.L. and Wynn T. (2004) A cognitive and neuropsychological perspective on the Chatelperronian. Journal of Anthropological Research, 60: 55-73.

d'Errico F., Henshilwood C., Lawson G., Vanhaeren M., Tillier A., Soressi M., Bresson F., Maureille B., Nowell A., Lakarra J., Backwell L. and Julien K. (2003) Archaeological evidence for the emergence of language, symbolism, and music: an alternative multidisciplinary perspective. Journal of World Prehistory, 17: 1-70.

d'Errico F., Vilhao J., Julien M., Baffer D. and Pelegrin J. (1998) Neanderthal acculturation in Western Europe? A critical review of the evidence and its interpretation. Current Anthropology Special Issue, 39 supplement: s1-44.

Ericsson K.A. and Kintsch W. (1995) Long-term working memory. Psychological Review, 102: 211-245.

Keller J.D. and Keller C.M. (1996) Cognition and Tool Use: The Blacksmith at Work. Cambridge University Press, Cambridge.

Klein R.G. and Edgar B. (2002) The Dawn of Human Culture. John Wiley and Sons, New York.

Renfrew C. (2008) Prehistory: The Making of the Human Mind. Modern Library, New York.

Tattersall I. (2002) The Monkey in the Mirror: Essays on the Science of What Makes Us Human. Harcourt, New York.

Whiten A., Horner V., Litchfield C.A. and Marshall-Pescini S. (2004) How do apes ape? Learning and Behavior, 32: 36-52.

Wynn T. and Coolidge F.L. (2004) The expert Neandertal mind. Journal of Human Evolution, 46: 467-487.

Zilhao J. and d'Errico F. (1999) The chronology and taphonomy of the earliest Aurignacian and its implications for the understanding of Neandertal extinction. Journal of World Prehistory, 13: 1-68.

Zilhao J., d'Errico F., Bordes J-G., Lenoble A., Texier J-P and Rigaud J-P. (2006) Analysis of Aurignacian interstratification at the Chatelperronian-type site and implications for the behavioral modernity of Neandertals. Proceedings of the National Academy of Sciences of the United States of America, 103/33: 12643-12648.

西アジアにおける新石器化をどう捉えるか

前田　修

はじめに

　西アジアの新石器時代の話をしたいのですが，新石器時代を比較対象として旧石器時代研究の参考になるような話ができればと思います．したがって，新石器時代にどのような遺跡があり，どのような遺物が発掘されているのかを詳細に解説するのではなく，この時代の社会がどのような視点から研究され，どのように理解されているのか，代表的な研究例をいくつかあげて紹介したいと思います．

　第一に，新石器時代が先行する旧石器時代および後続する銅石器時代から何をもって時期区分されているのかを概観します．一般に，新石器時代は植物栽培と動物飼育，いわゆる食糧生産の開始によって定義されます．しかし，食糧生産の開始時期に関しては近年多くの議論が交わされており，さまざまな問題点が浮き彫りになっていますので，この問題について最近の研究成果を整理したいと思います．

　第二に，西アジア新石器時代におけるシンボリズムあるいは象徴的表現の発達という事象に触れたいと思います．この十数年の研究によって，西アジアにおいてこの時代にシンボリズムの急速な発達が見られることが明らかになっているのですが，それと新石器時代の始まり，あるいは新石器化というものがどう関係しているのかについての議論を紹介します．

　そして最後に，私自身の見解として，構造化理論あるいはプラクティス理論と呼ばれる社会学の理論を援用することで，従来とは異なる視点から新石器化を捉えることを試みたいと思います．

1　新石器時代と食糧生産の開始

　ここでは，西アジアの中でも特に新石器時代の研究が進んでいる地域を中心に話を進めます．すなわち，レヴァントとよばれる地中海側の地域，それから北メソポタミアと呼ばれる北イラク，北シリア，南東アナトリア地域で，これらはいわゆる「肥沃な三日月地帯」と称される地域に相当します．これらの地域における時期区分としては，図1に示したように，紀元前1万年頃を境に，旧石器時代と新石器時代を区分するのが一般的です．旧石器時代の終わりは，続旧石器時代あるいは終末期旧石器時代と呼ばれ，それに続く新石器時代のうち，土器が出現する以前の時期を先土器石器時代と呼び，さらにそれが先土器新石器時代A期とB期に細分されます．そして，

152　Ⅲ　交替劇の背景

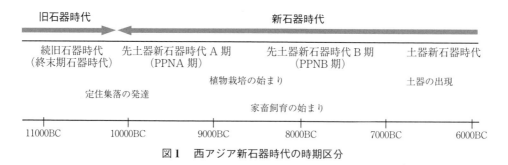

図1　西アジア新石器時代の時期区分

土器が出現する紀元前7千年頃以降のおよそ1千年を土器新石器時代と呼ぶのが慣例となっています.

　新石器時代は，食糧生産の開始をもって旧石器時代から区分され，定義されてきました．しかし，近年の調査の進展に伴い，実際に植物栽培，動物飼育の確かな証拠がいつ頃から見られるようになるのかを精査しますと，食糧生産の確実な証拠の出現と新石器時代の開始が必ずしも一致しないことがわかってきました．そのため現状では，新石器時代という用語は必ずしも食糧生産の時代を意味するものではなくなっているといえます．

　それではこの時代の食糧生産に関して，どのようなことがわかっているのでしょうか．西アジアで最初に栽培化された植物はムギとマメの類いです．動物では，ヒツジ・ヤギ・ウシ・ブタが食用として最初に家畜化されました．ただし前述のとおり，これらの植物・動物が新石器時代の初めに一斉に栽培化，家畜化されたのではありません．栽培型の植物，家畜型の動物の確かな証拠が出てくるのは意外と遅く，先土器新石器時代B期に入ってからのことなのです．

　確かな証拠とは何かといいますと，例えばムギの場合は形質的特徴が栽培型であるムギが遺跡から出土すればムギ栽培の確実な証拠とされます．栽培型ムギの特徴の一つは，畑でムギが熟してもポロポロと実が落ちずに，実をつけたまま完熟する性質です．野生型のムギは熟してくると自然に実が脱落することで自ら種を撒くのですが，栽培型は突然変異によってこのような脱落性が失われた遺伝子を持ちます．こうした非脱落性は，ムギを収穫する間に実が落ちてしまわないため人間にとっては都合が良く，刈り取ったムギの一部を翌年の種籾として播種する過程において，栽培型が種籾として自然選択される可能性が実の落ちる野生型に比べてわずかに高くなります．そしてこのサイクルを毎年繰り返すうちに，栽培型のムギが選択される割合が徐々に増え，最終的には栽培型ムギの利用が支配的になるのです．

　こうした栽培化の過程において残された炭化した栽培型のムギこそが栽培の証拠とされるのですが，実は確実に栽培型といえるムギが見られるようになるのは新石器時代の初頭ではなく，従来考えられていたよりもかなり遅くなります．もともとは，紀元前1万年頃に植物栽培の証拠がありそうだということでこの時期から後を新石器時代として区分したのですが，その後数十年の調査を経てもそれほど早い時期から栽培型ムギの確実な証拠は出てきません．つまり，栽培型ムギの利用をもってムギ栽培の開始とするならば，ムギ栽培の始まりは，いわゆる新石器時代の始

まりよりも遅いのだということになります．

ただし話はそう単純ではありません．というのは，栽培型の性質を持つムギの増加というのは，ムギの栽培を始めてすぐに現れるわけではないためです．何十年，何百年，さらには何千年にわたって栽培行為を繰り返す中で，人間にとって都合の良い栽培型のムギが徐々に増加し，考古資料として残されるまでに至るというものですので，逆に言えば栽培型の証拠が目に見える形で出現する以前から，実際にはムギの栽培がおこなわれていた可能性があります．このような，栽培型ムギが出現する以前に野生型のムギを栽培していた段階を，考古学ではプレ・ドメスティケーションと呼んでいます．

このプレ・ドメスティケーションの段階が何百年あるいは何千年か続いていたと仮定するならば，新石器時代の始まる紀元前1万年頃にはムギの栽培はすでに始まっており，栽培型の特徴をもったムギの証拠が表れるのがもう少し遅れるのだという可能性があります．ただし，このプレ・ドメスティケーションの証拠を考古学的に捉えるのは難しく，いつごろ栽培行為が始まったのかを明らかにするのは容易ではありません．現状では，最も古い時期に栽培型のムギが出現するユーフラテス河中流域の遺跡において，栽培型が出現する前から野生型ムギの利用が盛んであったことがわかっていますので，この段階で野生型のムギを栽培していた可能性が十分にあると考えられます．

プレ・ドメスティケーションの問題は動物の家畜化についてもあてはまります．例えばキプロス島にはもともと野生のヤギ，ヒツジ，ウシ，ブタは生息していなかったと考えられているのですが，それが新石器時代の初頭の遺跡から出土します．新石器時代に人間の手によって動物がキプロス島に運び込まれたようなのですが，このヤギ，ヒツジ，ウシは野生型であり，家畜型の特徴をもっておりません（Vigne et al., 2011）．したがって，野生のウシやブタを無理矢理船に乗せて連れてきたのでなければ，すでに家畜として飼育されてはいたものの形態的には家畜型になっていない野生型のウシやブタを連れてきたと考えることができます．すなわち，プレ・ドメスティケーションの段階の動物を運んできたということになります．

2　新石器化の速度

それでは次に，栽培型植物や家畜動物はどのくらいの時間をかけて増加したのかを見てみますと，かなり長い時間をかけたプロセスであったことが最近の研究成果から指摘されています．ムギに関しては，図2の中で最も古いカラメル遺跡では野生型が圧倒的に多く，ネヴァル・チョリ遺跡，ケルク遺跡と年代が下るにつれ栽培型が増加しますが，栽培型が過半数を占めるコサック・シャマリ遺跡は紀元前5千年頃の銅石器時代の遺跡ですから，栽培型が出現してから優勢になるまでに3千年以上が経っていることになります（丹野，2008）．また，図3に示した野生動物から家畜動物への推移をみても，家畜型が出現する先土器新石器時代B前・中期から，それが優勢になる後期まで1千年以上が経っています（有村，2009）．このような状況を見ますと，やは

154　Ⅲ　交替劇の背景

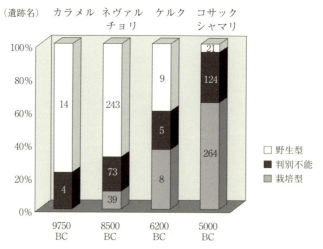

図2　野生型ムギから栽培型ムギへの移行（丹野，2007より）

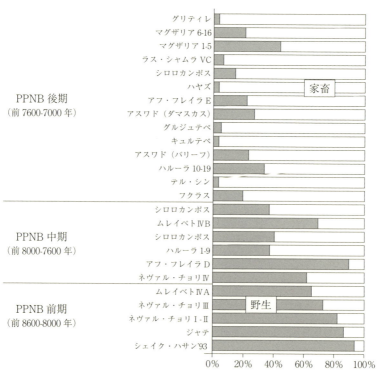

図3　野生型から家畜動物への移行（有村，2009より）

図4　儀礼の場と考えられる特殊な建物：ネヴァル・チョリ遺跡
(Hauptman and Özdoğan, 2007).

りプレ・ドメスティケーションという段階が数百年から数千年間続き，その後に栽培型ムギあるいは家畜型動物というものが現れ，それがさらに数千年をかけて徐々に増えていくというシナリオが想定されます．新石器時代における食糧生産の発達というものは，実際にはかなりゆっくりと進行したものと考えられるのです．

　植物・動物の遺存体以外の考古資料，すなわち道具や装飾品などの遺物からも，このような緩やかなドメスティケーションのプロセスが支持されます．例えばムギの刈り取りに用いられたと考えられる農耕具を見ると，鎌刃と呼ばれる石製の刃を木製や骨角製の柄に取り付けて鎌として用いた石器があります（例えば前田, 2013）．この鎌刃石器が増加するのも先土器新石器時代Ｂ期に入ってからのことで，新石器時代の開始とともに増加するわけではありません．また，動物の描写表現を取り上げると，壁画やレリーフ，石製品や骨製品の装飾などに表される動物の種類は，新石器時代初頭の先土器新石器時代Ａ期にはヘビ，サソリ，キツネ，イノシシなど野生動物の描写が目立ちます．家畜として代表的なウシ，ヤギ，ヒツジなどが土偶として表現されるのは先土器新石器時代Ｂ期以降になります（例えば有村, 2009）．結局このような証拠から見ても，新石器時代が始まると同時に食糧生産が急速に発達したということではなさそうだといえるのです．

　さらに，食糧生産に伴う社会の変化に関しても，新石器時代の始まりとともに社会が大きく変わるような状況は見られません．新石器時代には，人口の増加に伴い集落規模が拡大します．建物は円形のものから矩形のものが主体となり，倉庫や儀礼の場など公共の場と考えられる空間も出現します（図4）．また，工芸技術も発達し，丁寧な装飾を施した精巧な作りの石製容器や石製品なども多く製作されるほか，石器製作においてもかなり複雑な工程を経たものが見られるようになり，さらには土器の利用も開始されます．印章の使用も始まり，幾何学文を施した石製のスタンプ印章が物資の管理に利用されたと考えられています．ただしこのような社会変化はどれも

新石器時代の開始とともに一度に起こっているわけではなく，それぞれが異なるタイミングで出現し，時間をかけて発達していきます．

結局このような状況を鑑みると，新石器時代という名称で時期区分をするのが一般的となってはいるものの，ある一時点をもってここからが新石器時代であると定義することに大きな意味はなく，食糧生産がいつ開始されたのかを過度に重視する必要はないと考えられます．それでも，食糧生産の開始が新石器時代の社会変化を導く大きな要因であったとみなすことができるかも知れません．しかしながら，小規模な食糧生産の開始が安定した食糧生産社会への発展につながる必然性というものはありません．狩猟採集民の民族誌からは，食糧生産を一度始めてもすぐに止めてしまう例や，栽培のノウハウを知っていてもそれを自分たちの生業として採用しない例などが知られています（Kitahashi, 2003）．つまり，食糧生産が可能であるからといって，必ずしもそれが新石器化につながっていくとは限らないということがいえます．このように考えると，食糧生産の開始自体を人類史の画期と捉え，旧石器時代が終わって新石器時代という新しい時代が幕を開けるといったイメージで捉える図式は妥当ではないということになるでしょう．

3　シンボリズムの発達と新石器化

食糧生産の開始自体を過大視することはできないと述べましたが，新石器時代に食糧生産が発達する事実，そしてこの時代に新石器化と呼ばれる様々な社会変化が起こったという事実に違いはありません．それではこの新石器化という社会変化のきっかけは何であったのかについて，食糧生産という従来の説明に取って代わり，シンボリズムの発達を主張する研究が盛んになっています（例えば Cauvin, 2000; Watkins, 2005）．シンボリズムとは，象徴的概念の表象といいますか，誤解を恐れず簡略に説明するならば，何らかの概念を形のあるイメージとして表現すること，あるいは表現したものになります．例えば，動物や人間の描写であったり，幾何学的な図像の表現であったりするのですが，単に目に見えたものがそのまま描写されたものではなく，自然の獰猛さ，女性の豊穣さといった抽象的な概念が表されるものです．最近の考古学調査からは，新石器時代の初頭にシンボリズムが急激に発達したことを示す証拠が得られています．

特にここ十数年で広く知られることになった例として，トルコ南東部のギョベックリ・テペ遺跡

図5　野生動物が描かれたギョベックリ・テペ遺跡のT字型石柱（Schmidt, 2011）．

があげられます．先土器新石器時代
A期に始まるこの遺跡は，日常生活
を送るには不便な小高い山の頂に位置
し，何らかの祭祀や儀礼をおこなうた
めに人々が集まった遺跡ではないかと
想定されています．竪穴として地面に
掘り込まれた直径10m前後の円形の
建物が多く見つかっており，その内部
からはT字型をした石の柱が何本も
見つかりました（図5）．大きい柱は高
さ5mに達しており，遺構内は特別
な空間となっています．柱の側面には
さまざまな動物が浮き彫りで表現され
ており，柱自体が人間の形を模したと
思われるものも見られます．モチーフ
となる動物は，ヘビ，サソリ，ライオ
ン，イノシシなど獰猛な野生動物が多
く，自然の驚異や荒々しさを象徴して
いるものと解釈されています（Köksal-
Schmidt and Schmidt, 2007）．

　また，同時代の多くの遺跡から出土
する石製品にも，象徴的と思われる描
写表現が見られます．図6に示した石
製品は5〜10cm程の石に刻線でヘビ
やサソリなどが表されたものです．こ
のような石製品は，先土器新石器時代
A期に南レヴァントからユーフラテ
ス河上・中流域，さらに南東アナトリ
アまでの広い範囲で見つかっています．
南東アナトリアのキョルティック・テ

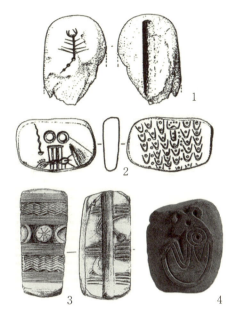

図6　PPNA期に特徴的に見られる石製品（縮尺不同）
1・2：ジェルフ・エル・アフマル遺跡，3：テル・カラメル遺跡，4：キョルティック・テペ遺跡（Akkermans and Schwartz, 2003; Köksal-Schmidt and Schmidt, 2007; Özakaya and Coşkun, 2011）

図7　テル・アスワド遺跡出土の彩色されたプラスター頭骨
（Stordeur and Khawam, 2007）

ペ遺跡出土の品には，刻線ではなく浮き彫りで動物のようなものが描かれていました（図6:4）．
また，それと同じ図柄が刻まれた骨製品が，同地域で現在筑波大学が調査中のハッサンケイフ・
ホユック遺跡からも見つかっています．

　さらに時代が少し下って先土器新石器時代B期には，ヨルダンのアイン・ガザル遺跡におい
て石灰プラスター製のヒト型の偶像が，シリアのセクル・アル・アヘイマル遺跡やトルコ土器新

石器時代のチャタルホユック遺跡では，女神像と称される女性土偶が見つかっています．チャタルホユック遺跡では祭壇あるいは儀礼の場と考えられる建物が見つかっており，内部には対になったウシの角がいくつも据え付けられていました．埋葬事例について見てみると，先土器新石器時代B期のレヴァントを中心に，頭蓋骨だけを取り外して別の場所に再葬するような習慣が見られます．さらに，外した頭骨にプラスターで複顔する事例も知られています．目に貝柄が嵌め込まれたり，彩色が施される例も知られています（図7）．複数のプラスター頭骨が並んで出土することも珍しくありません．

ここでは代表的な例だけ取り上げましたが，このような数多くの事例によって，新石器時代にはシンボリズムの急激な発達があったことがわかります．こうした変化を「シンボリック革命」と呼ぶ研究者もいます．いずれにせよ，それまでの旧石器時代には見られなかった象徴的表現が新石器時代に爆発的に増えるのは確かなようです．

4　シンボリズムと脳の進化

新石器時代におけるシンボリズムの急激な発達の要因として，この時期に脳神経の進化が起こり，人間の認知能力が飛躍的に向上したことを主張する議論が見られます（Benz and Bauer, 2013）．これは進化論の考え方です．考古学でおなじみの，生物の進化と同じように文化も進化するといった文化進化論ではなく，遺伝子の進化，生物進化そのものの話になります．人間の脳神経が進化したことでシンボリズムを駆使する能力が発達し，シンボリズムを用いた儀礼や，集団内・集団間での円滑なコミュニケーションが可能となり，社会の秩序を維持するのに役だったと主張されています．新石器時代あるいはその直前の終末期旧石器時代には，定住の開始と人口の増加によって社会生活のストレスが増大したと考えられています．小規模なバンド単位での遊動生活と異なり，一つの集落の人口が150人を超えるような比較的大規模な集団での生活には，社会の秩序を保つための何らかの仕組みが必要となります．そこでその一つとして，儀礼や祭司，円滑なコミュニケーションといったものを通して集団内のルールや習慣といったものを作り上げることが有効になるのですが，シンボリズムの活用はこうした社会秩序の維持に役立ったと考えられるのです．その結果，より大規模な集団での安定した社会の持続が可能となり，それが新石器化と呼ばれる社会の変革をもたらしたのだと主張されています．つまりこの論理では，新石器化とは人類の身体的な進化がもたらした結果なのだと説明されているといえます．

さらに同様の視点から生物学における進化の理論を応用し，ニッチ・コンストラクション理論によって新石器化を説明する動きもあります（Watkins, 2013）．従来の進化論においては，生物の進化とは，与えられた環境に適した個体が生き残ることで，生物が自然環境に適応していく過程であると説明されます．ここでは，生物から環境への働きかけは考慮されず，与えられた環境にたまたま適合した個体が生き延びて子孫を残す機会が増えるため，その環境に適した性質をもつ遺伝子が自然と選択されて次世代へと受け継がれるという自然選択の原理が重視されます．これ

に対してニッチ・コンストラクション理論では，生物とは必ずしも与えられた環境の中だけで生きているのではなく，環境に働きかけ，周辺環境を変化させるものであるという点が重視されます．生き物が生きていれば，その周辺の環境がいくらか改変されるものであり，そうして改変された環境の中で生き残るのに適した性質，すなわち遺伝子をもった個体が自然と選択されるのが進化の過程であるというのです．例としてビーバーのケースがあげられることが多いのですが，ビーバーが木を切り倒しダムを作って水を堰き止めることで，ビーバーの住む周辺の自然環境は大きく改変されます．その結果，新たに生まれたその環境に最も適した性質を持つビーバーの個体が生き残る確率が増加し，次の世代へとその遺伝子が受け継がれるというプロセスが繰り返されることになります．自らが作り出した環境が，自らの行く末を決定するというところが重要な点です．

このニッチ・コンストラクション理論の考えを，人間の社会にも当てはめて考えようとするのが，トレバー・ワトキンスらが近年盛んに提唱している新石器化の議論です（Watkins, 2013）．旧石器時代の終末から新石器時代の初頭における，定住化と人口増加といった人間自身が作り出した新たな生活環境では，シンボリズムを駆使する能力（遺伝子）をもった個体が生存するのに有利となり，その結果，シンボリズムの扱いに長けた集団が自然選択され，大集団での生活を基盤とする社会変化をもたらすに至ったと説明されます．つまり，人間自らが作り出した新石器時代の新たな生活環境の中では，それまでの旧石器時代には重要でなかったシンボリズムの駆使という能力が環境適応の手段となり，それに関わる遺伝子が自然選択されていったという進化のプロセスがここにあることになります．その結果，社会が変わることで脳が進化し，脳が進化することでさらに社会が変わるという，ポジティブ・フィードバックのサイクルが繰り返されたというのです．

この説明において重要なのは，人類の生物的な進化が新石器化の基盤になっていると説明されている点です．旧石器時代の研究において生物進化の考え方が人類社会の説明に用いられることは希ではありませんが，時代の下った新石器時代に応用した議論はこれまであまり見られませんでした．その点，ニッチ・コンストラクション理論による新石器化の説明は斬新で，興味深い内容を多く含んでいるということができるでしょう．

人類そして生物全般の長い歴史から見て，新石器時代のような過去1万数千年以内の新しい時代に進化論を当てはめることができるのかという疑問があるかもしれません．しかしながら，例えば乳糖不耐症の例などを考えてみますと，人類の進化は過去数千年の間にも起こっているということができます．乳糖不耐症とは，乳製品に含まれる乳糖を分解する酵素の働きが低下し，消化不良や下痢などの症状を起こすことをいい，遺伝形質の一つと考えられています．伝統的に乳製品を大量に摂取してきた民族にはこの乳糖不耐症をもつ人の割合が低いことが知られており，乳製品の摂取に適した遺伝子が自然選択された結果と考えられています．人類が家畜を飼い，乳製品を利用するようになったのは過去数千年のことですから，その間に遺伝子の自然選択，適応という生物進化のプロセスが見られたということになります．このように，過去数千年間であっ

ても人間の生物的進化があるのですから，新石器時代に脳神経の進化が起こったとしてもあながち突拍子もない話ではないと言えるでしょう．

ただし，脳の進化がもたらした新石器化という議論には批判がないわけではありませんし，私自身もあまり賛同はしていません．問題点の一つとして，この時代に脳の進化が起こった要因としてあげられている人口，集団規模の増加とシンボリズム発達の関係についてもっと掘り下げて説明されなければならないと思われます．社会生活のストレスを緩和する手段としてシンボリズムを用いた儀礼やコミュニケーションがあったにしても，ストレス緩和の手段には，他にもさまざまな選択肢があるはずだからです．人口の密集を解消するためには，集団の分割，分村，移住という手段で集団規模を小さくすることが可能でしょうし，極端な話をすれば殺し合いによって人口を減らすことだって不可能ではありません．そのような中で，なぜシンボリズムの発達でなければならなかったのか，その理由を説明する必要がありそうです．

5 構造化理論からみた新石器化の解釈

それでは最後に，前述の議論とは別の視点からどのように新石器化を語ることができるのか，私自身の見解を述べておきたいと思います．構造化理論またはプラクティス理論（実践理論）と呼ばれる社会理論の考え方の応用になります．これらの理論は1970年代から80年代において社会学の分野で提唱された理論であり，考古学研究の場でもたびたび引用されているものです．目新しい理論ではありませんが，西アジアの新石器時代を理解するための一視点として有効なのではないかと思います．この考え方の中心となるのは，新石器化という現象を個々の要素の集合として捉えるのではなく，全体を一つの現象としてホリスティックに捉えようとする視点です．

社会学においては，人間の社会がどのように成り立っているのかを説明する手段として，個人を重視する視点と社会構造を重視する視点の二つが古くから対立していました．前者は，社会とは自らの意思で行動する個人の集まりであり，社会を構成する基本要素は個人であると考えます．対して後者は，倫理や道徳，ルール，役回りといった基本的な社会構造というものがあり，個々人はそれに従って行動しているという点を重視します．社会を成り立たせているものは何か，個人が重要なのかあるいは社会構造なのかという議論がこの二つの間で長い間交わされてきました．もちろん社会とは個人と社会構造の相互関係の上に成り立っているわけですが，社会を理解するのにどちらがより重要なのかということが議論されてきたのです．

これに対し，社会学者のアンソニー・ギデンズは1980年代に構造化理論というものを提唱しました（Giddens, 1984）．そこでは，個人も社会構造も所与のものとして存在するのではなく，その二つが常に同時にあることではじめて，どちらも現実の存在となり得るのだと説明されます．なぜならば，社会構造というものが個々人の行動の集合として成り立っている一方，個々人の行動というものは自らの自由な意思によって決定されているのではなく，常に周りの人々がどう行動しているのか，どう考えているのか，自分の行動が周りからどのように見られているのかとい

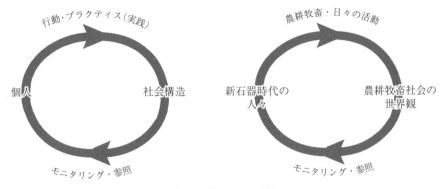

図8 構造化の模式図

ったことをモニタリングしながら，すなわち社会構造を参照しながら実践されていると考えられるためです．このような相互依存の中で，社会構造を参照する個人が同じように行動するようになり，本来統一を欠いておかしくない個々人の行動が同じ向きに方向付けられ，社会構造が維持されることになります．言い換えれば，社会構造というものは個人の考えや行動によって作られているのだけれども，その個人の行動というものは社会構造によって条件づけられてしまうのだということになります．そしてさらに，皆の行動が同じように方向付けられることで社会構造がより確かなものとなると，それを参照する個々人の行動はさらにそのように方向付けられるというサイクルが形成され，繰り返されていきます．したがって，このように互いが互いを規制し作り上げるという相互依存のサイクルの中ではじめて，個人というものが存在し，社会構造というものが存在するということになります．そしてまさにこの両者の再生産のサイクルこそが社会というものの実態であるというのです（図8左）．

　身近な例を見てみましょう．構造化理論と同様の考え方を社会学者のピエール・ブルデューはプラクティス理論（実践理論）という概念で説明しています（Bourdieu, 1977）．個人が周りの人々を見ながら行動すること，すなわちプラクティス（実践）することで上記のサイクルが維持され，社会という実態が成り立っているのだという理論です．例えば贈与交換において，多くの社会では贈り物をもらったら何かお返しをするのが通常です．それではなぜ贈り物をもらったらお返しをしなければならないのか，その理由は何なのだろうということを，プラクティス理論を用いてうまく説明することができます．結論から言いますと，贈り物にお返しをしなければならない理由はないのです．つまり，贈り物をもらったらお返しをしなければならないという決まりはないのだけれど，周りの人々が皆，贈り物にはお返しをするのが正しい，お返しをしないと人間関係を壊すことになりかねないと何となく思っているため，周りを見て行動する個人は贈り物にお返しをするという行動を取るようになります．その結果，贈り物にはお返しをするのが正しい，という共通認識が社会の中で生まれ，人々はますますそれにしたがって行動するようになるというわけです．お返しをするタイミングについても同様です．贈り物をもらった直後にお返しをするのは，借りを作らないためにすぐに清算してしまいたいという無粋な態度と取られかねません．

162　Ⅲ　交替劇の背景

逆にタイミングが遅すぎると，一方的にもらってばかりととられ，これも人間関係にひびが入る原因になりかねません．適切なお返しのタイミングが求められるわけですが，これについてもどのぐらいのタイミングで返せば良いのか，別に決まりはないのです．決まりはないのですが，このぐらいのタイミングで返すのが適切だろうと，その社会の人々が何となく思っているものがあって，それを参照しながら皆がお返しの行動をとるために，そのタイミングでお返しをするのが常識的に正しいという構造が生まれ，それにしたがって皆がお返しをするという贈り物交換が繰り返されていくのです．

われわれが何らかの行動を取るとき，周りの皆がそうやっているから自分もそう行動するのが正しいという判断で行動を起こすことが多いといえます．そのように行動しなければいけない理由があったり，そのように行動する利点があるというわけでは必ずしもなく，何となく皆がそのように行動しているから自分も同じような行動を取るようになり，結局そうやって皆が同じように行動することで秩序が生まれ社会構造ができあがるということになります．

6　新石器化のサイクル

この考え方を，新石器化の解釈にも当てはめて考えることができるのではないかと思います．新石器時代に農耕牧畜社会ができる過程において，農耕牧畜をおこなわなければならない理由というものはなく，周囲が皆何となく農耕牧畜をおこなうという流れができてしまったがゆえに，農耕牧畜で生計を立てるという方向に社会が向かっていくというシナリオです．農耕牧畜が開始されると，それに見合った世界観，価値観というものが形成されると考えられます．例えば，野生の動植物を利用していた旧石器時代に対し，新石器時代になって人工的に手の加えられた栽培植物や家畜動物と触れあうようになることは，自然のままのものと人為的に手の加えられた文化的なものの違いをより明確に区分するきっかけになったと考えられます．あるいは，場や空間の認識においてもしかりです．キャンプを転々としながら自然の中で生活していた時代と違い，ムラに定住し，周囲には畑や放牧地といった人の手が加わった空間がある中で生活する中で，その外側にある自然のままの空間とが対比され，内と外の世界という場の認識が生まれたのではないかと考えられます．農耕牧畜に限らず，新石器時代に発達する工芸品の製作もまた，この時代の人々の価値観の形成や役割の認識に大きく影響したことでしょう．例えば石器作りにおいても，新石器時代に見られる複雑な工程を踏んだ石器製作においては，石器作りが上手な人と下手な人，作り方を教える立場にある人と習う立場にある人の違いをより明確にしたと思われますし，それによって集団の中でのそれぞれの役割や立場，人間関係というものが作られる要因の一つになったと思われます．新石器時代を通して社会が変化していく中で，それまでの時代とは異なる新石器時代の世界観というものが新たに形成されていったと考えられるのです．

このような世界観がひとたび形成されると，人々はそれに合わせて行動をとるようになると考えられます．そしてそのため新石器時代の新たな生活様式の定着がますます加速していくことに

なり，それによって新石器時代の世界観が再生産されるというサイクルが生まれます（図8右）．新石器化というものの実態は，このようなサイクルとして捉えることができるのではないでしょうか．肝心なことは，この時代に農耕牧畜社会が発展しなければいけない要因があるわけではなく，何となく新石器化の流れができてしまったことによって，再生産のサイクルが生まれ，新石器化のプロセスが進行していったと考える点です．

　西アジアにおける新石器化の進展においては，植物栽培や動物飼育の開始，あるいは脳神経の進化などといった特定の要因があるのではなく，この時代に新石器化が進行しなければならなかった必然性もなかったのではないかと考えられます．確かに農耕牧畜の開始は人類史上の大きな転換点と捉えられるかも知れません．ただし前述の通り，西アジアにおける植物栽培，動物飼育の開始は必ずしも新石器時代における社会変化の時期と一致するものではありませんし，農耕牧畜はかなり長い時間をかけてゆっくりと発展したものと考えられますから，農耕牧畜の開始が新石器化を引き起こしたという単純な因果関係の図式には無理があるといえるでしょう．

　新石器化の開始に特別な要因はなく，たまたま構造化のサイクルに乗って新石器化が進んだのだとするならば，この時代に異なる構造化の流れができ，異なる方向に社会変化が進んだ可能性も大いにあったであろうといえます．あるいは，新石器時代よりもっと前の時代にも，似たような構造化の流れができかけたということが何度かあったのかも知れません．しかしその時はうまく流れに乗ることがなく途絶えてしまったために，現代のわれわれの目に見える形での社会変化にはつながらなかったと考えることもできます．

　以上，西アジアの新石器時代研究の事例をいくつか紹介しました．ここで注意すべき点は，進化論的視点でアプローチする場合と，構造化理論の視点でアプローチする場合では，同じ西アジアの新石器時代を対象としながらもその理解の仕方は180度異なるものになり得るという事実です．同じ現象を説明するにあたっても，答えの出し方はさまざまということになります．人間の社会を説明する方法は一つではなく，いろいろな見方で解釈することができるのだといえるでしょう．*

* 本稿は，公開シンポジウム『石器文化から探る新人・旧人交替劇の真相』（2014年3月15日，於：名古屋大学野依記念学術交流館）における講演録「西アジアにおける新石器化」に加筆して作成したものである．

引用文献

有村　誠（2009）西アジアで生まれた農耕文化．鞍田　崇編，ユーラシア農耕史3：砂漠・牧場の農耕と風土．臨川書店，京都，pp. 23-63.

丹野研一（2007）西アジア先史時代の植物利用—デデリエ遺跡，セクル・アル・アヘイマル遺跡，コサック・シャマリ遺跡を例に．西秋良宏編，遺丘と女神．東京大学出版会，東京，pp. 64-73.

前田　修（2013）展示品紹介　鎌刃石器．Oriente, 47: 2-4.

Akkermans P.M.M.G. and Schwartz G.M. (2003) The Archaeology of Syria. From Complex Hunter-

Gatherers to Early Urban Societies (ca. 16,000-300BC). Cambridge University Press, Cambridge.

Benz M. and Bauer J. (eds.) (2013) Special topic on the symbolic construction of community. Neo-Lithics, 2/13. Ex oriente, Berlin.

Bourdieu P. (1977) Outline of a Theory of Practice. Cambridge University Press, Cambridge.

Cauvin J. (2000) The Birth of the Gods and the Origins of Agriculture. Cambridge University Press, Cambridge.

Giddens A. (1984) The Constitution of Society: Outline of the Theory of Structuration. Polity Press, Cambridge.

Hauptman H. and Özdoğan M. (2007) Die Neolithische Revolution in Anatolien. In: Badisches Landesmuseum Karlsruhe (ed.) Vor 12.000 Jahren in Anatolien. Die ältesten Monumente der Menschheit. Karlsruhe, pp. 26-36.

Kitahashi K. (2003) Cultivation by the Baka hunter-gatherers in the tropical rain forest of Central Africa. African Study Monographs, Supplement 28: 143-157.

Köksal-Schmidt Ç. and Schmidt K. (2007) Perlen, Steingefäße, Zeichentäfelchen. Handwerkliche Spezialisierung und Steinzeitliches Symbolsystem. In: Badisches Landesmuseum Karlsruhe (ed.) Vor 12.000 Jahren in Anatolien. Die ältesten Monumente der Menschheit. Karlsruhe, pp. 97-109.

Özkaya V. and Coşkun A. (2011) Körtik Tepe. In: Özdoğan M., Başgelen N. and Kuniholm P. (eds) The Neolithic in Turkey, vol. 1. New Excavations & New Research. The Tigris Basin. Archaeology and Art Publications, Istanbul, pp. 89-127.

Schmidt K. (2011) Göbekli Tepe. In: Özdoğan M., Başgelen N. and Kuniholm P. (eds) The Neolithic in Turkey, Vol. 2. New Excavations & New Research. The Euphrates Basin. Archaeology and Art Publications, Istanbul, pp. 41-83.

Stordeur D. and Khawam R. (2007) Les crânes surmodelés de Tell Aswad (PPNB, Syrie). Premier regard sur l'ensemble, premières réflexions. Syria, 84: 5-32.

Vigne J.-D., Carrère I., Briois F. and Guilaine J. (2011) The early process of mammal domestication in the Near East. Current Anthropology, 52(S4): S255-S271.

Watkins T. (2005) The Neolithic Revolution and the emergence of humanity: a cognitive approach to the first comprehensive world-view. In: Clarke J. (ed.) Archaeological Perspectives on the Transmission and Transformation of Culture in the Eastern Mediterranean. Levant Supplementary Series, Vol. 2. Council for British Research in the Levant and Oxbow Books, Oxford, pp. 84-88.

Watkins T. (2013) Neolithisation needs evolution, as evolution needs Neolithisation. Neo-Lithics, 2/13: 5-14.

中期旧石器時代から後期旧石器時代への文化の
移行パターンを左右する人口学的要因について

小林　豊

はじめに

　私がこれから話すことは，このシンポジウムでもこれまで何度か議論されてきた，「旧人から新人への文化の継承の可能性」に関係しています．もう少し具体的にいうと，私はここで，「種の交替，つまり旧人から新人への交替に際して，文化は一体どのように変化し得るのか」という疑問について議論するつもりです．種の交替が起こるとき，理論的にも，現実にも，さまざまな文化の移行パターンがあり得ます．そのような移行パターンは，両種の初期の人口比，あるいは生物学的な交替が起こったスピード，そして旧人から新人への文化伝達が起こった頻度といったパラメータにどのような影響を受けるのでしょうか．

　今日は，最近私が行っている数理モデルの研究の成果に基づき，交替劇と文化の移行パターンの間には理論的にどのような関係があり得るのか，数式を使わずに直観的な言葉で説明してみることにします．なお，私は考古学に関しては素人ですから，そちらの知見に関して誤った発言をしてしまうかもしれませんが，ご了承ください．

1　交替劇のモデル

　ある個体がどのような文化を持っているかということは，実際には，その個体の適応度に大きな影響を与える可能性があります．適応度というのは，生物的な意味での成功，大ざっぱに言うと生存率や子孫の数のことです．たとえば，火をおこしたり狩猟具を作ったりするための知恵は文化的に伝承されていくものですが，こういった知恵の一つ一つは，明らかに適応度に貢献しています．

　しかし，ここでは一番単純な仮定として，どのような文化を持っているかということが，適応度には影響しない，と仮定してみましょう．これは，別に，文化が適応度に貢献しないと考えているわけではありません．旧人と新人がおり，旧人は旧人の文化，新人は新人の文化を持っていると想定するわけですが，どちらの文化も適応度への貢献度は同じくらいで，一方が他方に比べてより優れているというようなことは仮定しないというだけのことです．適応度への影響に差がない遺伝的変異のことを，生物学では中立変異といいますが，ここでは，言ってみれば中立な文化的変異だけを考えているわけです．

166　Ⅲ　交替劇の背景

(a) 旧人から新人への文化伝達がない場合

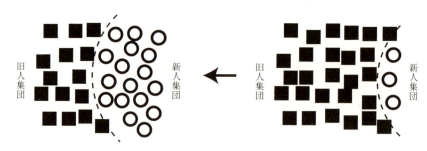

(b) 旧人から新人への文化伝達がある場合

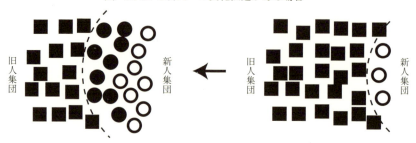

○・●：侵入種(新人)の個体．■：在来種(旧人)の個体．色は文化の違いを表す．(a)は，種間の文化伝達が全くない場合，(b)は，種間の文化伝達がある場合に何が起こるかを示している．

図1　モデルが想定するプロセスの概略図

　今，ある地域——たとえばレバント地方，中央アジアやシベリア南部など，どこでもいいのですが——ある局所的な領域を想像してください．その地域には，もともとある在来種——旧人を想定します——が住んでいたとします．そこに，ある初期頻度で，侵入種——新人を想定します——が入ってきたと想像してください（図1）．この模式図で，在来種の個体は四角，侵入種の個体は丸であらわされています．色の違いは個体の持っている文化の違いを表しています．在来種は黒で表される土着の文化を持っており，侵入種は白で表される外部の文化を持っています．この場合，黒や白であらわされている文化は，旧人の文化，あるいは新人の文化の全体を指しているのではなくて，その一部である，特定の文化要素を意味しています．

　こういった文化要素にはどんなものがあるかというと，たとえば，あるインダストリに含まれる道具タイプのリストは文化要素のリストであるとみなすことができると思います．この場合，ある道具タイプが同所的にMP（中期旧石器時代）からUP（後期旧石器時代）へ受け継がれた場合に，この文化要素において連続性が見られたということにします．あるいは，具体的な道具タイプではなくて，たとえばルヴァロワ技法といった，特定の石器加工技術なども文化要素とみなすことができると思います．実のところ，何を文化要素として見なすべきかという問題に関しては，私の中ではっきりとした基準が出来上がっているわけではありません．モデルでは，黒の文化と

白の文化があるというように，極端に単純化した仮定を置いていますが，もちろん現実はもっと複雑です．ただ，比較的扱いやすいモデルによって物事の本質をとらえるためには，一般に，このような単純化がどうしても必要になってきます．

ここで一つ注意するべきことは，黒と白が，必ずしも二つの違う文化要素であると考える必要はないということです．そうではなくて，たとえば，黒がある文化要素の存在，白がその不在でもよいのです．現代的な例をあげると，黒が喫煙文化，白が非喫煙文化であってもよいということです．

さて，現実には種の交替が起こったので，モデルでもそうなってほしいですよね．というのも，いま私たちが知りたいのは，交替劇が起こるかどうかではなくて，交替劇が起こったとしたうえで，それが文化の移行パターンにどういう影響を与えるかということなのです．そこで，モデルでは，ちょっと反則のような感じがしますが，侵入種が絶対勝つような設定を用意してやります．つまり，侵入種の方が在来種よりも，何らかの理由で少し生存率が高く，それによって侵入種が少しずつ増えていくという仮定を置きます．

何らかの理由で生存率が高いというのは，「どうして新人が広がっていったのか」という疑問に対する答えをはぐらかしていますから，控えめに言っても，ちょっとずるいと思うかもしれません．実をいうと，この部分が，このモデルの最大の欠点であると言わざるをえません．学習仮説の観点からは，新人のほうが文化的に優れていたから旧人を置き換えることができた，と考えるのが自然です．しかし，このモデルでは，黒の文化と白の文化は自然淘汰の観点から中立であると仮定しています．だから，もし，この生存率の差が文化的なものであるという立場に立つならば，このモデルは，「交替劇に直接関係のない文化要素」のダイナミクスに注目しているということになります．とはいえ，仮に黒の文化と白の文化が中立でなくても，適応度への影響の差異が十分に小さいならば，モデルの結論が大きく変化することはないと思われます．

もう一つの考え方は，新人と旧人の間に生得的な生存率の差があって，新人のほうが，生存率が高かったとするものです．これも可能性としてあるとは思いますが，学習仮説とは相容れないので，ここでは深く追及しないことにします．

2　旧人から新人への文化伝達 —文化継承—

さて，話をもとに戻しましょう．仮に，在来種と侵入種，両者の間に何も文化的な交流がなければ，侵入種が徐々に広がっていって，最終的には在来種を置き換えてしまいます．つまり新人が旧人を置き換えてしまうわけですが，このとき，文化も完全に入れ替わってしまうということになり，面白いことは何も起こりません（図1: a）．交替劇と文化の変化は完全に一致しますし，MP-UP の境界を越えて文化に連続性が見られるというようなことも起こらないでしょう．

そこで，旧人から新人に文化が伝達する，という可能性をモデルに入れてみましょう．図1の言葉でいうと，白い丸が黒い四角から黒の文化を吸収して，黒い丸になる可能性を考慮してやる

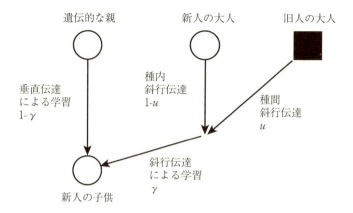

図2　新しく生まれた新人の個体が文化を学ぶ方法を示す図
文化伝達には，垂直伝達（親から学ぶ），種内の斜行伝達（親以外の新人の大人から学ぶ），種間の斜行伝達（旧人の大人から学ぶ）の三つの可能性がある．

表1　モデルのパラメータ

記号	意味
p_0	侵入種（新人）の初期頻度
γ	斜行伝達率、新人が親以外から学ぶ確率
s	淘汰係数、相対値で表した新人と旧人の生存率の差
u	別種選好性、斜行伝達において新人が旧人をコピーする傾向

ということです．これは次のようにやります．

　新人の集団では毎世代，新しい子供が生まれてくるわけですが，この新人の子供は当然ながら，社会学習によって文化を学習します．ただ，このとき，誰から学ぶかということに関して，いくつかの可能性があると仮定してやるのです（図2）．まず一つの可能性として，新人の子供は，ある確率で，垂直伝達によって文化を学びとるとします．つまり，自分の親から，その親が持っている文化を学習します．同様に，ある確率で，垂直伝達ではなく，斜行伝達によって文化を学習するとします．斜行伝達とは，自分の親以外の大人から社会学習によって文化を学びとることです．斜行伝達の確率をγという記号で表すことにします．したがって，垂直伝達の確率は$1-\gamma$ということになります．これからいくつか記号が出てくることになるので，全ての記号を表1にまとめておきます．

　さて，この斜行伝達が起こるときに，ある確率で，同種の大人—つまり新人—ではなくて，別種の大人—つまり旧人—の真似をしてしまうこともあると仮定します．つまり，新人は侵入種ですから，侵入種の子供がある確率で在来種の大人を真似してしまうというわけです．ここでは，新人が，旧人をコピーしてしまう傾向の強さを「別種選好性」と呼び，uという記号で表すことにします．別種選好性は，旧人をコピーする確率そのものではないことに注意してください．旧

人をコピーする確率は，別種選好性だけでなく，旧人がどれだけたくさんいるかということにも依存します．当然，別種選好性が同じでも，旧人が多くいるほうが，少ない場合よりも，旧人をコピーする確率は高くなります．

この u は，0から1の値を取りうるパラメータです．u がちょうど2分の1というのは，在来種も，同種も，同じぐらいコピーしやすいという状況を表しています．u が1のときは，新人は常に在来種である旧人をコピーします．u が0のときは常に同種，つまり新人だけをコピーします．u はそういったパラメータです．

この u が0ではない，つまり，ある確率で在来種をコピーしてしまうというような可能性があるとして，侵入種が広がるときに一体どんなことが起きるか，考えてみましょう．この場合，侵入種が広がっていくとき，新人集団のなかには旧人の黒い文化をコピーするものが出てきます．したがって，個体数では侵入種が増えていくにも関わらず，在来種の土着の文化が侵入種の集団中に浸透し，広がっていくということが起きます（図1: b）．そして，最終的に侵入種がこの地域を占領してしまったときに，在来種はいなくなっているにも関わらず，在来種の文化がある程度侵入種の中に広がって残っているという状態が生じます．

理論的には，いわゆる遺伝的ヒッチハイキングと呼ばれる現象のちょうど逆の側面に注目していることになります，と言えば，生物学に詳しい人なら分かりやすいかもしれませんね．遺伝的ヒッチハイキングというのは，あるとても有利な遺伝子があったとして，自然淘汰によってその頻度が増えていくとき，たまたま初めにゲノム上でその遺伝子の近くに位置していた，淘汰とは無関係な遺伝子まで，つられて一緒に頻度が増えていってしまう現象のことです．どうでもいい遺伝子が，優れた遺伝子に便乗して増えていくので，「ヒッチハイキング」なわけです（Maynard Smith and Haigh, 1974）．今，考えているのはこれの逆です．つまり，もし，新人が旧人をコピーすることが全くなければ，白い文化は，新人の拡大に都合よく「ヒッチハイク」して，頻度を増やしていくことができます（図1: a）．ところが，新人が旧人をコピーするということが高い頻度で起こると，ヒッチハイクがうまくいかなくなり，新人の分布が拡大しても，白い文化はあまり広がっていくことができないのです（図1: b）．逆にいうと，黒い文化が新人集団の中に浸透してきてしまうわけです．この，「ヒッチハイク」しない場合に興味があるのです．

今，白の文化を持っているか，黒の文化を持っているかということは，自然淘汰の観点から中立だと仮定していますので，いわゆる文化的な浮動—集団遺伝学の方では遺伝的な浮動というものに相当する概念ですが—によって，すなわち文化の頻度が確率的に浮動することによって，最終的には，黒の文化ばかりになるか，白の文化ばかりになるか，どちらかになります（図3）．この黒の文化ばかりになってしまうことを，「文化が継承された」状態であると定義しましょう．それで，この黒ばかり，在来種の文化ばかりで固定してしまう，侵入種の中に在来種の文化が固定する状態で終わる確率を「文化継承確率」と呼ぶことにします．

170　Ⅲ　交替劇の背景

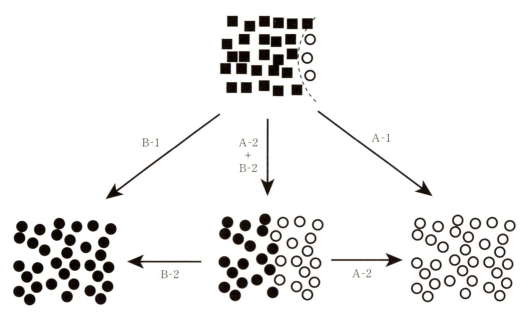

図3　4つの文化移行パターン（パターンの詳細は表2を参照）

3　4つの文化移行パターン

　モデルでは，この仮想的な地域には，決まった数の個体しか住めないというように仮定しています．個体数が有限であるという仮定は，モデルの帰結に重要な影響を及ぼします．実際の集団は全て個体数が有限ですから，なぜわざわざそんなことを仮定するのかと不思議に思うかもしれません．余談ですが，数理モデルには無限集団モデルというのがあり，場合によっては有限集団モデルとはかなり違うふるまいをします．というのも，無限集団では，上に述べた文化的な浮動が起こらないからです．無限集団モデルの結果と有限集団モデルの結果が異なる場合，どちらを信じるべきかというと，もちろん有限集団モデルのほうに決まっています．

　このモデルで，例えば地域の総個体数を1,000程度の値に設定してシミュレーションしてみると，結果には大きく分けて二つのパターンがあり得ます（図3，表2）．これをパターンA，パターンBと呼ぶことにしましょう．パターンAでは，種の交替，つまり旧人から新人への交替とともに，文化にも交替が起こります．一方，パターンBでは，種が交替したにもかかわらず，在来の旧人文化がそのまま継承されます．

　このパターンA，パターンBは，それぞれ，さらに細かく二つに分けることができます．まずパターンAの第一の場合（パターンA-1）とでは，種の交替とともに文化も急速に変化します．これは種の交替と文化の交替が完全に一致している場合です．第二の場合（パターンA-2）では，種の交替が起こったあとに，遅れて文化がゆっくりと変化します．

　次に，パターンBの，種の交替にもかかわらず在来文化が継承される場合ですが，これも細か

表2 文化の移行パターンとその生起条件

パターン	サブパターン	生起条件
A 在来文化は継承されない	A-1 種の交替と同時に、文化も速やかに変化する	p_0 大きい γ/s 小さい u 小さい
	A-2 種が交替したあと、しばらくたってから、在来の文化がゆっくりと失われていく	p_0 中程度 γ/s 中程度 u 中程度
B 在来文化が継承される	B-1 種の交替にも関わらず、文化は全く変化しない	p_0 小さい γ/s 大きい u 大きい
	B-2 種が交替したあと、しばらくは文化が混じった状態が続くが、最終的に在来の文化が固定する	p_0 中程度 γ/s 中程度 u 中程度

く分けると二通りあります．パターン B-1 では，種が交替する前後で，文化はほとんど影響を受けず，まるで何も起こっていないように見えます．パターン B-2 では，種が交替したあと，いったんは侵入者の文化が優勢になるものの，しばらくして在来文化が復活するように見えます．この結果は，モデルの計算上出てくるというだけで，現実的にはこのような現象はないのかもしれません．しかし，こういったパターンがあり得ることも念頭において，考古記録を見直してみる価値はあるかもしれません．

4 文化の継承確率

文化の継承確率とは，要するにパターン B が起こる確率のことで，これは今日の話で最も重要な量です．このモデルで起こっている文化のダイナミクスは，厳密には確率的なプロセスなので，コンピュータシミュレーションでしか計算をすることができないのですけれども，あるヒッチハイキングの研究で使われている計算テクニックを使うと，近似的に解析的な計算——つまりペンと紙を使った手計算——によって求めることができます（Maynard Smith and Haigh, 1974）．侵入種のダイナミクスや文化的なダイナミクスなどを記述する近似式があって，それもかなりごちゃごちゃしているのですが，そういった詳細はどうでもよくて，計算の結果得られる継承確率が重要なのです．

この式自体は省略しますが，この式には，三つの独立なパラメータが現れます．まず一つは，γ/s というパラメータです．この s は，侵入種の生存率が在来種に比べて何％高いかを指定する数値，いわゆる淘汰係数を表します．たとえば $s=0.01$ は，新人のほうが旧人よりも 1 ％だけ生存率が高いことを意味します．γ は斜行伝達の確率でしたから，この γ/s は，淘汰係数と斜行伝達率の比を与えるパラメータということになります．

第二のパラメータは，侵入種の初期頻度です．これを p_0 という記号で表すことにします．たとえば $p_0=0.01$ ならば，最初，全集団の1％だけが新人であったということを意味します．最後に，別種選好性を表すパラメータ u が継承確率の式に現れます．継承確率は，この三つのパラメータだけで決まるということが，計算の結果わかったのです．

継承確率の式がどのようになっているか詳しく調べてみると，パラメータがどのように影響するかが見えてきます．まずは比較的当たり前の結果として，侵入種の在来種に対する別種選好性が高いほど，文化継承率は高くなるという結果が出てきます．つまり，パターンBが起こりやすくなるのですね．在来種をコピーしたいという気持ちが強いほど，在来種の文化は侵入種に伝わりやすくなりますから，これは当然と言えます．

次に，淘汰係数と斜行伝達率の比 γ/s が大きいほど——つまり淘汰係数が斜行伝達率に比べて小さいほど——文化は継承しやすくなります．この γ と s が，それぞれ独立で影響するのではなくて，その比が効いてくるというのは一つのポイントかもしれません．また，継承確率は，侵入種の初期頻度が小さいほど，高くなります．まとめると，侵入種がはじめに小さな頻度で入ってきて，交替がゆっくり起こる場合に，継承はより起こりやすいということになります．

そのようになる理由は，少し考えるとわかります．要するに，重要なのは，在来種と侵入種が相互作用する時間の長さなのです．侵入種の初期頻度が小さく，広がるスピードも遅いならば，侵入種が在来種を置き換えるまでにかかる時間は大変長くなります．結果として，侵入種が在来種と相互作用する時間が長くなり，在来種の文化を吸収するチャンスも増加することになります．結果として，在来種の文化が侵入種の集団に広がりやすくなり，文化の継承が起こる確率も高くなるのです．

5 文化継承はかなり起こりやすい？

もう一つの注目すべき結果は，パラメータの量的な効果です．具体的には，種間の淘汰圧 s が比較的弱くて，侵入種の初期頻度 p_0 が十分小さければ，別種選好性 u がかなり小さくても，文化継承率は多くの場合100％に近くになるということが分かったのです．例えば初期頻度1％の場合で，$\gamma/s=1.0$，すなわち，淘汰係数と斜行伝達率が同じぐらいの値のときを見てみますと，別種選好性 u が0.1ぐらいでも，文化継承率はほとんど100％になるという結果が得られたのです．当然，γ/s が10とか100とか，もっと大きい値をとる場合は，文化継承確率は限りなく100％に近くなります．

斜行伝達率の淘汰係数に対する比 γ/s が1.0以上という条件は，決して非現実的ではありません．例えば斜行伝達率 γ が0.1，つまり10％の確率で自分の親以外をコピーするという場合，この比が1.0ということは，新人が旧人に対して10％生存率が高かったということを意味します．これは，普通に考えると自然淘汰圧としては，かなり強いといえます．文化継承率をもっと小さくするためには，γ/s が0.5や0.2や0.1といった値をとらなくてはならないのですが，これは

もう，旧人よりも新人のほうが10倍高い生存率をもっていたというような，非現実的な仮定を意味します．だから，現実的なパラメータ——つまりほどほどの淘汰圧——を考えるなら，かなり別種選好性が小さくても，在来種の文化が継承するということは十分ありえたのではないかと思うのです．計算の結果からは，そのように思えてくるのです．

6 生物的交替と文化的移行のタイムラグ

次に，文化が継承しない場合（パターンA）に注目してみましょう．パラメータの値をいろいろ変えてシミュレーションを繰り返すと，侵入種の割合が100%になって種の交替が起こったときに，在来種の文化がそれに対応してすみやかに失われるというパターンA-1が見られることはもちろんあるのですが，パラメータによっては，種の交替が素早く起こったあとに，在来種の文化がゆっくりと消失していくというパターンA-2が見られることがあるのです．

さて，一体どのようなパラメータ領域でそのようなことが起こりやすいのでしょうか．問題は，パターンA-1とパターンA-2の間には明確な境界がないということです．言い換えると，両パターンの違いは量的であるということです．そこで，パターンA-2の起こりやすさを評価するために，生物的な交替が起こった時点から，在来種の文化（黒）が失われるまでにかかる時間の平均値が，パラメータのどのような影響を受けるかということを調べました．そうすると，この平均時間は，文化継承率と大体同じような影響を各パラメータから受けるという結果が出ました．つまり，種の交替と文化変化のタイムラグの長さは，文化の継承確率が高いときほど長くなる傾向があるということです．言い換えると，パラメータの値が，パターンBの起こりやすい値——つまり中程度のパラメータ値——に近づくと，パターンA-1よりも，A-2が起こりやすくなるのです．これは直観的にも納得のいく結果だと思います．

問題は，タイムラグが数百世代にもなってしまうような場合を，「文化が継承しなかった」と見なしてしまってよいのかどうかということです．後期旧石器時代においてそのように長い時間がたつと，新人の石器制作伝統自体が新たなものへと移行してしまう可能性があります．文化要素のこのような長い存続は，場合によっては文化の継承とみなすべきかもしれません．

では，次に，逆の場合，つまり文化の継承が起こる場合を細かく見ていきます．この場合，典型的には，種の交替が起こっている間も在来種の文化の頻度が全然変わらないというパターンB-1が見られるのですが，パラメータ領域によっては，種の交替が起こったときに在来種の文化の頻度がいったん減り，そのあと，ゆっくりと文化的な浮動によって，在来種の文化の頻度が盛り返していって，最終的には在来種の文化が固定してしまう——つまり，侵入種の文化が消失する——というようなパターンB-2も観察されるのです．

そこで，今度は種の交替が起こってから，この在来種の文化の固定が起こるまでのタイムラグの平均値が，各パラメータからどのような影響を受けるのかということを調べてみました．すると，今度は，このタイムラグの長さが文化継承率のちょうど反対の傾向を示すことが分かりまし

た．つまり，在来文化が固定するまでのタイムラグの長さは，文化継承が起こりにくいときほど長くなる傾向があるということです．つまりパラメータの値が，パターンAの起こりやすい値に近づくと，パターンB-1よりもパターンB-2が起こりやすくなるのです．これも，直観的に納得のいく結果であると言えます．

　これらの結果を全てまとめると，表2のようになります．

7　交雑の影響

　ここで話したモデルには，多くの単純化が含まれていますが，そのうちのいくつかは結果に重要な影響を及ぼした可能性があります．たとえば，新人のゲノムには4〜5％ほど旧人の遺伝子が混じっているということがわかっていますが（Green et al., 2010），今回のモデルではこれを完全に無視しています．遺伝的な交雑そのものはわずかであったので，それが直接今回の結果に大きな影響を与えるとは考えにくいです．むしろ，遺伝的な交雑を通して，文化が伝播した可能性について考えることが，今の場合，重要になってきます．つまり，交雑があると，斜行伝達が全くなくても，垂直伝達だけで，旧人の文化が新人に浸透するということが可能になるのです．もしかすると，旧人から新人への文化伝達は，垂直伝達だけで完全に説明できるのかもしれません．斜行伝達がなかったという仮定のもとで，遺伝的なデータから，旧人と新人の間の文化伝達率を推定し，観察されている文化的な連続性を十分に説明できるかどうかを調べてみることができれば，大変面白いと思っています．

おわりに

　今日の話をまとめると，種の交替が小規模の侵入からゆっくりと進行して，異種間の文化交流も頻繁な場合に，継承が起こりやすくなるということです．そして，その場合は，継承が起こらない場合における，生物学的な交替と文化的な交替の時間差も長くなります．逆に，種の交替が大規模の侵入から急速に進行して，異文化交流も少ない場合には，継承が起こりにくくなります．
　もしかしたら，これまでのお話に出てきたような，地域ごとの交替劇に際した文化の移行パターンの多様性というものには，このような異種間の文化的な交流が関与しているのかもしれません．だとすれば，人口学的なパラメータの地域間の差異によって，さまざまな文化変化のパターンが起こったのかもしれないのです．概して西ユーラシアよりも東ユーラシアのほうが中期旧石器と後期旧石器の間の境目があいまいである—つまり連続性が高い—ということですから（門脇・長沼私信），もしかすると，新人が西ユーラシアにおいて比較的急速に分布を拡大し，東ユーラシアではよりゆっくりと広がっていったのかもしれません．また，仮にある地域で新人が急速に広がったとすると，そのような地域の環境条件—例えば気候—は，あくまで相対的にですが，旧人にとってよりも，新人にとってより好適だったのかもしれません．交替劇当時の環境状態の

地理的分布を何らかの手段で復元し，文化の連続性の地理的パターンと比較すれば，何か面白い関係が明らかになるかもしれません．あるいは，何らかの方法で地域ごとの新人の拡散速度が推定できるなら，文化の連続性の地理的パターンと照らし合わせることで，モデルの予測を検証することができるでしょう．交替劇の人口学的側面や，環境的な要素と文化移行の様相の間に深い関連があることを示したという点で，今回のモデルは重要な働きをしたと言えます．

しかし，最も重要な結論は，文化的な連続性は，必ずしも背後にある生物学的な連続性を証明するものではない，ということかもしれません．文化的なデータには，むしろ，生物学的な連続性だけでなく，交替劇当時の環境状態や人口学的な要素など，多様な情報が入り混じった状態で含まれていると考えるべきです．たとえば，ある地域でMPからUPへの変化がほとんど見られなかった場合，全く異なる二つの解釈が可能です．一つは，種の交替は起こらなかったというもの，もう一つは，種の交替が極めてゆっくり起こったというものです．この二つは天と地ほど違います．この例が示すように，今回のモデルは，考古記録のある興味深い解釈を示すと同時に，その限界を示しているといえます．少なくとも，考古記録のみから背後の生物的なプロセスを推測する場合，かなり慎重になるべきだと言えるでしょう．このこと自体は当たり前に聞こえますが，今回のモデルでこれが再確認されたということ，そしてある考古記録が得られたときに，背後の生物的プロセスとしてどのようなものが有り得て，どのようなものが有り得ないのかということが分かったということは，有意義な成果だと言えるのではないでしょうか．*

* 本稿は，交替劇第9回研究大会シンポジウム3『「交替劇」問題を解く鍵—新人拡散，社会・文化変化，多様性』(2014年5月10-11日，於：東京大学理学系研究科小柴ホール) における講演録「「交替劇」と文化変化の多様性の理論的考察」に加筆して作成したものである．

引用文献

Green R., Krause J., Briggs A., Maricic T., Stenzel U., Kircher M., Patterson N., Li H., Zhai W., Fritz M., Hansen N., Durand E., Malaspinas A.-S., Jensen J., Marques-Bonet T., Alkan C., Prüfer K., Meyer M., Burbano H., Good J., Schultz R., Aximu-Petri A., Butthof A., Höber B., Siegemund M., Weihmann A., Nusbaum C., Lander E., Russ C., Novod N., Affourtit J., Egholm M., Verna C., Rudan P., Brajkovic D., Kucan Ž., Gušic I., Doronichev V., Golovanova L., Lalueza-Fox C., de la Rasilla M., Fortea J., Rosas A., Schmitz R., Johnson P., Eichler E., Falush D., Birney E., Mullikin J., Slatkin M., Nielsen R., Kelso J., Lachmann M., Reich D. and Pääbo S. (2010) A draft sequence of the Neandertal genome. Science, 328: 710-722.

Maynard Smith J. and Haigh J. (1974) The hitch-hiking effect of a favorable gene. Genetical Research, 23: 23-35.

ヒトと文化の交替劇，その多様性
―あとがきにかえて―

西秋　良宏

はじめに

　旧人ネアンデルタールと新人ホモ・サピエンスの交替劇をめぐる考古学関連の出版も3巻目となった．第1巻では交替劇の時空間コンテキスト（西秋編，2013），第2巻では彼らの学習行動のあり方を扱った（西秋編，2014）．本書では，その両方にふれつつ考古学から交替劇を探る上での課題と展望を論じている．改めて方法論的な問題を論じるのは，交替劇にかかわる近年の急速な研究進展状況を踏まえてのことである．

　交替劇のプロセスを考古学的手法で描くには，やはり石器の研究が欠かせない．ユーラシア考古学で一般的な了解と言えば，西アジアなどで例外もあるが，中期旧石器時代石器群の担い手は旧人，後期旧石器時代以降のそれは新人，とするものである．であれば，交替劇の解明とは後期旧石器文化出現プロセスの研究に他ならない．実際，だからこそ，この課題は多くの旧石器考古学者の関心を集めてきた（西秋編，2013）．だが，改めて問うべきは，そもそも中期・後期旧石器時代石器群の交替劇がどの程度，ヒトの交替劇を示しているのかである．少なくともネアンデルタール人分布域において，中後期旧石器時代の移行とヒトの交替が無関係であったとは思わない．しかしながら，一対一で対応するかと言えば，それほど単純ではなかっただろうと思われる．

　考古学的証拠と古人類学的証拠の突き合わせが確実な回答を提示することは間違いないが，古人類学的証拠，すなわち化石人骨の発見はきわめて少なく，どの石器群がどのヒト集団によって残されたのかは十分に明らかになっていないというのが現状である．アジアでは年代不明の化石が多いという問題もある（海部，2013）．一方，考古学的証拠についても地域による粗密が著しく満足できる状況にはいたっていないのだが，化石証拠よりは豊富であるから文化の交替劇を素描することは可能である．以下，本書で示された論点を振り返りながら，文化の交替劇と，それがヒトの交替劇について示唆するところについて考えてみる．

1　ヒトと文化の交替劇

　交替劇研究において近年，大きな進展が二つあった．一つは放射性炭素年代測定技術の大幅な改良である．交替劇が関わる5～4万年前と言えば，放射性炭素年代測定の限界期に近く，これまで報じられてきた年代の信頼性についての評価は難しかった．ところが，骨試料には限外濾過

法，炭化物にはABOx-SC法といった新たな前処理法が開発され，測定年代の信頼性が飛躍的に高まった．これにより，旧来の測定値に基づいた議論，たとえばヨーロッパ西部にはネアンデルタール人が3万，あるいは2万数千年前まで生存していたといった言説には大幅な見直しが必要となっている．最新の処理法のみで組み立てられた編年によれば，新人がヨーロッパに拡散したのは4.5万年前あるいはそれ以前にも遡り（佐野・大森，本書），その後，最大5千年間以上も共存していたとされる（Higham et al., 2014）．また，西シベリアにおいても，既に4.5万年前に新人が進出していたことがわかってきた（Fu et al., 2014）．アフリカからの距離を考えれば，西アジアではさらに長い共存期間が見込まれることとなる．

　もう一つの大きな進展は，化石人骨から直接採取されたゲノム解析が進み，両集団の間の交雑が判明したことである（Green et al., 2010）．両者の共存期間にインタラクションがあったことが実際の証拠で裏付けられたということである．アフリカの現生人類にネアンデルタール人の遺伝子が残されてない一方，ユーラシア各地の集団では地域的な頻度の差を示しつつもそれらが残されている（Viola and Pääbo, 2013）．どこでどの集団がどのように交雑したのか，また，どの地域では交雑の頻度が低かったのか．1997年にネアンデルタール人の化石人骨のミトコンドリアDNAが初めて報告された際には，現生人類とは交雑していないとされていたのであるから（Krings et al., 1997），ここ数年で見方が大転換したことになる（西秋，2014）．

　要するに，交替劇と言いながらも，それは新人による旧人の一掃ではなく，吸収・交替劇というのが実態であったことが具体的に見え始めた．両集団の交雑や交流のプロセスを十分に考慮しながら（図1），より，詳細に経過を説明する必要がでてきたと言えるだろう．

　考古学的証拠は文化の交替劇を語るものであって，それが必ずしもヒト集団の交替と一致しないことを我々は歴史的証拠をもって知っている．それは本書でも触れられているところである．たとえば，前田（本書）は，異集団の関与がない中，数千年のうちに大きな文化進化をなしとげた西アジア新石器時代の文化交替劇のメカニズムについて述べている．また，高倉（本書）は，同一集団であっても，新環境へ進出するにつれていかに文化を変化させたかを新大陸の証拠について検討している．小林謙一（本書）は縄文土器の型式が短期間にめまぐるしく変わる様を定量的に示しているが，それぞれの土器変化がヒト集団の交替を逐一反映しているわけではないことは自明である．さらに，日本列島の旧石器時代にあっても，その開始期についてはなお検討を要するとは言え，その後の文化変化は別集団の流入を仮定しなくとも説明できることを仲田（本書）が述べている．

　これらはヒトが交替しないのに文化が交替した比較的最近の事例であるが，アフリカの初期新人の時代においても事情は同じである．解剖学的新人はアフリカ大陸で約20万年前には出現していたとされる．であるなら，後期石器時代が20万年前に開始したかと言えば，そうではない．門脇（2014）の編年表によれば，その開始は「移行期」を認めたとしてもMIS4期にまでしか遡らない．また，初期新人はMIS5期にユーラシアに足を踏み入れていたことがイスラエルのスフール，カフゼ遺跡で判明しているが，彼らの製作していた石器群はルヴァロワ式の中期旧石器そ

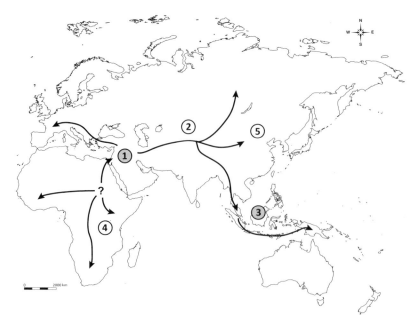

図1 遺伝的証拠から想定される新人の拡散経路と交雑地域（Viola and Pääbo, 2013: fig. 1を改変）
丸囲み数字が交雑地域を示す．網がけはほぼ確実，白抜きは推定．
①現生人類とネアンデルタール人の交雑．西アジア，9〜8万年前頃か．②現生人類とネアンデルタール人の交雑．ユーラシア中部，6〜5万年前頃か．③現生人類とデニソワ人の交雑．東南アジア，5〜4万年前頃か．東アジアの現生人類はヨーロッパ人よりもネアンデルタール人の遺伝子を多く受け継いでいる（約20％）ため，交雑の機会が多かったと推定されている．④現生人類とアフリカ旧人の交雑．アフリカ，7〜6万年前頃か．⑤デニソワ人とホモ・エレクトスの交雑．ユーラシア東部，10万年前頃か．

のものである．すなわち，彼らの到来をもって西アジアにおける後期旧石器時代の開始とすることはできない．

石器文化の変化のみからヒト集団の交替を論じることは困難なのである．このことは周知であるかも知れないが，旧人・新人交替劇研究において，あえてそれを再考する価値があるのは，両者が別種（亜種）の生物学的集団とされているからである（西秋編，2013: 201）．一般の考古学で扱うヒト集団は，そもそも文化的に定義された集団である．生物学的に識別されている集団間の出来事については要検討であろう．

集団と石器文化が全く対応しないとは思えない．だが，単純に一致するわけではないことを小林豊（本書）が理論的に示している．「別種文化選好性」が多少ともあれば，斜行伝達によって絶滅集団の文化が侵入集団に引き継がれる可能性が十分あるという．その程度は，侵入集団の人口や淘汰係数，斜行伝達率などで変わるとは言え，少しでも先住集団の文化を模倣する個体がいれば，その文化が継承されるということである．かつ，交替に時間がかかるほど，在地の文化が継承されやすくなることも理論的に示されている．論じられているのは交雑がない別種集団の場合であるが，旧人と新人との間では交雑があったことが知られているのだから，さらに文化継承が促進されたものと思われる．斜行伝達だけでなく垂直伝達による文化伝達が加わったはずだか

らである．と言うより，その場合の文化伝達メカニズムは，もはや新人社会におけるそれと何ら変わるものではなかろう．

結局，旧人・新人集団間にあっても，ヒトと文化の交替劇は必ずしも一致しないと見るのが賢明である．では，文化の交替についてしか証拠をもたない考古学はヒトの交替劇研究に無力なのだろうか．そうではなく，考古学的証拠は交替劇の多様性を探るための手がかりとして活用されるべきだと考える．文化交替の多様性，地域性を同定し，ヒトの交替プロセスの多様性を推察する手がかりにしようということである．

門脇（本書）がアフリカから西アジア地域に新人が拡散した際，考古文化がどのような現れ方をしたかを検討し，三つに整理している．
(1) 拡散元の文化がそのまま拡散先に持ち込まれる場合
(2) 拡散先において新たな文化が発生する場合
(3) 相互交流を通して拡散元と拡散先で同一の文化がうまれる場合

このうち(3)は文化拡散の後に起こる変化であるからやや次元が違う．(1)と(2)の変異が生じる背景としては，先住集団の存在と自然環境の類似度が関与していたのではないかと示唆している．これを敷衍すれば，実際には四つのタイプがあったことを推定できる．

拡散元からみた拡散先の状況		自然環境	
		類似	相違
先住集団	不在	A1	A2
	存在	B1	B2

A1であれば拡散元の文化が拡散先に直接侵入しても何ら不思議はない．好例は，東北アジアの細石刃文化がベーリンジアを渡ってアラスカで継続した例である（高倉，本書）．A2には，その後，担い手集団が新大陸を南下するうちに達成した技術適応が相当しよう．B1には朝鮮半島の農耕文化が北部九州に拡散する場合などが相当するのだろう（松本，本書）．この場合，拡散元の文化が先住集団文化と交錯し，新たな文化が創造される可能性がある．B2は，A2とB1のミックスであるからさらに大きな変化が生じると予測される．これを見取り図にして，交替劇の時間的空間的コンテキストを再度，眺めてみよう．データは本シリーズ第1巻（西秋編，2013），および本書第I部（門脇，佐野，野口，長沼）に提示されている．

2 新人のユーラシア進出と後期旧石器時代の開始

アフリカから西アジアへ

　最初の拡散は，化石証拠から言えばスフール，カフゼ人が発見されている MIS5 期ということになるが，考古学的証拠によれば MIS6 期にさかのぼるようである．その一つの根拠は，後に現生人類化石が共伴する石器群，北アフリカのアテリアンとレヴァント地方のタブン C 型石器群がそれぞれ，MIS6 期から出現しているという点である（門脇，本書）．いずれも，先行する在地石器群とは異なるし，故地（東アフリカ？）の石器群とも異なる．新人の拡散にともない新たに創出された文化である．先住集団の文化だけでなく，南北移動と関わるから自然環境の違いに由来する適応の違いもその創出に作用したかもしれない（B2）．

　一方，拡散は北回りだけでなく，アラビア半島南部を経由する南廻りにおいても起こっていた（野口，本書）．両面加工石器やヌビア型ルヴァロワ石核を指標とするアフリカ中期石器時代石器群と同工の資料が近年あいついで見つかっている．これは拡散先に拡散元の文化がそのまま出現する場合に相当する（門脇，本書）．MIS5 の温暖期であるから拡散先に拡散元の環境が広がったことが想定される．また，このパタンはアラビア半島に先住集団が希薄だったことを示唆するのかもしれない（A1）．

　南北いずれの場合も，その後，新人がユーラシア各地に拡散を続けたかどうかが近年の研究の焦点の一つだが，実のところ，はっきりしていない（野口，2013・本書）．だが，少なくとも，アラビア半島に到達した両面加工石器がともなう一群（Armitage et al., 2011）は，さらにイラン南部ザグロス地方にまで拡散した可能性があると思う．ザグロスの中期旧石器時代遺跡では小型の両面加工石器が繰り返し見つかるからである．この種の石器はレヴァント地方にはほぼ皆無であるし，北方ではコーカサスあたりまでいかないと類例がない．最も類似しているのはアラビア半島の新人石器群であるという（Biglari, 2006）．ただし，興味深いのはアラビア半島の両面加工石器群がそのまま出現したのではないという点である．共伴しているのはいわゆるザグロス・ムステリアン石器群なのである．そして，数少ない化石資料，イランのビシトゥン遺跡出土化石によれば，その担い手はネアンデルタール人であった（Trinkaus and Biglari, 2006）．であれば，イランに進出した新人の文化要素がネアンデルタール集団に継承された可能性が示唆される（B2）．

　南廻りルートで展開した初期新人が南アジア以東へも拡散したという意見は根強いが，北方への展開を支持する研究者はほとんどいない．ヨーロッパなどへの拡散の起点となった出アフリカは MIS3 期のはじめ，5 万年前頃に再度，起こったとする研究者が多い（Shea, 2014）．それを示唆する西アジア最古の後期旧石器時代石器群が，イスラエル南部のボーカー・タクチト遺跡で見つかっているエミラン系石器群である．北アフリカの中期石器時代後葉のタラムサン石器群をルーツとするという意見があるが，完全には一致しないことから，在地文化との融合で生じたものと推定されている（Rose and Marks, 2014）．その場合，パタンとしては B1 が該当しよう．

ヨーロッパへ

　ヨーロッパにおける最初の「新人」的石器文化は，いわゆる移行期石器群である．南東ヨーロッパではバチョキリアン，東ヨーロッパではボフニチアンが相当する．いずれも，レヴァント地方で同じ頃，すなわち，4.7〜4.5万年前に出現するエミラン石器群と技術的にきわめて類似しており，ルヴァロワ式の石刃，縦長尖頭器の多産を特徴とする．この石器群がヨーロッパに現れるのはハインリッヒ・イベント5の寒冷乾燥期の直後である（佐野・大森，本書）．この時期には先住集団たるネアンデルタール人遺跡が激減したことが知られているから，あるいは，人口希薄な中，急速に拡散した文化に相当するのかもしれない（A1）．ただし，これらの石器文化は交雑によって拡散したのではないかという意見もある（Tostevin, 2012）．

　以上は，ドナウ河渓谷を西に向かう拡散ルートに分布した石器群である．地中海沿岸地域には別の移行期文化，シャテルペロニアンとウルツィアンが出現した．時期は，やや遅れて4.5万年前頃である（佐野・大森，本書）．ルヴァロワ尖頭器ではなく背付きの石刃石器を特徴としている．ウルツィアンの担い手は現生人類というのが有力だが，シャテルペロニアンについてはネアンデルタール人説と現生人類説が対立している（佐野・大森，松本，本書）．これらの石器群のルーツについても不明のままである．エミラン系石器群が拡散したと思われるドナウ河岸諸文化とは異なり，レヴァント地方にはこの石器群に対応する文化が見られない．一つの可能性は，エミラン系石器群と先住集団であったネアンデルタール人ムステリアンと融合して生まれたという見方であるが（B1），想像の域を出ない．一方，故地の文化が侵入したという意見もある．東アフリカ中期石器時代の半月形背付き石刃石器群が拡散したという見解である（Moroni et al., 2013）．中間地帯であるレヴァント地方に類例がないのは，沿岸に沿って拡散したために関係遺跡が水没してしまっているのだという．しかしながら，それだけの長距離を，かつ，先住集団がいる中，拡散元の文化を変質させないで持ち込むことが可能だったのかどうか，疑問である．

　佐野・大森（本書）が示したように，これらの移行期石器群は4.3万年前ごろから急速に消失し，4.1万年前頃にはプロト・オーリナシアン文化がヨーロッパを席巻する．この文化は装身具を多く含み，組み合わせ式投槍器にも使える小型石刃をともなうなど，それ以前の技術とは一線を画している（佐野，本書）．ムステリアンも同じ頃なくなるから，この石器群の出現をもって完全な後期旧石器時代の開始と見なしてよいだろう．ヨーロッパ・西アジアの縁辺，例えばコーカサスやザグロス山系では，移行期文化をはさまずにムステリアン直後に出現する場合もある（門脇，本書）．

　その出現経緯については従来，レヴァント地方の前期アハマリアンが拡散したという見方が一般的であったが，年代精査の結果，レヴァント地方・ヨーロッパ双方での同時出現あるいはヨーロッパ起源という説も提出されており検討が必要となってきた（門脇，本書）．レヴァント地方起源説によれば，西ヨーロッパまで短期間に，先住集団文化とインタラクションして変質することなく一気に拡散し得た理由を説明せねばならない．一方，既にレヴァント・ヨーロッパ双方に展開していた新人集団が達成した文化的発展というのであれば，これは本稿で関心をもつヒトの拡

散による文化変化ではないということになる.

中央アジアへ

　西アジアから北東へ抜けて東アジア北部に向かうルートは歴史的にシルクロードとして知られる. 現生人類の拡散においても同様の経路がとられた可能性がある. しかし, 旧石器時代遺跡の編年整備が遅れているため, 詳細には不明の点も多い（長沼, 2013・本書）.

　近年, 西シベリアのウスト・イシム遺跡において, 直接年代測定された現生人類化石としては最古の例となる4.5万年前の人骨が報告された. かつ, DNA検査によれば, その1.2万～7千年前にネアンデルタール人と交雑した現生人類の子孫なのだという（Fu et al., 2014）. であれば, 彼らが西アジアや中央アジアを通過したのは5.7～5.2万年前くらいに遡るのだろう. それは, 中期旧石器時代である. この集団が製作していた石器群が同定されていないのは残念である. 彼らがエミランなどの新伝統を持ち込んだのかどうか, はなはだ興味深い.

　ただし, この地域の鍵遺跡の一つ, ウズベキスタン, オビ・ラハマートの調査者たちは全く異なる意見を述べている（長沼, 本書）. そこでは, 9～5万年前くらいまで, つまり中期旧石器時代から後期旧石器時代にかけての連続的な文化進化が追えるのだという（Derevianko, 2010）. そのルーツはレヴァント地方の中期旧石器時代初頭に展開していた石刃石器群, いわゆるタブンD型集団にあり, かれらが中央アジアに進出し, そのまま後期旧石器文化の担い手となったという見方らしい（Derevianko, 2010: 28）.

　この見解は多地域進化説とアフリカ単一起源説を組み合わせたような解釈であり, たいへん興味深いが, 十分な証拠があるわけではない. 特に, 報告されている年代の信頼性を点検すべきである. 近年, 筆者らは同地域（ウズベキスタン）でアンギラクという中期旧石器時代遺跡を発掘した. そこで実施した大量の年代測定によれば, 5万数千～4.6万年前の遺跡という結果を得た（Nishiaki et al., 2014）. それは, オビ・ラハマート遺跡で言われる後期旧石器時代の開始期と同時期である. しかしながら, アンギラク遺跡の石器群は完全にムステリアンであって, 後期旧石器時代的要素は全くなかった. 同じ時代に二種類の石器群, すなわち, 現生人類の祖先が担い手であった後期旧石器石器群（オビ・ラハマート）と, おそらくネアンデルタール人が担ったムステリアン石器群（アンギラク）が共存していたことを示すのだろうか. 別の考えは, オビ・ラハマート遺跡の年代測定が信頼できないというものである. 実際, 報じられている放射性炭素年代, 他の測定法による年代, それらの対応, また層位関係などに齟齬があることを勘案すると（Krivoshapkin et al., 2010）, 後者の見方も無視できないと考えている.

　ウズベキスタンは中央アジア西部に一致する. 一方, アルタイ山地を含む東部ではエミラン系石器群が知られている（西秋編, 2013）. カラ・ボム遺跡では4.5万年前にもさかのぼる可能性があり, 中国北部の水洞溝遺跡でも約4万年前に出現していたという（Pei et al., 2010; Madsen et al., 2014; 長沼, 本書）. これらの石器群は, ボフニチアンなどヨーロッパの類似石器群の分布域からは数千キロ離れているが, 石器群の内容はきわめて類似しており, かつ, 在地の先行石器群にル

ーツと思われる事例が存在しない（Skrdia, 2013）．すなわち，在地の発展という可能性はほとんどない．

シルクロードの東西拡散という点からすれば拡散元との自然環境の違いは深刻ではなかったと推定されるが，これほど遠くまで石器文化が変質しないで拡散するにはどんな背景があったのだろうか．ハインリッヒ・イベント5以降，ネアンデルタール人の人口は激減し，新人が到来しようがしまいが絶滅の危機に瀕していたというモデルがあることからすると（佐野・大森，本書），東アジア北部にエミラン系石器群が到達する頃には先住集団が希薄だったのかも知れない（A1）．筆者等の調べたアンギラク洞窟でのムステリアン居住も，ちょうどその頃，断絶していた．また，ボフニチアンを含め，エミラン系石器群の分布が気候変動の影響を受けやすかったと想定される中緯度地帯北部に限定されていることも，この見方について示唆的である．

南，東アジアへ

アラビア半島から南アジア経由の新人拡散は南廻りルートとして，近年，特に関心を集めている（野口，2013・本書）．ここでも旧石器編年の構築が十分でないため，考古学的証拠の解釈はかなり恣意的である．7.5万年前のトバ火山爆発前後にまで新人の拡散が遡るという見方と（Petraglia et al., 2007），拡散はせいぜい6〜5万年前頃とする見解（Mellars et al., 2013）とに分かれている．前者は，ジュワラプーラム遺跡の層位的資料をもとに論じられているが，主張されるほど出土石器群がアフリカの中期石器時代石器群と類似しているのかどうか疑問である（野口，2013）．また，近年ではヌビア型ルヴァロワ石器群と類似した標本がインド北部で見つかったという報告もあるが（Blinkhorn et al., 2013），野口（本書）も言うように出版された図版から判断する限り確定的ではないように見える．一方，6〜5万年前の遅い拡散説の根拠は，東アフリカで知られている半月形背付き細石器と類似する石器が南アジアで4万年前頃以降現れるといった考古学的証拠と遺伝学の証拠を組み合わせたものという（Mellars et al., 2013）．ただ，中間地帯にそうした石器が欠落しているのは沿岸で水没したためという仮説をはさんでいる．南ヨーロッパのウルツィアンもアフリカ起源だとする意見と同じ論理なのだが，万人を納得させるには中間地帯で実資料を発見するよりほかないのではないか．

現状では，いずれか判断しかねる．筆者としては，南アジアの中期旧石器時代遺跡で見つかる両面加工石器の存在がなおひっかかっている（野口，2013: 108-109）．ザグロス山系でも見つかっている同じような両面加工石器は新人が持ち込み，旧人が継承したという可能性を先に述べたが，同じようなことが南アジアでも起こったことはないのだろうか．要するに，拡散は二回あったが，後期旧石器につながったのは二回目の拡散だという見方である．こうした見方を確定するには，多くの遺跡について正確な年代測定がなされる必要がある．

南アジア以東への石器群拡散については，確実な証拠はさらに減る（石村，2013）．到達点の一つは，オーストラリアである．先住集団はいなかったはずであるし，東西方向の沿岸適応で到達したとすれば，自然環境にも大きな違いはあるまい．であれば，オーストラリアに到達した最初

の集団の石器文化は故地のそれを反映している可能性が高い．しかし，それらには南アジアで見られる細石器も両面石器も伴っていない（石村，2013）．メラーズら（Mellars et al., 2013）が言うような西方からの拡散ではなく，中国南部をへての南下ではないかというバル・ヨーセフら（Bar-Yosef and Belfer-Cohen, 2013）の言説は傾聴に値しよう（図1参照）．しかし，ここでも，遺跡を編年的に並べられるだけのデータがないという障壁に突き当たる．

さて，もう一つの到達点は極東の島嶼，日本列島である．「後期旧石器」として衆目の一致する石器群が出現するのは3.6万年前頃という（仲田，2013・本書）．それ以前の遺跡は少なくとも3.8万年前にまで遡るというが，問題は，3.6万年前頃の本格的後期旧石器時代開始期にヒトの交替があったのかどうかである．それ以前の遺跡は旧人，3.6万年前頃以降は新人が残した遺跡という見方が可能な一方，それ以前は旧人の文化を継承した新人が担い手であり，3.6万年前頃以降には新人が新たな文化を創出した，という見方もありうる．石器と担い手の問題は，どこまでも悩ましい．

この問題については，周辺地域の人骨化石資料から考察することもできる．琉球列島で出土している最古の現生人類が較正年代では3.5万年前頃（山下町）である．であれば，現生人類は東南アジアや中国南部にそれ以前に生息していたはずである．ボルネオのニア洞窟の現生人類も4.5万年前に遡るという（海部，2013）．また，スラベシで見つかった洞窟壁画遺跡も現生人類の所産だとすると約4万年前である（Aubert et al., 2014）．そして，重要なのは，にもかかわらず，4万年前頃に当該地域で顕著な石器文化の交替が起こっていないことである．それ以前の石核・剥片石器文化が継続したことがわかっている．到来した新人が先住集団の石器文化を継承していたというモデルが十分成り立つように見える．

3 交替劇の多様性

以上，新人拡散期にかかわる各地の考古学的証拠を通覧した．中央アジアや南アジア以東では編年研究が不備なためヨーロッパや西アジアと同じ精度で議論できないのは残念だが，わかる範囲で三つのパタンを指摘できる．一つは中期旧石器文化の後に，本格的な後期旧石器文化が登場し，そのまま継続するパタンである．第二は，中後期旧石器時代移行期文化がみられるもの．この文化の担い手は新人もしくは交雑集団とされる．在地の中期旧石器文化の後に登場する点は第一のパタンと同じであるが，その後に，別の本格的な後期旧石器文化が現れる．そして，第三は中後期旧石器時代の交替が判然としない場合である．

第一のパタンに相当する地域は，さほど多くない．既に旧人がいなくなった地域に新人が拡散した場合のみである．南コーカサス地方やザグロス山系は西アジアに近いが，エミラン系の移行期石器群がみられず，ムステリアンの直後に本格的後期旧石器文化たるプロト・オーリナシアン（＝前期アハマリアン）が現れる（門脇，本書）．高緯度北極圏や，オーストラリアなど無人地域に新人が拡散する場合と似る．いずれにしても，旧人がいない地域の出来事であるから交替劇が完

了した後の現象と言うことになる.

　第二のパタンを示すのが，エミラン系石器群である．それらは，後期旧石器時代初頭のユーラシア中緯度地帯北部に東西広域にわたって忽然と出現した．レヴァント地方を除いては，それらと先行石器群との連続性は認められない．エミランの故地レヴァント地方から遠く離れたチェコのボフニス遺跡で両地の関連性が初めて指摘されたことから，ボフニチアン式行動パッケージ（Bohunician behavioral package）とも言われる（Tostevin, 2012）．類似は単純な石器型式の類似にとどまらず（松本，本書），密な社会関係なくして学習不可能な石核剝離技術の細部にまで及んでいる．詳細を調べたトステヴァンは，このことをもって，その担い手は新人と旧人の交雑集団ではなかったかと推定している．トルコのウチャグズル遺跡で断片的な化石人骨が出土しており，それらが現生人類とされつつもネアンデルタール人的特徴も排除されていないこともその見方を支持している（Kuhn et al., 2009）.

　ただし，交雑を繰り返しつつ拡散したのか，交雑集団が一気に分布域を広げたのかは検討を要する．出現年代は，起点となるレヴァント地方が4.8～4.7万年前で，東欧が4.7万年前（佐野・大森，本書），中国北部の水洞溝でも4万年前頃だという．各地の旧人集団は異なる石器文化を維持していたのであるから，拡散のたびに交雑するような関係ならば各地で多様な文化が生じてもおかしくないが現実は違う．人口希薄地帯に進出した集団の文化拡散とみるほうが考えやすかろう．分布が，東西方向，すなわち自然環境が比較的類似している方向に限定されていることも示唆的である．拡散時期がハインリッヒ・イベント5期の寒冷乾燥期の直後であることも，人口希薄説に有利と思う．西シベリアでネアンデルタール人と交雑した新人が4.5万年前にいたことがわかっているのだから，その共伴石器群が判明すれば考察は飛躍的に進むのだろう.

　そして，第三のパタンは，新人到来期になってもなお旧来の先行文化が継続する地域である．最も顕著なのは東南アジアから中国南部にかけてである．この地域には遅くとも4万数千年前には現生人類が到来していたはずだが（海部，2013），石器文化には交替がみられない（加藤，2013；石村，2013；長井，2013；仲田，2013）．中央アジアにおけるロシア研究者らの主張はやや特殊だが，これも連続説に含められるかも知れない（長沼，2013・本書）．それが，これらの地域で活動する研究者が多地域進化説というパラダイムを採用しているせいなのか，発掘や年代測定の精度にかかわる理由を反映しているのか，はっきりしない．しかしながら，得られる範囲の証拠に基づいて判断するという原則に従えば，東アジアの中期旧石器時代石器群継続問題は，事実として解釈を準備することも必要のように思う（西秋，2014b）.

　連続性の強さは明らかに地理的傾斜をもっている．先住集団の有無ないし密度，すなわち侵入者との人口比，交替にかかった時間（小林，本書），さらには自然環境の類似度などを勘案したモデルからすれば，アフリカ大陸から最も遠い東アジアにおいて最も先住集団の文化が継続したことはたいへん理解しやすい．最も研究精度が高い日本列島においても後期旧石器時代（?）最初期には古相を示唆する文化が残っていることも意味深い.

　侵入集団の人口を考古学的遺跡から推測することは難しいが，少ない侵入集団が時間をかけて

達成した交替劇という点では，新人世界で幾度となく起きた交替劇，たとえば縄文から弥生（松本，本書）の交替劇と同じよう考えてよいのかも知れない．旧人，新人交替劇はそれらとは比較にならぬほど長時間をかけて，また広い地域で起こったが，性質は同じであったのではなかろうか．新人集団の間での文化伝達（Erren et al., 2013），すなわち社会学習のプロセスを調べるのと同じ課題を扱っている可能性がある．実際，両者は交雑しているのだからプロセスが同じなのも当然だと考えられる．

さて，以上，三つ述べたが，「交替劇」という字面のイメージに最も近いのが第一のパタンであろう．一方，第二のそれは，新人あるいは交雑集団の文化が旧人文化圏に入り込んださまを示すのであって，交替劇の渦中の状態にあたる．三つ目のパタンの解釈は現状では難しいが，新人ないし交雑集団が旧人の文化をとりいれた現象という可能性を視野に入れて考察すべきと思われる．最も単純で「交替劇」らしい一つ目が実際には最も稀れだという点ははなはだ興味ぶかい．現実の交替劇は地域によって相当に多様であったように思われる．残りの二つのパタンも細かく見れば，地域性がいくつも抽出できるのだろう．文化交替の多様性，地域性を同定することは，ヒトの交替プロセスの多様性を推察する手がかりになると先に述べたが，考古学的証拠のさらなる解析は，まさにそのような作業だと言うことである．

おわりに ―そして学習―

『ホモ・サピエンスと旧人』第1巻でも交替劇に関わる時空間コンテキストを検討した．今回は，石器文化の時空間変化の背後にある文化的背景について考察した．旧人が旧人の文化を維持している地域に，新人が新人文化を持ち込んで，そこに上書きしていくのであれば，交替劇の文化メカニズムについて考察する必要はあるまい．しかしながら，上書きが認められる地域はきわめて限られており，大半の地域では両集団の共存や文化の混淆が認められる．そのプロセス・様態の分析は考古学的証拠をもってしか解明できない課題なのであって，その成果は交替劇の多様性を理解する上でたいへん重要な指針を与えるだろうというのが本書の認識である．

ここでは，旧人・新人間の文化伝達について，新人が旧人の文化を継承する場合を中心に述べてきた．それは，旧人は最終的にいなくなったのだから，新人の文化を取り入れたにしても長期にわたって継承することはなかったためであって，旧人は新人から学習することがなかったということではない．ザグロス山脈のムステリアン両面加工石器などはその証拠かも知れないし，シャテルペロニアンが旧人の文化であったならば全く見方が変わってこよう（松本，本書）．

また，両者の認知能力の差（松本，本書）が文化伝達に与える影響については深くは触れていない．旧人・新人間では脳の形態が違うことが示唆されているから，その機能や神経基盤にも違いがあり，ひいては生得的に学習能力が違っていた可能性もある（赤澤，2010; 青木，2010）．ただし，この問題は根本的には生物学の領域と関わるから，考古学的な行動の証拠だけで解決できる問題ではない．遺伝学や神経科学などで得られる証拠をもって独立して検証される必要がある

（西秋編，2014: 179）．『交替劇』プロジェクトには，それらの専門家も加わっているから，その成果を踏まえ，いずれ総合的に考察する機会があろう．

本書も，前二巻と同じくシンポジウムや研究会の講演録を選択して構成した．考察の途中経過を記録しているという側面もあるから，練られておらず生煮えのアイデア，発言も含まれていよう．しかし，編者なりに研究会開催の経緯などを振り返りつつ読み返すと，確かな進展を感じる．課題も多く残されているとは言え，実りある議論に加わって下さった参加者，執筆者の方々に改めて御礼申し上げたい．また，機会を与えて下さった高知工科大学の赤澤威先生にもあつく御礼申し上げる．そして，編集，校正にあたっては小髙敬寛，仲田大人両氏の尽力を得たことも記し，謝辞としたい．

引用文献

青木健一（2010）学習戦略進化および文化進化速度．赤澤威編，第1回研究大会 ネアンデルタールとサピエンス交替劇の真相—学習能力の進化に基づく実証的研究，東京，pp. 48-49.

赤澤 威（2010）研究の概要．赤澤威編，第1回研究大会 ネアンデルタールとサピエンス交替劇の真相—学習能力の進化に基づく実証的研究，東京，p. 1.

石村 智（2013）東南アジア・オセアニアにおける新人の拡散—人類の海洋への適応の第一歩．西秋良宏編，ホモ・サピエンスと旧人—旧石器考古学からみた交替劇，六一書房，東京，pp. 114-128.

海部陽介（2013）ホモ・サピエンスのユーラシア拡散—最近の研究動向．西秋良宏編，ホモ・サピエンスと旧人—旧石器考古学からみた交替劇，六一書房，東京，pp. 3-17.

加藤真二（2013）考古学からみた中国における旧人・新人交替劇．西秋良宏編，ホモ・サピエンスと旧人—旧石器考古学からみた交替劇，六一書房，東京，pp. 129-142.

門脇誠二（2014）初期ホモ・サピエンスの学習行動—アフリカと西アジアの考古記録に基づく考察．西秋良宏編，ホモ・サピエンスと旧人2—考古学からみた学習，六一書房，東京，pp. 3-18.

長井謙治（2013）朝鮮半島における旧人・新人「交替劇」．西秋良宏編，ホモ・サピエンスと旧人—旧石器考古学からみた交替劇，六一書房，東京，pp. 143-160.

仲田大人（2013）日本列島で交替劇は起きたか？ 西秋良宏編，ホモ・サピエンスと旧人—旧石器考古学からみた交替劇，六一書房，東京，pp. 161-180.

長沼正樹（2013）中央アジアにおける旧石器編年と旧人・新人交替劇．西秋良宏編，ホモ・サピエンスと旧人—旧石器考古学からみた交替劇，六一書房，東京，pp. 73-92.

西秋良宏（2014）現生人類の拡散と東アジアの旧石器．季刊考古学，126: 33-36.

西秋良宏編（2013）ホモ・サピエンスと旧人—旧石器考古学からみた交替劇．六一書房，東京．

西秋良宏編（2014）ホモ・サピエンスと旧人2—考古学からみた学習．六一書房，東京．

野口 淳（2013）南アジアの中期／後期旧石器時代—「南回りルート」と地理的多様性．西秋良宏編，ホモ・サピエンスと旧人—旧石器考古学からみた交替劇，六一書房，東京，pp. 95-113.

Armitage S.J., Jasim S.A., Marks A.E., Parker A.G., Usik V.I. and Uerpmann H.-P. (2011) The southern route "Out of Africa:" evidence for an early expansion of Modern Humans into Arabia. Science, 331: 453-456.

Aubert M., Brumm A., Ramli M., Sutiknal T., Saptomo E.W., Hakim B., Morwood, M.J.J., van den Bergh G.D., Kinsley L. and Dosseto A. (2014) Pleistocene cave art from Sulawesi, Indonesia. Nature, 514: 223-227.

Bar-Yosef O. and Belfer-Cohen A. (2013) Following Pleistocene road signs of human dispersals across Eurasia. Quaternary International, 285: 30-43.

Biglari F., Javeri M., Mashkour M., Yazdi M., Shidrang S., Tengberg M., Taheri K. and Darvish J. (2006) Test excavations at the Middle Paleolithic sites of Qaleh Bozi, Southwest of Central Iran: a preliminary report. In: Otte M., Biglari F. and Jaubert J. (eds.) Iran Palaeolithic, BAR International Series 1968, Archaeopress, Oxford, pp. 29-38.

Blinkhorn J., Achyuthan H., Petraglia M. and Ditchfield P. (2013) Middle Palaeolithic occupation in the Thar Desert during the Upper Pleistocene: the signature of a Modern Human exit out of Africa? Quaternary Science Reviews, 77: 233-278.

Derevianko A.P. (2010) Three scenarios of the Middle to Upper Paleolithic transition. Scenario 1: the Middle to Upper Paleolithic transition in Central Asia and the Near East. Archaeology, Ethnology and Anthropology of Eurasia, 38(4): 2-38.

Erren R., Lycett S.J. and Johns S.E. (2013) Understanding Cultural Transmission in Anthropology: A Critical Synthesis. Berghahn, New Work.

Fu Q., Li H., Moorjani P. et al. (2014) Genome sequence of a 45,000-year-old Modern Human from western Siberia. Nature, 514: 445-450.

Green R.E. et al. (2010) A draft sequence of the Neandertal genome. Science, 328: 710-722.

Higham T. et al. (2014) The timing and spatiotemporal patterning of Neanderthal disappearance. Nature, 512: 306-309.

Krause J. et al. (2010) The complete mitochondrial DNA genome of an unknown hominin from southern Siberia. Nature, 464: 894-897.

Krings M., Stone A., Schmitz R.W., Krainitzki H., Stoneking M. and Pääbo S. (1997) Neandertal DNA sequences and the origin of Modern Humans. Cell, 90 (1): 19-30.

Krivoshapkin A.I., Kuzmin Y.V. and Timothy Jul A.J. (2010) Chronology of the Obi-Rakhmat Grotto (Uzbekistan): first results on the dating and problems of the Paleolithic key site in Central Asia. Radiocarbon, 52: 549-554.

Kuhn S., Stiner M.C., Guleç E., Ozer I., Yılmaz H., Baykara I., Açıkkole A., Goldberg P., Martınez Molina K., Unay E. and Suata-Alpaslan F. (2009) The early Upper Paleolithic occupations at Uçağızlı Cave (Hatay, Turkey). Journal of Human Evolution, 56: 87-113.

Madsen D.B., Oviatt C.G., Zhu Y, Brantingham P.J., Elston R.G., Chen F., Bettinger R.L. and Rhode D. (2014) The early appearance of Shuidonggou core-and-blade technology in north China: implications for the spread of anatomically Modern Humans in northeast Asia? Quaternary International, 347: 21-28.

Mellars P., Goric K.C., Carre M., Soaresg P.A. and Richards M.B. (2013) Genetic and archaeological perspectives on the initial Modern Human colonization of southern Asia. Proceedings of the National Academy of Sciences of the United States of America, 110(26): 10699-10704.

Moroni A., Boscato P. and Ronchitelli A. (2013) What roots for the Uluzzian? Modern behaviour in Central-Southern Italy and hypotheses on AMH dispersal routes. Quaternary International, 316: 27-44.

Nishiaki Y., Aripdjanov O., Suleymanov R., Nakata H., Arai S., Miki T. and Ismailova J. (2014) New insight into the end of the Middle Palaeolithic in Central Asia. In: Akazawa T. and Nishiaki Y. (eds.) RNMH 2014

―The Second International Conference on the Replacement of Neanderthals by Modern Humans: Testing Evolutionary Models of Learning, Program and Abstracts. Kochi University of Technology, Tokyo, pp. 73-74.

Pei S., Gao X., Wang H., Kuman K., Bae C.J., Chen F., Guan Y., Zhang Y., Zhang X., Peng F. and Li X. (2012) The Shuidonggou site complex: new excavations and implications for the earliest Late Paleolithic in North China. Journal of Archaeological Science, 39: 3610-3626.

Petraglia M.D., Korisettar R., Boivin N., Clarkson C., Ditchfield P., Jones S., Lahr M.M., Oppenheimer C., Pyle D., Roberts R., Schwenninger J.-L., Arnold L. and White K. (2007) Middle Palaeolithic assemblages from the Indian sub-continent before and after the Toba super-eruption. Science, 317: 114-116.

Rose J. and Marks A.E. (2014) The origin of the Emiran and implications for Modern Human dispersal into the Levant. Abstracts of the SAA 79th Annual Meeting, Texas, p. 648.

Shea J. (2014) Sink the Mousterian? Named stone tool industries (NASTIES) as obstacles to investigating hominin evolutionary relationships in the Later Middle Paleolithic Levant. Quaternary International, 350: 169-179.

Skrdia J. (2013) The Bohunician in Moravia and adjoining regions. Archaeology, Ethnology and Anthropology of Eurasia, 41(3): 2-13.

Tostevin G. (2012) Seeing Lithics: A Middle-Range Theory for Testing for Cultural Transmission in the Pleistocene. Oxbow Books, Oxford.

Trinkaus E. and Biglari F. (2006) Middle Paleolithic human remains from Bistun Cave, Iran. Paléorient, 32(2): 105-111.

Viola B. and Pääbo S. (2013) What's new in Central Asia? In: Basic Issues in Archaeology, Anthroplogy, and Ethonography of Eurasia, Festschrift on the Occasion of Anatoly Derevianko's 70th Birthday. Institute of Archaeology and Ethnography SB RAS Press, Novosibirsk, pp. 555-565.

編者略歴

西秋良宏（にしあき よしひろ）

1961 年滋賀県生まれ．ロンドン大学大学院先史考古学専攻博士課程修了（Ph.D）．現在，東京大学総合研究博物館教授．主な著書に，*Lithic Technology of Neolithic Syria*（Oxford, 2000），*Tell Kosak Shamali—Archaeological Investigations on the Upper Euphrates, Syria, Vol. 1*（co-editor, Oxford, 2001），*Vol. 2*（co-editor, Oxford, 2003），*Neolithic Archaeology in the Khabur Valley, Upper Mesopotamia and Beyond*（co-editor, Berlin, 2013），*Dynamics of Learning in Neanderthals and Modern Humans. Vol. 1: Cultural Perspectives*（co-editor, New York, 2013），『遺丘と女神―メソポタミア原始農村の黎明』（編著，東京大学出版会，2008），『農耕と都市の誕生―西アジア考古学最前線』（共編著，同成社，2009），『紀元前3千年紀の西アジア―ユーフラテス河中流域に部族社会の起源を探る』（共編著，六一書房，2010），『ホモ・サピエンスと旧人―旧石器考古学からみた交替劇』（編著，六一書房，2013），『同2―考古学からみた学習』（編著，六一書房，2014）など多数．

執筆者一覧 （執筆順）

西秋良宏（にしあき よしひろ）	東京大学総合研究博物館・教授
門脇誠二（かどわき せいじ）	名古屋大学博物館・助教
佐野勝宏（さの かつひろ）	東京大学総合研究博物館・特任助教
大森貴之（おおもり たかゆき）	東京大学総合研究博物館・特任研究員
野口 淳（のぐち あつし）	NPO法人南アジア文化遺産センター・理事／事務局長
長沼正樹（ながぬま まさき）	北海道大学アイヌ・先住民研究センター・特任助教
高倉 純（たかくら じゅん）	北海道大学埋蔵文化財調査室・助教
仲田大人（なかた ひろと）	青山学院大学文学部・講師
小林謙一（こばやし けんいち）	中央大学文学部・教授
松本直子（まつもと なおこ）	岡山大学大学院社会文化科学研究科・准教授
前田 修（まえだ おさむ）	筑波大学人文社会系・助教
小林 豊（こばやし ゆたか）	高知工科大学マネジメント学部・准教授

ホモ・サピエンスと旧人3―ヒトと文化の交替劇

2015年3月25日　初版発行

編　者　西秋　良宏

発行者　八木　唯史

発行所　株式会社　六一書房
　　　　〒101-0051　東京都千代田区神田神保町2-2-22
　　　　TEL 03-5213-6161　　FAX 03-5213-6160
　　　　http://www.book61.co.jp　E-mail info@book61.co.jp
　　　　振替　00160-7-35346

印　刷　株式会社　三陽社

ISBN978-4-86445-060-7 C3022　　Ⓒ Yoshihiro Nishiaki 2015　　Printed in Japan